KB140167

세계도시의
이해

세계도시의
이해

최조순 · 강현철 · 여관현 · 강병준 · 김영단 지음

머리말

    우리가 살고 있는 도시는 사람과 마찬가지로 특정 시점에 정체되어 있는 것이 아니라 시간의 흐름에 따라 지속적으로 변화하기 때문에 시점마다 각기 다른 모습을 띠고 있다. 세계도시는 이러한 시간의 흐름의 과정에서 나타나는 도시의 다양한 모습 중 하나라고 할 수 있으며, 가장 최근의 모습이라고 할 수 있다. 세계에는 세계도시라고 불릴 만한 많은 도시들이 존재하고 있지만, 서울을 비롯한 한국의 도시들에는 조금 늦게 세계도시 관련 정책들이 도입되면서 신흥 혹은 후발 세계도시로의 진입을 눈앞에 두고 있다. 이러한 측면에서 볼 때, 한국의 도시들은 세계도시화 관련 정책을 추진하면서 다양한 영역에서 선도하고 있는 선진국가의 세계도시 사례를 통해 배워야 할 부분이 많을 것이다.

    최근 세계도시와 관련된 많은 연구와 사례들이 진행되고 있다. 그러나 그동안 진행된 내용은 대부분 특정 영역에서의 세계도시에 대한 사례 소개나 특징 등에 대한 단편적인 측면으로 한정하고 있다. 따라서 세계도시를 입체적으로 바라볼 수 있는 시각과 관련 사례나 국내의 세계도시 추진 경향 등을 종합적으로 살펴볼 수 있는 내용은 미미하다. 이러한 아쉬움이 커져가던 찰나에 세계도시와 관련된 강의를 진행하던 젊은 박사들 몇몇이 "학생들에게 세계도시에 대한 단편적인 사례 소개보다는 종합적으로 접근할 수 있는 대학교 교재가 필요하다."는 의견에 서로 공감을 가지게 되면서 이렇게 몇몇 박사들이 종합적인 관점에서 세계도시를 바라볼 수 있도록 평소 자신들의 관심분야를 중심으로 책을 만들자는 결심을 하면서 이 책의 집필은 시작되었다. 학문적 지식이 아직 완성되지 않은 젊은 박사들이 세계도시를 평가하고 종합적인 시각에서 글을 쓴다는 것은 한편으로는 미흡한 부분이 많아 보일 수 있다. 그럼에도 이 책에서 찾아볼 수 있는 작은 특징은 세계도시를 완성이 아닌 과정으로 바라보면서 그 현상들을 담았다는 점이다.

이 책은 세계도시의 등장과 발달을 이해하고, 영역별 세계도시의 특징, 한국의 세계도시 관련 정책의 특징을 설명하고 있다. 제1부에서는 도시의 개념, 도시의 기원과 등장, 도시성장 등 도시를 전반적으로 이해하기 위한 기초적 내용과 세계화와 세계도시를 바라보는 제 이론들, 그리고 최근 세계도시를 둘러싼 다양한 영역과 변화를 다루고 있다. 이어 2부에서는 최근 세계도시와 관련하여 주목받고 있는 주요 영역인 문화, 창조, 정의, 안전, 국제, 환경 등의 영역을 중심으로 대표도시들, 주요 내용, 도시 정책 등을 중심으로 다양한 사례들을 담았다. 마지막으로 제3부에서는 한국 도시의 세계도시화 관련 동향 및 주요 정책들에 대해서 살펴보았으며, 향후 한국의 세계도시를 지향하기 위한 과제 및 방향성을 다루었다.

세계화된 오늘날 많은 사람들이 세계도시를 여행하면서 많은 도시를 방문하고, 그 도시의 모습에 감탄하기도 때로는 실망하기도 한다. 이러한 과정에서 도시와 관련된 수많은 정보들이 쏟아지고 있다. 이 책 역시 세계도시와 관련된 수많은 책들 중 하나임에 틀림없다. 그러나 세계도시라는 기본적인 이해가 필요한 사람에게 특히, 세계도시에 관심을 갖고 공부를 시작한 학부생, 대학원생 등 세계도시와 관련된 제반 시각과 관련 사례를 필요로 하는 독자들에게 유용한 정보를 제공할 수 있을 것이다. 이 책은 '세계도시'를 보다 쉽게 종합적으로 이해할 수 있는 책을 한번 만들어 보겠다는 열정으로 세계도시와 그 현상에 대한 다양한 논의를 거친 결과물이다. 그럼에도 여전히 저자들은 더 풍부하고 체계적인 내용을 담아야 할 것 같은 생각을 떨쳐 버릴 수 없다. 따라서 책 내용에 대한 오류 및 부족한 부분에 대해서는 독자들의 의견이나 질타를 바라마지 않으며, 앞으로 더욱 발전적인 내용으로 채울 것을 다짐한다. 덧붙여 이 책을 통해 세계도시를 종합적으로 이해하고 보다 많은 흥미를 유발할 수 있는 독자들과의 지속적인 담론의 장이 되기를 소망한다.

이 책이 세상으로 나오기까지 많은 분들의 도움 없이는 불가능한 일이었다. 먼저 저자들이 지칠 때마다 항상 가까이에서 격려와 응원을 아끼지 않은 가족들과 이 책 출간의 기쁨을 나누고 싶다. 또한, 저자들이 세계도시에 대한 이론적인 고민의 완성을 위해 조언과 용기를 주신 노춘희, 윤재풍, 권원용, 최근희, 김태영, 남황우, 오동훈, 서순탁, 송석휘, 박인권, 김현성 은사님께 고개 숙여 감사드리며, 특히 '도시'라는 학문을 보다 체계적이고 유연하게 만들어 주신 하늘에 계신 故김일태 교수님께도 감사의 마음을 전한다. 마지막으로 최근 출판업계가 어려움에도 불구하고 이 책이 세상으로 나올 수 있도록 도와주신 ㈜한국학술정보 채종준 대표님과 편집부 여러분께 지면을 빌려 고마움을 표한다.

2014년 7월

저자 일동

Contents

머리말 4

제1부

세계도시란?

제2부

세계도시 사례

제3부

세계화 시대의 한국도시

세계도시란?

제 1 장

도시의 성장과 변화

도시는 인간이 만든 역사적 공간이다. 도시와 계획이 불가분의 관계를 맺고 있는 것도 이 때문이다.1) 또한 도시는 인류가 발견한 것 중에서 가장 복잡한 존재일 것이다. 따라서 도시를 단 하나의 관점으로 이해하기에는 너무나 많은 변수와 상황이 존재한다. 어쩌면 오늘날 도시는 급격한 인구의 집중화로 인해 빚어지는 필연적인 상황을 모아놓은 그릇일지도 모른다. 지나간 20세기가 '국가의 세기'였다면, 지금 시작된 21세기는 '도시의 세기'라고 한다면 이에 동의할 사람은 그다지 많지 않을 것이다. 하지만 확실히 '도시의 세기'는 시작되고 있다.2) '세계도시', '창조도시', '녹색도시' 등과 같이 20세기 후반에 들어 새로운 도시 형태에 대한 패러다임 변화에서 그 이유를 찾을 수 있다.

그렇다면 이렇게 복잡하고 다의적인 모습을 지닌 '도시'를 우리는 무엇이라고 정의할 수 있을까? 그리고 어떻게 오늘날과 같은 '도시'가 탄생하게 되어 본서에서 중점적으로 다룰 '세계도시'의 개념까지 나타나게 된 것일까? 이러한 몇 가지 질문에 대해서 답을 찾는 것이 본 장의 목적이다.

제1절 도시의 개념

"신은 인간을 만들었고, 인간은 도시를 만들었다"라고 말한 18세기 영국 시인 William Cowper의 말처럼, 인간이 도시를 만든 것은 신이 인간을 만든 행위와 비교될 만큼 인류에게 획기적인 사건이었다.[3) 이렇듯 도시는 인류 발전에 있어 하나의 혁명(revolution)적인 요소로서 받아들여지고 있다. 여기에서 혁명(revolution)이란, 결정적이면서 급진적인 사회변화를 뜻하는 것이며, 이는 인간이 생활의 뿌리를 내린 터전으로서의 도시를 의미한다. 즉 도시는 인류의 상상력과 독창성의 결정체인 것이다.[4) 시대를 막론하고 인류의 가장 위대한 창조물인 도시는 가장 심원하고 지속적인 방법들을 동원해서 자연환경을 새롭게 바꿀 줄 아는 인류의 능력을 입증하는 증거물이다. 또 인류가 하나의 종(種)으로서 상상력을 발휘하여 만들어낸 최고의 세공품이다. 정말이지 오늘날 우리의 도시들은 우주공간에서도 식별할 수 있을 정도가 되었다.[5)

도시는 늘 변화한다. 아니 변화해야만 살아남고 번성하며 소위 경쟁력을 가질 수 있게 된다. 도시는 늘 움직여야 하고 그래서 기본적으로 역동적이다. 변화와 역동성, 이 두 가지야말로 우리가 도시에 주목하고 그 가능성을 발견하려 하는 이유이기도 하다. 도시의 변화와 역동성은 기본적으로 그 도시의 위치와 위상에 기인한다. 도시가 처한 물리적·공간적 조건과 정치·경제적 환경이 도시의 변화와 역동성을 추동하기 때문이다. 여기에 도시를 구성하는 여러 주체들의 공력과 헌신이 더해지면 그 도시는 빠르게 진화하게 된다. 도시는 위치와 위상에 의해 결정적으로 좌우되면서 도시 주체들의 노력이 더해

져서 그 변화와 역동성을 발휘하게 되는 것이다.6)

그렇다면 이렇게 역동적으로 변화하고 있는 '도시'를 어떻게 정의할 수 있을까? 도시(都市, city)란 한정된 공간 안에 많은 사람들이 모여, 매우 정교하게 짜인 사회제도 속에서 바쁘게 일상생활을 영위하는 시민들의 삶의 현장이라고 볼 수 있다. 그곳은 주거 및 위락활동, 경제활동 그리고 문화와 예술 등 각종 행위가 곳곳에서 벌어지고, 산업사회의 상징인 각종 물질들이 넘쳐나며, 그것들을 생산·유통·소비하기 위한 각종 시설물들의 복합체인 거대한 인공환경(manmade or built environment)이 지배하고 있다. 그리고 곳곳에서 각종 과학·기술과 문화·예술 등의 창조적 행위가 역동적으로 벌어지고 있는 곳이기도 하다.7) 도시는 인류가 만들어 낸 가장 복잡한 창조물이기 때문에, 그 누구도 도시를 하나의 단어, 하나의 개념으로 설명할 수는 없을 것이다. 각 시대, 나라, 지역마다 또는 도시에서 살아가는 사람들마다, 적용하는 범위에 따라 도시의 개념이 모두 다르기 때문이다. 도시를 어떠한 시각으로 바라보는가에 따라 그 의미가 달라진다.8)

도시라는 말의 어원은 중국을 그 발상지로 하고 있는데, 도시는 '다수의 상인이 모여 있는 곳' 또는 '시가지', '궁성' 등 여러 가지를 의미하였다. 원래 중국에서 '도'는 소위 궁성으로서 천자가 거주하는 취락을 의미하였으며, '시'는 교역이 행하여지는 장소를 의미하였다. 이와 같은 어원으로 볼 때, '도'는 정치적·행정적 중심지 개념이며 '시'는 상업적·경제적 개념으로 파악되므로 도시란 '경제적·상업적 활동의 중심지인 동시에 정치·행정기능이 집중되어 있는 장소'라고 정의될 수 있다. 그러나 국가에 따라, 시대의 추이 또는 사회구조의 상이 등에 의하여 학자들 간에 다음과 같이 다양하게 정의되고 있다.9)

Wirth(1938)는 사회적으로 이질적인 개체들이 대규모로 밀집된 정주지를 도시로 정의하고 있다. Weber(1966)의 견해에 따르면 도시는 특정요소에 의해 구성된 정체적 공간이 아니라 여러 다양한 요소들이 상호작용을 하고 있는 공간이다. Mumford(1961)는 도시를 사회적, 경제적, 정치적 기능이 축약된 그릇으로 간주하면서 환경에 따라 끊임없이 변화한다고 정의했다. Schnore(1964)는 도시를 비농업 활동이 대규모로 밀집된 공동체로 정의하면서, 사회유기체적 관점에서 도시는 성장하기도 하고 쇠퇴하기도 하며, 소멸할 수도 있다고 주장했다. 이러한 시각들을 종합해보면, 도시는 여러 이질적인 요소들이 상호작용을 하면서 환경의 변화에 적응하는 동태적 공간이라고 정의될 수 있다.[10)]

그럼에도 불구하고 보편적으로 도시를 정의하는 것은 어려운 일이며 일반적으로 합의된 정의는 없다. 각 나라별로 도시, 단지, 촌락, 광역도시권 및 지역 등을 지칭하는 다양한 정의가 있다. 도시의 정의는 다음과 같은 세 가지 기준으로 구분할 수 있다.

〈표 1-1〉 도시설정 기준

구분	내용
행정적 정의	행정적 목적을 위해 하나의 도시로 분류된 지역
물리적 정의	건물밀도, 인구밀도, 토지피복률, 야간조명 강도 등
기능적 정의	'도시'의 경계를 나타내는 기구와 기업의 형태에 기반한 개념

출처: OECD(2013: 44)

이러한 정의방식은 저마다 장단점을 가지고 있다. 행정적 정의의 가장 큰 장점은 자료 수집이나 정책적 지원이 용이하다는 점이다. 자료 수집이 정부의 정책과 자금지원에 절대적 의존적이라는 점은 간과할 수없는 사실이다. 반면 행정적, 정치적 경계를 사용하는 방식의 가장 큰 단점은 이러한 구분이 임의적이고 도시의 변화를 반영하기 어렵다는 것이다. 행정구역의 설정 근거와 재설정의 빈도는 국가 간뿐 아니라 국가 내부에서도 서로 다르다. 그러므로 자료의 요건이 복잡하고 까다롭다는 문제가 있지만 도시지역에 대한 기능적 정의를 활용하여 도시화 추세를 판단할 필요가 있다. 도시를 기능적으로 정의하고 '도심'과 '도심 배후지'로 구분할 수 있다. 도심은 흔히 고밀의 특징을 보이기도 하지만 주요 업무집중지역으로 정의할 수 있고 도시배후지는 도심으로 통근하는 사람들로 구성된 주거밀집지역으로 볼 수 있다. 이러한 구분을 통해 도시성장을 추적할 수 있을 뿐 아니라 인구분산(교외화)이나 집중이 발생하는 공간패턴을 살펴볼 수 있고, 경제행위자들이 어디 입지할 것인가와 관련되는 것이 또 다른 장점이다.

많은 OECD 국가들은 기능적 접근을 활용하여 제각기 '도시'를 정의하고 있다. 30개 OECD 국가 중 26개 국가가 기능적 도시 정의를 사용하고 있으며, 대부분 인접 거주 지역 내의 인구규모와 최소인구밀도를 참고로 한다. 반면 4개 국가(대한민국, 헝가리, 폴란드, 터키)는 단순히 행정구역을 근거로 도시를 정의하고 있다.[11]

〈표 1-2〉 OECD 국가들의 도시지역 정의 사례

국 가	정 의
호주	인구 1,000명 이상이 거주하고 km²당 인구밀도가 200명 이상인 모든 도심지
캐나다	인구 1,000명 이상이고 km²당 인구밀도가 400명 이상인 지역
체코	인구 2,000명 이상의 지방자치단체
덴마크	인구 200명 이상의 지역
프랑스	서로 200m 이상 떨어지지 않고 거주하는 인구 2,000명 이상의 공동체나 인구의 대다수가 복합 공동체 (multi-communal agglomeration)에 속한 공동체
독일	km²당 인구밀도가 150명 이상인 공동체
헝가리[1]	**부다페스트와 법적으로 지정된 타운**
아이슬란드	인구 200명 이상의 지역
아일랜드	인구 1,500명 이상의 인구 클러스터(교외를 포함한 밀집 지역)
이탈리아	인구 10,000명 이상의 공동체
일본	km²당 인구밀도가 4,000명 이상이거나 공공, 산업, 교육, 휴양시설을 보유하면서 시(shi), 구(ku), 마치(machi), 무라(mura)라고 불리는 기초행정단위 내에 총 인구가 5,000명 이상인 일련의 블록들로 이루어진 지역 즉 밀집거주지구(DID)
한국[1]	**행정구역 상 '동' 지역**
룩셈부르크	인구 2,000명 이상의 공동체
멕시코	인구 2,500명 이상의 지역
네덜란드	인구 20,000명 이상의 지방자치단체
노르웨이	인구 2,000명 이상의 지역
폴란드[1]	**법적으로 타운(miasta)의 지위를 갖는 지역**
스페인	인구 10,000명 이상의 지방자치단체
스웨덴	인구 200명 이상이고 서로 200미터 이상 떨어지지 않고 거주하는 기성 시가지
스위스	인구 10,000명 이상의 공동체와 교외 지역과 인구 20,000명 이상이면서 시가지가 연결된 밀집 지역
터키[1]	**주(province)와 군(district)의 행정중심지의 자치 범위 내에 속하는 지역**
영국	잉글랜드와 웨일스의 경우 인구 1,500명 이상, 북아일랜드의 경우 1,000명 이상, 스코틀랜드의 경우 모든 지역 (1970년대 중반까지는 도시가 행정구역으로 정의됨)
미국	최소 인구밀도 요건에 부합하고 인구 2,500명 이상인 인구 밀집 지역

주1: 굵은 글씨로 표시된 국가는 행정적 접근법에 따라 도시지역을 정의하는 국가임
출처: OECD(2013: 46)

제2절 도시의 기원 및 등장

1. 도시의 기원

최초의 문명은 메소포타미아의 도시들에서 발생했다. 문명이 시작된 이래 계속된 도시화로 오늘날 세계인구의 절반이 도시에 살고 있으며, 앞으로 많은 인구가 도시에 살 것으로 보인다. 도시의 역사는 문명의 역사이며 도시에는 인류의 발자취가 그대로 담겨져 있다. 인간은 시대와 환경에 맞는 여러 도시를 만들었다. 도시는 문명의 요람이자 삶의 공간이다.12)

최초로 도시가 등장한 것은 기원전 3000~4000년경이다. 초기도시는 오늘날의 이라크지역에 해당하는 메소포타미아의 티크리스 강과 유프라테스 강 유역의 비옥한 초승달 지대에서 형성되었다. 서남아시아에 위치한 초기도시는 종교 중심지로의 성격을 지녔다. 이들 도시 중 가장 오래된 도시는 에리두(Eridu)이다. 메소포차미아 평원에는 에리구 외에 에레크(Erech), 우르(Ur), 라가쉬(Lagash) 등의 도시가 발달했다.13) 그 밖에도 이집트의 나일 강 유역에 테베와 멤피스, 인더스 강 유역에 모헨조다로와 하라파, 황허 강 유역에 안양 같은 초기도시들이 형성되었다. 이러한 고대도시는 자급자족의 농경 생활 속에 발생되는 잉여생산물의 교환장소로 활용되었으며 농업생산에 종사할 필요가 없는 유한계급의 경우 가능한 넓은 지역과의 교역을 위해 정치·문화·종교·군사·상공의 중추를 이루고 있는 지역에 취락입지를 선정하며 발달하기 시작하였다.14)

시간이 지나면서 지구상에는 더 많은 사람들이 살기 시작했고, 기원전 8세기경 발칸반도의 에게 해(Aegean Sea) 인근에 보다 체계적 제도를 갖춘 도시들이 모습을 드러냈다. 바로 시민과 노예, 참정권과 군대 등의 시스템을 갖춘 그리스 도시국가들이다. 아테네와 스파르타가 대표적인데, 이들은 도시 자체가 하나의 국가 형태를 갖추고 있었다.

유럽의 뿌리를 이룬 로마도 작은 도시국가에서 성장했다.15) 500년 경에 로마제국이 붕괴하자 유럽에 암흑기가 도래했고 서양문명의 일반적인 쇠퇴가 일어났다. 도시인구는 시외로 분산되었고, 도시는 규모와 영향 면에서 일반적 쇠퇴가 나타났다. 그 뒤 봉건제도와 함께 도시국가가 발달했다. 도시국가 간의 끊임없는 전쟁은 도시주변에 방호벽의 필요성을 증대시켰다. 시간이 지나면서 도시생활은 정비되었고 도시 안의 살만한 공간이 됐으며 1100년 무렵에는 도시 간의 교역도 다시 이루어진다.

유럽이 암흑기로부터 벗어나자 도시생활은 상당히 개선되었다. 장인과 상인들이 길드를 형성했고 경제 및 정치권력을 두고 귀족들에게 도전했다. 전형적인 중세도시들은 벽으로 둘러싸였고 성, 시장, 교회를 포함했다. 도시의 나머지 부분들은 대부분 상점과 개인거주지로 이루어졌다. 중세도시는 작았고 초기에는 거주자들은 성 밖으로 계속 출입을 했다. 많은 도시들이 각지에 건설됐으나 그 인구규모는 대부분 5만 이하의 소도시를 유지했다. 그 이유는 성곽으로 둘러싸여 있어 공간이 한정됐고 급수나 식량공급에도 한계가 있었기 때문이다.16)

로마제국이 멸망한 이후 17세기까지 유럽의 도시는 매우 더디게 성장하였다. 몇 개의 큰 도시는 구모와 기능에서 쇠퇴하였다. 따라서 5세기 서로마 제국의 몰락은 600년 이상 서부 유럽의 도시화가 실제적으로 종식되었음을 나타냈다. 도시 쇠퇴의 주된 이유는 공간 상호

작용의 감소였다. 도시는 처음부터 농촌배후지역과 다른 주변지역, 멀리 있는 도시와 무역을 하며 생존하였고 규모가 커졌다. 비록 도시는 로마가 멸망한 후 600년이 지나 요새화된 주거와 교회 중심지를 통해 재생되었지만 인구와 생산의 성장은 아주 미미하였다. 그 이유는 교환이 한정적이었기 때문이다. 대다수의 도시 거주자는 도시 내 성곽에서 생활을 영위하였다. 따라서 도시공동체는 매우 긴밀한 사회구조를 발전시켰다. 권력은 봉건 영주와 종교 지도자 간에 공유되었으며, 경제적으로 활발한 인구는 길드로 조직되었다.[17]

근대적인 도시들은 산업혁명과 함께 나타났다. 도시에서는 증기기관과 분업화를 통해 막대한 상품들이 쏟아져 나왔다. 도시의 일자리는 늘어났고, 부의 집중이 심화되었다. 이처럼 도시는 인류 문명의 발상이자 문명 발달, 생산성 증대의 중심축 역할을 해왔다.[18]

2. 도시의 등장

1) 도시등장의 의미

도시의 등장은 거친 자연의 제약 속에서 살아가던 유목민적 삶을 청산하고 인간이 가지고 있는 지적 능력을 활용해 인위적인 모둠살이를 하게 된 것을 뜻한다. 모둠살이를 하는 것은 삶의 물질적·도구적 편익을 공동 증진하고 획득해가기 위한 것뿐만 아니라 이를 유지하고 발전시켜 가는 비물질적·이념적·제도적 틀을 구축해가는 것을 내용으로 한다. 이런 점에서 도시의 등장은 곧 인간의 문명화(civilization) 혹은 더불어 살아가는 양식으로서 사회(society)를 형성해가는 것과 같은 의미이다.

2) 도시등장의 계기(契機)

인간의 모둠살이로서 도시를 생성시켜 왔던 계기는 지금까지 크게 두 가지가 있었다. 첫 번째는 B.C. 6000년 내지 7000년경에 출현했던 농업혁명이며, 두 번째 것은 지금부터 200여 년 전에 전개되었던 산업혁명이다. 이 두 가지 혁명은 모두 인간이 살아가는 방식의 변화를 가져오면서 부수적으로 모둠살이 방식을 근본적으로 재편시키는 결과를 낳았다.[19] 신석기 시대에 인류는 사용목적에 맞는 도구를 만들어 이용하기 시작하면서 수렵, 채집생활에서 정착농경생활로 생활형태가 변화하였다. 석기 농기구의 사용으로 인류는 농경, 정착생활로 진입하면서, 사회 형성의 기초를 마련하였다. 고대국가의 성립에 기여한 철제농기구는 석기에 비해 가볍고 작으며, 튼튼할 뿐 아니라 매우 예리하여 더 쉽게 더 많은 식량을 생산하는 농업혁명을 이룩하는 계기가 되었다.[20] 이러한 농업혁명으로 인해 식량이 풍부해져 잉여생산물이 발생하였다. 또한 인구가 증가함에 따라 정주생활이 가능해졌고 움집, 촌락이 형성되는 오늘날 도시형태가 나타났다.

산업혁명은 인류가 농업에 기초한 경제에서 벗어나 공업에 기초한 경제로 전환하는 과정이다. 이전에는 토지가 가장 중요한 생산수단이었지만 이제 엔진과 기계로 바뀌게 되었다. 증기기관에 연결된 기계를 이용하여 각종 자원들을 가공하여 점차 대량생산체제로 발전하게 되었다. 이러한 공장이 확장되면서 농토에 의존하는 인구가 점차 감소하여 이제 공장을 중심으로 도시로 인구들이 모여들게 되었고, 이에 따라 서비스업에도 가속적으로 팽창하게 되었다. 어디든지 이동할 수 있는 증기기관에 의존하면서 인구가 많고 노동비용이 저렴한 곳을 찾아 생산 장소가 집중하면서 도시가 생산의 중심이 되었다. 산업

혁명 이후 이전의 농촌형사회가 도시형사회로 완벽하게 탈바꿈하고
있다.[21]

산업혁명 또한 기술의 발달에 따라 진화하고 있다는 것이 특징이
다. 사상가인 Jeremy Rifkin은 3차 산업혁명은 새로운 커뮤니케이션과
새로운 에너지가 결합할 때 생겼다고 말한다. 1차 산업혁명은 인쇄술
과 석탄에 기반을 둔 증기기관의 등장으로, 2차 산업혁명은 전화와
TV·라디오 등 전기통신기술과 석유를 이용한 내연기관이 발달하면
서 가능했다. 이제 석유 기반의 경제와 산업은 한계에 다다랐으며, 금
융·재정위기도 유가 인상 때문에 발생했다고 진단했다. 특히 이러한
현재의 문제점을 해결할 수 있는 방법이 바로 인터넷이라는 새로운
커뮤니케이션 수단과 재생가능 에너지가 결합한 형태의 산업모델이
라는 것이다.[22]

〈표 1-3〉 Jeremy Rifkin이 바라본 산업혁명 시기별 특징

구분	1차 산업혁명	2차 산업혁명	3차 산업혁명
에너지	석탄+증기기관	석유+내연기관	재생기능 에너지+수소 저장 기술
네트워크	인쇄술	전신·전화, TV·라디오 등 전자통신기술	인터넷
대표산업	철도	석유·화학·자동차	사회적 기업
주거형태	도심과 공동주택, 초고층 빌딩과 다층 공장	편평한 교외 주택지와 공업단지	주거지와 미니 발전소 결합 (빌딩의 발전소화)
경제구조	수직적 규모의 경제	중앙집권적	협업 경제, 분산 자본주의

출처: 중앙일보 2012년 5월 9일자

이러한 역사적 변혁의 공통 결과는 도시 비율의 증가와 도시 규모
의 대형화이다. 즉, 농촌보다는 도시가, 소도시보다는 대도시가, 농촌

혁명과 산업혁명의 결과를 활용하기에 유리한 공간경제구조를 구축하게 된다. 즉, 공장을 운영하는 기업가, 공장에서 일을 하는 노동자, 물건을 사고파는 상인들, 이들을 상대로 편익을 제공하는 서비스업자들 등 사회 구성원 모두에게 사람들이 도시에 모여 사는 것은 분명 좋은 일인 것이다. 그러나 오늘날 도시는 물류, 금융, 정보의 혁신으로 인해 농촌혁명과 산업혁명에 이은 새로운 제3의 혁명인 지식혁명 시대로 진입했다고 보는 전문가가 많다. 이러한 이유로 머지않아 생산과 소비의 집적이익 시대가 서서히 물러가고 고전적 경제이론이 맞지 않는 때가 도래할지도 모른다는 것이다.[23)]

제3절 도시의 형성과 성장

현존하는 도시들의 역사적 과정을 살펴보면 그 형성과정의 배경이 서로 상이하다는 점을 알 수 있다. 교통의 결절점과 물자집산지로 인한 상업집적지로 형성된 도시, 행정상 중심지로 조성된 도시, 혹은 군사기지를 중심으로 만들어진 도시 등 다양한 배경을 가지고 있다. 이러한 도시 중 현대사회에서 중심적 기능을 하고 있는 도시는 근대화 과정에서 공업이 발생·성장했던 지역이다.[24]

이러한 다양한 요인들로 인해 성장한 도시들은 보편적으로 '도시화'라는 현상을 겪게 된다. 도시화란 도시에 인구가 집중하여 공간적 확대 및 도시적 생활양식이 확대되며 전체 산업구조가 변하는 과정을 말한다. 도시화의 정도는 국가별로 다양하지만 대체로 공통적인 도시화 경향을 보인다.[25] 또한 일반적으로 산업혁명 이후 공업화 과정에서 발생하게 된 인구의 이동과 그에 따른 현상을 이야기하는 것으로 정의된다. 즉, 공업화가 촉진되면서 농업부문의 잉여노동력이 비농업부문으로 이동하면서 비농업부문의 종사자 수가 증가하게 되고, 이러한 비농업부문의 인구가 유리한 입지조건을 갖춘 지역을 중심으로 집중하고, 집적경제와 규모의 경제가 작동하는 일련의 과정 혹은 노동력, 자본, 자원 등 생산요소가 생산성이 상대적으로 낮은 농업부문으로부터 생산성이 상대적으로 높은 제조업 및 서비스업 등 비농업부문으로 전이되면서, 생산성과 수익성이 높아지는 과정 등으로 해석되고 있다.[26]

특히 최근 들어 도시화는 도시성장의 강력한 요인으로 떠오르고 있어 주목하고 있다. 미국 경제학자 Joseph E. Stiglitz는 21세기 세계경제에 영향을 줄 최대 요인으로 중국의 도시화를 꼽았다. 중국의 도시화는 성장속도 측면이나 경제구조 전환 측면에서 향후 중국 경제의 성장과 발전에 심대한 영향을 줄 것이며, 향후 20년간 중국에선 3~4억 명의 인구가 농촌에서 도시로 이동할 것이며, 이는 소득, 소비, 생산성 면에서 도시와 농촌 간의 격차가 큰 중국에서 상당한 자원 재배치 효과를 낳을 것으로 예상된다. 농민이 도시민이 되면서 소득 증가와 사회보장 혜택 수혜에 따른 소비성향 증가로 인해 소비가 약 1만 위안 증가한다고 가정하면, 도시화율이 1%p 오를 때마다 약 1,300억 위안의 소비 증가 효과가 생긴다. 이 효과만으로도 경제성장률이 0.2~0.3%p 오르게 된다. 또한 농촌 인구 1명이 도시에 정착할 때 약 10만 위안의 투자 기회를 발생한다고 가정하면, 도시화율이 1%p 상승할 때마다 약 1.3조 위안의 투자가 파생되는데, 이는 경제성장률을 2%p 정도 끌어올릴 수 있다. 이 밖의 간접적인 효과들을 포함해 중국 정부는 '규획'에서 신형 도시화를 통해 향후 10년간 총 40조 위안의 투자를 끌어내겠다는 포부를 밝힐 것으로 알려졌다. 도시화 관련 투자는 궤도교통, 스마트 도시 등 도시 인프라, 보장형 주택 등의 주거 영역, 가전제품, 휴대폰 등 소비생활 영역에서 고루 이뤄지면서 관련 산업의 성장을 추동할 것으로 예상된다. 이로써 도시화는 중국 경제 성장의 속도와 질에 커다란 변화를 초래하는 강력한 변수가 될 수 있다.[27]

개별 도시마다 성장 및 발전 유형이 다를 수 있는데, 어떤 모습이 바람직한 것인가에 대한 논의는 도시계획 및 도시정책에서의 계속 이어져 오고 있다.[28] 도시성장이란 인간에 의해 토지이용의 밀도가 질적·양적으로 증가하는 것을 의미하는데, 구체적으로 인구, 산업, 자본, 건물 및 경제활동 등의 밀도가 높다는 것을 말한다.[29] 즉, 도시

성장은 한 도시의 경제기반의 요소뿐만 아니라 도시성장을 자극하는 수요측면과 공급측면 요인과의 상호작용관계, 집적경제, 도시 간에 작용되는 제 기능의 정도, 그리고 국가도시체계상의 공간개발의 정책 등 여러 요인의 복합적인 작용에 의한 것이다. 도시는 사람이 살아가는 그러한 사회적 유기체로 구성되어 있으므로 도시성장의 요인은 여러 관점에서 설명될 필요가 있다.[30] 이러한 다양한 관점 중에서도 인구는 도시의 성장을 설명하는 데 경제적 요소와 더불어 중요한 성장요인이 된다.

도시발전단계설로 가장 널리 알려져 있는 Klaseen과 Paelinck는 유럽 도시권의 인구동태의 관찰을 통하여 도시의 성장쇠퇴모델을 제시하였다. 도시화과정에서 도시중심과 외곽지역 간의 시·공간적 인구변화유형을 도시지역 전체의 인구변화에 따라 4단계와 8개 세부단계로 구분하여 도시화를 <그림 1-1>에서 설명하고 있다.

이러한 도시발전단계는 크게 성장기와 쇠퇴기로 구분하며, 성장기는 집중경향이 강한 도시화의 과정과 분산경향이 지배적인 교외화 과정으로 나타나는데, 이때 도심지역과 교외지역을 합한 도시권 전체의 인구는 계속 증가한다. 그러나 쇠퇴기에는 역도시화가 나타나게 되는데 이 단계에서는 도시권 전체로 보아 인구가 감소한다. 이 중에 절대적 분산과정은 도심인구의 감소에 그치나 상대적 분산기에는 도심인구의 감소와 더불어 교외인구까지 감소한다.[31] 즉, 도시는 도시화, 교외화, 역도시화, 재도시화의 단계를 거치며, 도심의 쇠퇴 또는 정체는 교외화 단계의 상대적 분산화와 탈도시화 단계의 과정 속에서 나타난다.[32]

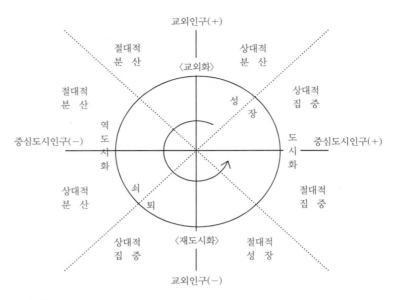

교외인구(+)

절대적 분 산 〈교외화〉 상대적 분 산

절대적 분 산 성 장 상대적 집 중

중심도시인구(−) 역도시화 도시화 중심도시인구(+)

상대적 분 산 쇠퇴 절대적 집 중

상대적 집 중 〈재도시화〉 절대적 성 장

교외인구(−)

출처: 綜合硏究開發機構(2005: 9); 형시영(2006: 63)

〈그림 1-1〉 도시 사이클 가설

　전(全) 세계 인구는 미국인구조사국(United States Census Bureau)기준으로 2014년 5월 현재 약 71억 6천만 명이며, 이 중 도시에서 사는 인구는 약 50% 정도인 36억 명 정도로 추산된다. 약 100년 전인 1900년만 해도 전 세계 인구 중 도시 인구는 10%에 불과했지만 작년에 사상 처음으로 도시 인구가 농촌 인구를 앞질렀다. 나아가 오는 2030년 경에는 세계 인구의 60%가, 2050년엔 전 세계 인구의 75%가 도시에 살게 될 것으로 관측된다.[33] UN에서 2013년 발간한 「World Population Prospects The 2012 Revision」 보고서를 보면, 2050년에 세계인구가 96억 명에 이르러 2013년 현재보다 무려 24억 명이 늘어난 수치이다. 이는 현재 중국과 인도 전체인구를 모두 합한 것과 같다. 이 시기에 급격한 인구증가는 선진국에서보다는 개발도상국에서 두드러지게 나타난다. 결과적으로 2050년까지 저개발지역(less developed regions)에서 86.4억 명이 될 것으로 보인다. 또한 2100년에는 전 세계 인구가 100억 명을 넘어설 것으로 추정되며, 21세기 후반부에는 전 세계 인구 성장은 저개발지역(less developed regions)에서 지속적으로 나타날 것으로 보인다.

도시는 사람과 기업 간 네트워킹의 장(場)으로서 경제성장의 엔진 역할을 수행하며, 인구와 기업이 집중되어 정보와 지식 교류 등 집적의 이익이 발생하고 있어 평균적으로 도시인구 비중이 10% 늘어날 때마다 그 나라의 1인당 생산성은 30% 향상되는 것으로 분석되었다.[34] 특히 천만 명 이상의 도시인 메가시티의 정치·경제적 비중도 높아지고 있다. 먼저 메가시티의 경제력은 지속적으로 커지고 있는데, 이미 세계 GDP의 1/15 이상이 10대 대도시권에서 발생하고 있다. 일례로 도쿄의 경우, 일본 인구의 약 30% 정도가 거주하고 있으며, GDP에서 차지하는 비중은 40% 정도이다. 2009년 현재 일본이 전 세계 GDP에서 차지하는 비중이 6%라는 점을 고려하면, 도쿄라는 단일 도시가 전 세계 GDP의 2% 이상을 담당하고 있는 셈이다.[35] 한국의 경우, 2010년 기준으로 총인구의 49%가 수도권에 살며, 서울, 경기, 인천 등 수도권이 전체 GDP에서 차지하는 비중은 47.8%로 거의 나라 전체의 반을 차지하고 있어 그 비중이 크다는 것을 알 수 있다.[36]

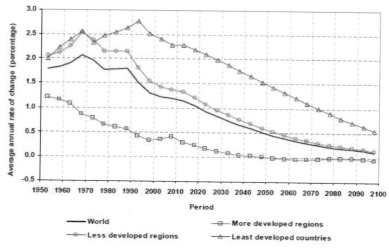

출처: UN(2013: 4)

〈그림 1-2〉 도시인구의 변화추이(1950~2100)

　　<표 1-4>와 같이 UN(2012)에서 발간한 「World Urbanization Prospects The 2011 Revision」에서 보면, 1970년대에 인구 1,000만 명이 넘는 도시는 일본 도쿄와 미국 뉴욕밖에 없었으나, 1990년에 10개, 도쿄(Tokyo), 뉴욕(New York), 멕시코시티(Mexico City), 상파울루(Sao Paulo), 봄베이(Bombay), 고베(Kobe), 오사카(Osaka), 캘커타(Calcutta), 로스앤젤레스(Los Angeles), 서울(Seoul), 부에노스아이레스(Buenos Aires), 2011년에는 무려 23개로 늘어났다. 도쿄는 3,700만 명, 델리(Delhi)는 2,200만 명이다. 특히 2025년에는 1,000만 도시가 37개로 늘어날 것으로 예상하고 있으며 여전히 도쿄가 3,800만 명으로 1위이고 델리는 3,200만 명, 상하이(Shanghai)는 2,800만 명으로 예상하고 있다.37)

<표 1-4> 세계인구 천만 도시

연도	순위	거대도시	인구	연도	순위	거대도시	인구
1970	1	도쿄(일본)	23.3		1	도쿄(일본)	38.7
	2	뉴욕(미국)	16.2		2	델리(인도)	32.9
1990	1	도쿄(일본)	32.5		3	상하이(중국)	28.4
	2	뉴욕(미국)	16.1		4	뭄바이(인도)	26.6
	3	멕시코시티(멕시코)	15.3		5	멕시코시티(멕시코)	24.6
	4	상파울루(브라질)	14.8		6	뉴욕(미국)	23.6
	5	뭄바이(인도)	12.4	2025	7	상파울루(브라질)	23.2
	6	오사카, 고베(일본)	11		8	다카(방글라데시)	22.9
	7	콜카타(인도)	10.9		9	베이징(중국)	22.6
	8	로스앤젤레스, 롱비치, 산타나(미국)	10.9		10	카라치(파키스탄), 산타나(미국)	20.2
					11	라고스(나이지리아)	18.9
	9	서울(한국)	10.5		12	콜카타(인도)	18.7
	10	부에노스아이레스(아르헨티나)	10.5		13	마닐라(필리핀)	16.3
2011	1	도쿄(일본)	37.2		14	로스앤젤레스, 롱비치, 산타나(미국)	15.7
	2	델리(인도)	22.7		15	선전(중국)	15.5
	3	멕시코시티(멕시코)	20.4		16	부에노스아이레스(아르헨티나)	15.5
	4	뉴욕(미국)	20.4		17	광주, 광동(중국)	15.5
	5	상하이(중국)	20.2		18	이스탄불(터키)	14.9
	6	상파울루(브라질)	19.9		19	카이로(이집트)	14.7
	7	뭄바이(인도)	19.7		20	킨샤사(콩고민주공화국)	14.5
	8	베이징(중국)	15.6		21	충칭(중국)	13.6
	9	다카(방글라데시)	15.4		22	리우데자네이루(브라질)	13.6
	10	콜카타(인도)	14.4		23	방갈로르(인도)	13.2
	11	카라치(파키스탄)	13.9		24	자카르타(인도네시아)	12.8
	12	부에노스아이레스(아르헨티나)	13.5	2025	25	첸나이(인도)	12.8
	13	로스앤젤레스, 롱비치, 산타나(미국)	13.4		26	우한(중국)	12.7
					27	모스크바(러시아)	12.6
	14	리우데자네이루(브라질)	12.0		28	파리(프랑스)	12.2
	15	마닐라(필리핀)	11.9		29	오사카, 고베(일본)	12.0
	16	모스크바(러시아)	11.6		30	천진(중국)	11.9
	17	오사카, 고베(일본)	11.5		31	하이데라바드(인도)	11.6
	18	이스탄불(터키)	11.3		32	리마(페루)	11.5
	19	라고스(나이지리아)	11.2		33	시카고(미국)	11.4
	20	카이로(이집트)	11.2		34	보고타(콜럼비아)	11.4
	21	광주, 광동(중국)	10.8		35	방콕(태국)	11.2
	22	선전(중국)	10.6		36	라호르(파키스탄)	11.2
	23	파리(프랑스)	10.6		37	런던(영국)	10.3

출처: UN(2012: 7)

오늘날 전 세계 인구의 절반 이상이 도시에 살며, 지구의 모든 활동이 도시를 위해 움직인다고 볼 수 있다. 여기에서 활동은 도시에 사는 사람들의 생존을 유지시키기 위한 일체의 집단적, 개인적 활동을 의미한다. 예를 들어 도시에서 소비되는 음식물의 원재료는 도시 자체에서 충당하지 못한다. 즉, 지역, 나라, 계절을 초월한 농촌에서 농산물을 생산하고, 어촌에서 수산물을 생산하여 도시에 제공한다. 먹거리뿐만 아니라 도시민이 사용하는 물리적인 제품 또한 마찬가지이다.[38]

이처럼 도시에서의 인구는 경제·사회구조 전반의 변화에 대비하고 도시의 바람직한 미래에 대한 계획을 수립함에 있어서 중요한 지표이자 요소이다. 따라서 도시의 장래 인구를 추정하고 이에 적합한 대안을 세우는 것이 중앙정부와 지방정부 모두에 필요하다. 도시계획과 정책의 궁극적인 목표가 장래의 도시성장에 대비한 각종 도시기반시설의 확충과 도시성장의 효율적인 관리에 있는 만큼 장래 인구와 산업구조를 가능한 정확하게 추정하는 일은 매우 중요하다.

제4절 도시의 패러다임 변화

1. 도시의 환경변화

세계의 문명권을 구별하는 데 있어서 도시의 특징은 가장 중요한 인자 중 하나인 것은 분명한 사실이다. 이러한 도시공간구조의 형태는 그 지역에 살고 있는 사람들의 삶의 형태가 반영되어 있는 것 역시 부정할 수 없다. 그래서 도시공간구조의 변화는 삶의 형태, 즉 사회가 가지는 특징을 반영한다고 말할 수 있겠다. 따라서 문명이 발생한 이후로 지속적으로 변화되고 있는 사회의 패러다임은 이를 담아내고 있는 도시공간구조의 변화에 영향을 미치고 있다고 생각된다.[39]

Kuhn은 패러다임을 "한 시대를 지배하는 과학적 인식·이론·관습·사고·관념·가치관 등이 결합된 총체적인 틀 또는 개념의 집합체"로 정의하였다. Kuhn에 따르면, 패러다임은 전혀 새롭게 구성되는 것이 아니라 기존의 자연과학 위에서 혁명적으로 생성되고 쇠퇴하며, 다시 새로운 패러다임으로 대체된다고 보았다.[40] Kuhn이 정의한 패러다임을 도시계획 측면에서 재조명해보면, 그 시대의 도시계획이 추구해야 할 인식·이론·관습·사고·관념·가치관 등이 결합된 총체적인 틀 또는 개념의 집합체가 바로 도시계획 사조이다. 패러다임이 항상 생성·발전·쇠퇴·대체되는 과정을 되풀이하듯이 도시계획 사조도 그 시대의 가치 변화에 따라 아테네헌장-마추픽추헌장-메가리드헌장으로 변해왔으며, 최근에 들어서는 새로운 도시계획 패러다임이 제안되고 있다. 새로운 도시계획 패러다임이 대두되게 된 배경은 기존 도시계획의 문제점 및 한계점을 극복하고 21세기 도

시계획의 새로운 방향성과 담론을 제시하기 위한 노력이라고도 할 수 있다.41)

산업혁명을 계기로 세계경제와 문명은 크게 변화하였고 아울러 도시문제는 심각하게 되었다. 대도시가 출현하는가 하면 과밀 과대도시의 문제가 발생하고 정체되는 도시가 있는가 하면 쇠퇴하는 도시가 발생하고 있다. 한국도 예외는 아니어서 지역 간 성장격차는 커지고 주택, 교통, 환경문제가 날로 심각해지고 있으며 도로 공간에서 인간이 소외되는 상황이 벌어지고 있다. 도시문제는 도시 측에서만 있는 것이 아니다. 도시는 고립된 존재가 아니라 주변 농촌, 산촌, 어촌에 있어서도 개방된 생활의 장이며 기능적인 구분점이다.42) 이처럼 현대도시가 직면하는 과제는 아주 다양하다. 그렇지만 문제를 어떻게 인식하고, 어떤 문제에 주안점을 두는가에 따라 도시발전 패러다임은 달라진다. 미래학의 관점에서 연구를 주도하고 있는 UN밀레니엄프로젝트를 비롯한 미래학자들이 꼽고 있는 과제들은 지속가능한 발전, 과학기술, 에너지, 세계화와 글로벌 이슈, 민주주의와 다양성, 생태환경, 건강과 복지, 윤리와 가치, 도시화와 지역문제, 평화와 전쟁 등이라고 할 수 있다.

도시의 계획적 측면에 초점을 맞추고 있는 UN인간정주위원회는 인구구조, 기후변화와 에너지, 경제의 세계화와 재구조화, 지방정부의 통제를 벗어나는 새로운 공간적 형태와 과정, 도시정치 시스템의 변화를 동반하는 제도적 도전 등을 현대도시가 직면하는 거대한 도전이라고 보고 있다. 이러한 거시적 트렌드와 도전 과제는 대부분의 도시들이 직면하는 과제이다. 도시 차원에서 공통적으로 맞닥뜨린 문제 또는 과제들은 인구고령화, 실업과 비공식 노동, 빈곤과 사회적 양극화, 자연재해 및 테러, 질병, 범죄 등 각종 자연적·사회적 재앙, 에너지 과소비적 도시구조, 양질의 부담 가능한 적정가격의 주택부족, 효과적인 대중교통 체계의 결여, 성장이익을 공유하면서 경쟁력을 유지할 수 있는 도시경제체제의 미확립, 도시정치에서 과두체제의 개선 과제 등이다.[43]

새로운 패러다임이 필요한 것은 세계경제 위기 이후 도시의 문제가 점점 복잡해짐에 따라 정부나 시장에서는 해결하기 어려운 문제들이 증가하고 있기 때문이다. 세계적으로 경제적 양극화가 심화되고 있으며, 과잉소비에 따른 에너지 고갈과 기후 변화로 인한 자연재해가 끊이질 않고 있다. 물질지상주의 문화의 확산으로 공동체의 가치가 상실되고, 급속한 인구 고령화나 '고독사'나 자살 증가와 같은 사회문제도 이전 시대의 해법으로 풀 수가 없다. 지금까지 도시가 경제적 성장에 초점을 맞추고 하드웨어적인 개발에 치중했다면, 이제는 시민의 삶을 풍요롭게 할 소프트웨어적인 투자가 절실하다. 그리고 정부가 모든 것을 다하는 것이 아니라 시민참여와 섹터 간 협력을 통한 사회문제의 해결, 사회혁신의 접근이 필요하다.

도시라는 플랫폼에 시민참여를 통해 시민들의 생활 문제를 해결해 나가는 방법 중 주목되는 것이 바로 '공유'이다. 도시는 원래 공유의 플랫폼이었다. 도로, 공원, 대중교통도 따지고 보면 공유다. 이런 도시 기반 시설의 공유를 한 차원 높여 소프트웨어적인 인적·물적 네트워크와 정보의 공유로 발전시키면 적은 비용으로 더 많은 효과를 낼 수 있다. 즉, 주차문제가 심각하다고 해서 막대한 예산을 투입하여 주차장을 새로 만드는 것이 아니라 기존의 주차장들을 효율적으로 사용할 수 있도록 소프트웨어를 개발하는 식의 접근이 바로 그것이다. 주민 커뮤니티 공간이 필요할 때도 새로운 건물을 신축하는 방법이 아니라 기존 유휴 건물과 공간 활용하는 것이 더 필요하다. 이렇게 흩어진 자원에 대한 정보를 공유함으로써 시민의 접근성과 활용성을 높이면서 효율적이고도 혁신적인 도시로 지역을 발전시켜 나가는 것이 새로운 도시 운영 패러다임이 될 수 있다.44)

2. 도시 패러다임의 유형 및 특징

도시 패러다임의 변화는 바라보는 관점에 따라 매우 다양하다. 도시를 둘러싸고 있는 주변 환경의 끊임없는 변화는 결과적으로 도시계획 패러다임 변화로 나타난다. 도시계획 패러다임의 변화(shift)가 있을 때마다 도시 관련 학자들은 변화요인 및 그로 인한 파급효과를 진단하기 위해 노력해왔다. 학자들이 이러한 노력을 기울이는 까닭은 토마스 쿤이 지적하였듯이 과거 도시 관련 패러다임의 변화 고찰을 통해 당시 도시가 가지고 있던 문제를 파악하여 계획가들의 임무를 찾아내고, 나아가 앞으로 닥칠 문제에 대비하기 위해서이다.45) 도시계획·개발의 사조는 <그림 1-3>에서와 같이 이상도시와 전원도시 이후 도시계획의 패러다임은 아테네헌장, 생태도시, 마추픽추헌장, 압축도시, 스마트 성장, 메가리드헌장, 뉴어바니즘헌장, 녹색도시 등으로 변천되어 왔다.46)

급속도로 진행되고 있는 도시화는 환경 및 경제 발전에 큰 영향을 미침과 동시에 인류복지와 환경에 심각한 위협을 주고 있어 이러한 문제를 해결하기 위해 지속가능한 개발(Environmentally Sound and Sustainable Development) 개념이 대두되었다.47) 1972년 이후 지속가능성, 지속가능한 발전의 개념이 UN이나 국제자연보전연맹(International Union for Conservation of Nature) 등에서 사용되었다. 1980년 국제자연보전연맹회의에서 채택된 세계보전전략(World Conservation Strategy)은 이러한 지속가능한 발전 개념을 공식문건에 처음 도입하였으며, 특히 개발과 보전은 동등한 중요성을 지니고 있다는 점과 경제발전과 환경보전의 조화를 강조하였다.[48] 그러나 지속가능성(sustainability)은 보편적으로 경제성장(economic growth), 사회적 발전(social development) 그리고 환경보호(environmental protection)의 다양한 개념을 내포하고 있는데 이러한 의미들이 서로 융합되지 않고 충돌할 가능성이 있어 논란이 되고 있기도 하다.[49]

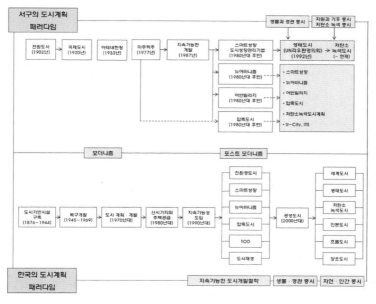

출처: 원제무(2013: 4)

〈그림 1-3〉 시기별 도시 패러다임의 변화

전 세계적으로 지속가능한 개발을 위한 새로운 도시 패러다임이 나타났다. 미국에서는 1991년 환경친화적인 도시공간구조 속에서 커뮤니티를 되살리기 위한 목적으로 발표한 이와니 선언을 기반으로 뉴어바니즘(New Urbanism) 운동이, 영국에서는 1992년 찰스황태자의 10대 원칙 발표를 시발점으로 전개된 어반빌리지(Urban Village) 운동이, 그리고 1997년 도시성장관리 개념에 바탕을 둔 이른바 스마트 성장(Smart Growth) 이론이 미국 메릴랜드 주에서 입법화되는 등, 1990년 이후 새로운 도시계획 및 설계이론들이 활발하게 나타나게 되었다.50) 이와 같은 새로운 도시의 패러다임변화에 따른 변화는 이탈리아의 '슬로시티(Slow City)', 일본에서는 '마찌즈쿠리(まちづくり)', 한국에서는 '살고 싶은 도시 만들기' 등으로 이어져 오고 있다.

1) 컴팩트시티(Compact City)

현대도시는 자동차의 보급과 함께 점차 면적(面的)으로 확산됨에 따라 교외지역에 대한 무질서한 개발이 이루어져왔다. 이러한 확산형 도시모델에서 벗어나 대중교통과 보행을 활성화하고 도시를 집적하는 컴팩트시티 모델이 제시되었다. 특히 도시성장관리(Urban Growth Management) 개념에 입각하여 내부지향적이고 압축적인 도시개발로 전환함으로써 도시의 외연적 확산방지, 교통혼잡으로 인한 오염발생의 억제, 상실된 도심기능의 회복, 공원·녹지 등 오픈스페이스 등의 확보가 가능한 것이 특징이다.51) 그간 논의를 종합할 때 고밀·근접개발, 대중교통을 통한 도시공간 연계, 지역 공공서비스와 일자리에의 근접성이 강화된 도시형태로 정의할 수 있다.52)

2) 뉴어바니즘(New Urbanism)

교외단지 위주의 편중개발과 용도지역지구제(Zoning)에 의한 엄격한 토지이용의 분리로 인해 도시의 평면적인 확산과 자동차 중심의 도로체계에 의한 환경훼손, 도심의 쇠퇴, 전통적 도시성(urbanity)의 상실 등의 측면에서 많은 비판을 받아왔다. '뉴어버니즘'은 이러한 배경 하에 자동차 중심의 전형적인 교외단지 개발방식을 지양하고 전통적 도시성으로 회귀하고자 하는 운동으로 '신전통주의적 개발방식(Neo-Traditional Development)'의로도 불리고 있다.53)

즉, 뉴어버니즘은 미국에서 교외화에 대한 문제의식으로부터 출발한 설계원칙이며 사회운동이다. 기존 시가지의 평면적 확산을 지양하고 고밀도로 생활요소들을 집중시키는 대안적 도시개발 방식을 통해 주거와 직장 그리고 커뮤니티 시설(공공, 구매, 위락)을 근접시킨다는 것이 뉴어버니즘 설계의 기본적인 원칙이다. 뉴어버니즘의 이러한 원칙은 통행량을 감소시킴으로써 자동차 의존도와 토지자원의 무절제한 소비를 줄이고 지역민들의 공동체 의식을 제고하는 데 기여할 수 있을 것으로 기대된다.54)

3) 어반빌리지(Urban Village)

'어반빌리지'란 사람들이 서로 사회적 교류가 가능한 하나의 커뮤니티를 형성할 수 있을 규모로 작되 일상생활에 필요한 시설을 유치할 정도의 규모는 확보할 수 있는 정주공간(settlement)을 말한다. 쉽게 말해 '도시 안에 마을'을 만들고자 하는 데 계획의 목표를 두고 있다.55) 즉, 어반빌리지(Urban village)는 거주자 간의 커뮤니티가 자연스럽게 형성되어 만족스러운 주거환경과 풍요로운 도시생활을 제공하기 위한 주거지 계획원리라고 할 수 있다. 1980년대 후반 영국의 찰스 황태자에 의해 제창된 이후 1992년 Aldous에 의해 재구성된 개념으로, 주요 계획개념인 지속적인 사회적 교류를 통한 공동체 중심의 사회 구현, 근린생활시설의 도보권내 배치, 오픈 스페이스 확보 등은 C.A. Perry(1929)의 근린주구이론과 비슷하지만, 근린주구이론이 단일 중심적 구성인 데 반해, 어반빌리지는 다중심적 구성이라는 점에서 차이를 보이고 있다.[56]

4) 스마트성장(Smart Growth)

교외화와 무질서한 난개발 같은 심각한 도시문제에 대처하기 위해 미국에서는 1990년대 후반부터 스마트 성장(Smart Growth) 개념이 도시의 성장을 계획적으로 관리하기 위한 새로운 정책패러다임으로 자리 잡고 있다. 스마트성장은 스마트한 방법, 즉 환경을 파괴하지 않고 경제성장을 지속하면서 상호협력을 통한 의사결정방식에 의해 성장을 수용하는 개발개념이라고 할 수 있다. 스마트성장의 도입은 개인 교통수단인 승용차와 고속도로를 중심으로 한 개발패턴으로 평가될 수 있는 과거의 계획기법을 통해서는 미국의 도시환경을 개선하는 것이 불가능하게 되었다는 사실을 반증하는 것이다.[57]

스마트성장의 개념과 원칙은 지속가능한 발전을 위한 정책, 시민참여, 재정지원 등 다양한 분야에서 활용되고 있다. 특히 스마트성장은 지속가능한 발전을 위한 도시설계의 가이드라인으로 준용되고 있음은 물론 기후변화, 도시개발, 환경정의 실현, 자원절약, 그린빌딩, 주택, 토지재활용, 교통, 수자원 등 다양한 분야에서 지속가능한 커뮤니티 조성을 위한 도구로 활용되고 있다.[58]

5) 슬로시티(Slow City)

슬로시티(Slow City) 운동은 공해가 없는 자연에서 생산되는 음식을 먹고, 지역문화를 공유하며 다시 예전의 농법으로 돌아가서 인간다운 삶을 되찾자는 국제운동이다. 슬로시티 운동의 배경은 슬로푸드 운동이 그 시발점이라 볼 수 있다. 슬로시티 운동은 바쁜 도시생활의 반대적 개념이지만, 현대사회 문명을 거부하며 과거로 돌아가자는 이념이 아닌 지속가능한 발전을 목표로 지역민을 중심으로 전통을 보전하고 생태주의적으로 삶의 질을 향상시키자는 운동이다.59)

슬로시티 운동은 지금 대다수의 사람들이 섬기는 '속도 숭배'를 '느림 숭배'로 대체하자는 것이 아니다. 빠름은 짜릿하고 생산적이고 강력할 수 있으며 만약 그것이 없었다면 아마도 한국은 가난하게 살았을 것이다. 문제는 시계를 거꾸로 돌리는 일이 아니라 빠름과 느림, 농촌과 도시, 로컬과 글로벌, 아날로그와 디지털 간의 조화로운 삶의 리듬을 지키는 것이다. 슬로시티 운동은 달콤한 인생(la dolce vita)과 정보시대의 역동성을 조화시키고 중도(中道)를 찾기 위한 처방이다. 속도가 중시되는 사회에서 슬로시티 프로젝트가 비현실적인지는 몰라도 1999년 국제슬로시티 운동이 출범된 이래 현재(2013년 6월)까지 27개국 174개 도시로 확대되었으며 한국도 10개의 슬로시티가 가입되어 있다.60)

6) 마찌즈쿠리(まちづくり)

'まちづくり(마찌즈쿠리)'라는 단어는 '마을(町)' 혹은 '가로(街)'를 의미하는 'まち(마찌)'와 무언가를 만들어낸다(造, 作, 創)라는 포괄적인 의미를 가지고 있는 'つくり(쓰쿠리)'로 구성되어 있다. 'まち'는 마을 및 가로에 해당하는 유형의 것뿐만 아니라 마을 내의 무형의 것들 (역사, 문화, 자연, 경관, 환경 등), 그리고 마을 내에 살고 있는 사람들과 그 사람들의 일상생활까지도 포함한다. 'づくり'는 단순히 가로 시설물을 만들거나, 공원을 조성한다든가 하는 행위를 의미할 뿐만 아니라, 더 나아가 'まち'를 대상으로 이제는 무언가를 창조해낸다는 보다 넓은 의미를 갖는다.[61]

일본은 고도성장을 이룬 1960년대 중반, 소득증가가 반드시 삶의 질을 보장해주지 않는다는 인식이 형성되자 도시의 물리적 기능개선 위주의 기존 도시계획제도를 '마찌즈쿠리 운동'으로 보완하였다.[62] 마찌즈쿠리는 '살기 좋은 마을 만들기'로, 지역 주민들이 공동으로 혹은 지방자치단체와 협력해서, 지역을 살기 좋고 매력 있는 곳으로 만들어가는 활동이다. 마찌즈쿠리 운동은 일본 전역에서 지역 주민의 자발적인 참여로 지역경제에 실질적인 발전을 가져다 준 일본 최고의 주민자치운동으로 평가받고 있다.

'마찌즈쿠리' 운동은 1960년대 고도의 경제 성장기를 지나면서 불거지기 시작한 중앙 집중의 폐해와 한계에 대한 인식에서 출발하여 지방의 실정에 맞는 지방화 정책이 구현되어야 한다는 정치적 움직임으로 구체화되었다. 1980년대 이후 일본 정부 및 지자체의 지역정책은 행정과 주민의 파트너십에 기초한 주민참가활동의 촉진을 중요한 목표로 삼게 되었다. 주민참여는 지역정책의 수립단계에서부터 집행에 이르기까지 전 과정에서 이루어져야 한다는 인식이 확대되었고, 이런 인식의 확대는 각 지역에서 주민들이 주축이 된 마찌즈쿠리 협의회를 탄생시켰다. 지역주민·관·전문가·학자들과의 파트너십에 기초하여 운영되는 이 협의회의 기본정신은 지속가능한 공동체적 삶

의 조건을 만들어 가는 것이다.63)

7) 살고 싶은 도시 만들기

정부는 '살기 좋은 지역 만들기' 정책을 통하여 인간의 정주 공간 및 삶의 질 제고와 새로운 지역 창조라는 목표를 내세워 환경친화적이며 지속가능한 지역 만들기를 모색하기 위해 노력하고자 하였다.64) 이에 지난 2005년부터 주민과 지자체 주도로 삶의 질과 도시공간의 질을 개선하고 살고 싶은 도시(liveable city)를 조성하자는 취지로 '살고 싶은 도시정책'을 추진해오고 있다.65)

살고 싶은 도시 만들기 시범사업은 2007년부터 2009년까지 94개의 지역을 대상으로 총 419억 원의 중앙정부 예산을 투입하여 진행되었으며, 이 과정에서 사업의 기반과 체계가 하나씩 안착되어 갔다. 그러나 2008년 정권이 교체되면서 도시재생이 새로운 국가정책으로 부상하게 되었고 이를 반영하여 큰 틀의 지역발전정책 체계가 개편된다. 지역발전을 체계적이고 효과적으로 지원하기 위하여 그간 유사사업, 중복지원 논란이 있었던 정부의 각 부처별 210개 지원사업들을 24개 포괄보조사업군으로 통폐합하였다. 이에 따라 살고 싶은 도시 만들기 시범사업도 도시활력증진지역 개발사업으로 통합개편되는데, 시범도시 사업은 중심시가지재생사업에, 시범마을 사업은 기초생활기반확충사업, 지역역량강화사업 등에 흡수 통합하게 된다. 이 도시활력증진지역개발사업은 2009년 사업제안서를 평가하여 2010년부터 시행하고 있다.66)

<표 1-5> 새로운 도시개발 모델의 방향

구 분	국가(년도)	특 징
뉴어바니즘	미국 (1980년대 말)	- 무분별한 교외화로 인한 토지손실과 공동체의식 상실 지적 - 지속가능한 개발 및 생태도시 구현이 목표 - 공간계획을 위한 물리적 개발지침
스마트성장	미국 (1980년대 말)	- 무분별한 교외화로 인한 토지손실 및 환경문제에 대응 - 고밀 복합 용도 개발과 보행지향적 개발 - 도시성장을 규제·유도·관리 하려는 광역적 접근 - 물리적 개발을 다루는 광역적 토지이용 시스템 구측
컴팩트시티	미국 (1970년대)	- 평면적인 건조환경의 확산 억제 - 고밀개발을 통한 공공공간과 오픈스페이스의 확보 - 대중교통과 연계한 토지이용의 효율성 및 대중교통 이용의 활성화 - 압축도시 개발을 통한 도시 에너지 소비량 저감
살고 싶은 도시 만들기	한국 (2005)	- 획일적이고 빠른 양적 성장에서 질적 성장으로의 의식 전환 - 지역과 밀착된 도시로 애착과 긍지를 가지는 도시 - 주민주도의 삶터, 일터, 놀이터 개선 - 생활 속 문제를 해결하려는 단편적·산발적 노력에 대한 중앙정부의 체계적 지원
어반빌리지	영국 (1980년대 후반)	- 지역특성과 환경이 무시된, 획일적이고 단조로운 도시 지양 - 공적공간을 중시한 소생활권 형성 기법 - 도시공간의 물리적 요소에 적용 가능한 디자인 개념 - 보행친화적이고 고밀·복합의 토지이용
슬로시티	이탈리아 (1998)	- 인간적응속도를 무시한 급격한 변화와 글로벌 표준화에 대한 대항 - 인간 생활리듬을 존중하는 삶의 질 향상과 여유로운 생활 추구 - 주민의 자발적인 주도로 삶의 질을 향상시키려는 사고방식 - 자연, 음식, 문화, 전통적 방식의 보호·발전에 초점 - 지역의 특성에 따라 융통적인 적용이 가능한 활동시스템 (인증제도)
마찌즈쿠리	일본 (1980년대)	- 지방 정체성 및 가치 재발견에 대한 요구에서 시작 - 주민 관점에서 기획되는 물리적·사회적 지역환경 정비 운동 - 애향심을 고취하고 생활의 활력 제공 - 신토불이의 슬로푸드와 슬로라이프 체험 - 슬로타운과의 연계로 변화발전

출처: 이삼수(2006: 11)

제 2 장

세계화와 세계도시

최근 도시와 관련하여 가장 큰 변화의 물결은 세계화, 글로벌화와 밀접한 관계가 있다. 그리고 이 과정에서 새로운 도시의 형태들이 생겨나고 있고, 우리는 통상적으로 세계도시라고 불려지고 있다. 세계도시(World City)라는 명칭은 완전히 새로운 것이 결코 아니다. 이를테면 런던이나 파리와 같이 도시 규모가 크고, 국가의 경제활동 중심지로 자리 잡고 있으며, 무역활동을 통하여 식민지를 지배, 총괄하는 도시들은 이미 세계도시라고 불리고 있었다.[1] 그러나 21세기에 이르러 교통수단의 발달, 인터넷 등 정보혁신, 자유경쟁적 경제 체계 등의 구축은 세계화를 더욱 촉진시켰으며, 이러한 과정에서의 세계도시의 유형과 특징은 더 다양해졌다.[2] 이러한 측면에서 볼 때, 세계도시의 개념은 현재도 다양한 개념과 의미들이 포함되고 있으며, 세계도시의 개념이 정립되고 있는 과정 중에 있다고 볼 수 있다. 즉, 사회·환경 등 맥락의 변화에 따라 세계도시와 관련된 개념 및 특성을 현재의 관점에서 재조명하는 것이 필요하다.

그렇다면 과연 세계도시는 무엇이며, 세계도시의 개념을 어떻게 접근하는 것이 필요한지, 그리고 지금까지 세계도시의 개념은 어떻게 진화되어 왔는지에 대해 살펴볼 필요가 있다. 또한 세계도시는 어떠한 특징을 가지고, 어떠한 도시의 유형으로 표출되는가? 이러한 몇 가지의 질문에 대하여 해답을 구하고자 하는 것이 본 장의 목적이다.

제1절 세계화의 개념과 유형

1. 세계화의 개념

21세기는 사회·환경변화를 표현하는 탈산업사회, 포스트모더니즘, 정보화사회, 세계화, 개방화, 분권화, 지방화 등 매우 다양한 용어와 개념들이 풍족하게 대변되는 사회라고 할 수 있다. 그리고 이러한 다양한 기조가 풍미한 사회 속에서 등장한 세계도시는 세계화에 기인한 것이라는 의견이 대부분이다.3) 이러한 세계화는 신자유주의를 토대로 하는 경제적 세계화를 시작으로 세계도시 간의 계층화는 물론 도시 구조 내부 변화를 가속시켰으며, 도시의 기능 및 역할에 대한 변화 또한 촉진시키고 있다.

세계화는 경제체계의 재구조화, 정보통신 및 과학기술의 혁신 등으로 인하여 물자, 사람, 정보 등의 국경 및 이념의 경계를 초월하여 자유로운 이동이 가능해지고, 이를 통해 각 부문이 기능적인 상호의존체계를 형성해 나감에 따라 정치, 경제, 사회, 문화 등 사회를 구성하는 다양한 부문들이 시대적 상황에 대응하여 새로운 모습으로 변화하는 과정이라고 할 수 있다. 그리고 이러한 이면에는 사회·경제·정치 등 사회적 맥락의 변화와 그에 따른 경제체계 재구조화의 필요성이 대두되었던 시대적 상황과 밀접한 관련이 있다.4)

그럼에도 불구하고 세계화에 대한 현상학적 실체는 존재하지 않고, 미래에 대한 확실성이 담보되지 않았지만 멈출 수 없는 현상으로 대부분의 국가들이 받아들이고 있는 것 또한 사실이다. 이와 관련하여 Giddens가 주장한 "세계화는 탈근대성의 산물이라기보다는 근대성의 결과들이 더욱 심화되고 보편화되는 '근대성의 귀결'이며, 파편화된 통합화가 동시에 발생하는 불균등한 발달 과정을 거쳐 세계가 상호 의존적으로 연계하는 토대가 되며, 일부분은 본인의 의지와 상관없이 받아들일 수밖에 없는 현상"이라는 의견5)과 비슷한 맥락이라고 할 수 있다.

그러나 세계화라는 용어 사용의 빈도와 의미는 중요하게 다루어지고 있지만, 여전히 분야와 학자에 따라 다양하게 정의되고 있다. 보다 세계화에 대한 개념을 명확하게 하기 위하여 관련학자들은 어떠한 관점에서 정의를 하고 있는지에 대해서 살펴볼 필요가 있다.

Waters(1995)는 세계화란 "사회적·문화적 활동에 대한 지리적 제약이 줄어들고 있다는 점을 점점 더 알게 되어 가는 과정"이라고 정의하고 있다. 세계화는 지구에 걸쳐 일어난 이주, 식민지화, 문화적 모방을 통한 유럽문화 확장의 직접적인 결과라고 할 수 있으며, 정치적·문화적 영역을 통해서 분파되어온 바와 같이 본래적으로 자본주의적 발전과 밀접한 관계를 맺고 있다. Waters는 세계화의 등장·발전은 정복으로 인한 경제활동영역의 확장과 경제자본주의의 발달과 밀접한 관계가 있다고 보고 있다.6)

Giddens(1990)는 세계사회의 상호의존성이 증대하는 현상에 대한 일반적으로 대변할 수 있는 용어가 세계화라고 하면서 "세계화는 우리의 삶과 경제활동에 강조되는 내용은 중대한 상호의존성이 유대의 결과로 나타난 일련의 현상으로 세계가 여러 중요한 측면에서 단일 사회체계로 변화한다는 점과 국경을 횡단하는 사회·정치·경제적 연계들이 각 나라 안에 사는 사람들의 운명을 결정짓는 것"으로 보고 있다.7) 이러한 Giddens의 세계화 의미는 경제적 활동 여건의 국경이 사라지는 것에서 시작되어 다양한 영역으로 확장되는 일련의 현상으로 보고 있지만, 경제적 영역에서의 세계화를 다른 요소들보다 중요하게 보고 있다.

류수익(1995)은 "세계화를 삶의 공간이 지금까지의 고을과 나라에서 세계로 넓어지는 삶의 공간이 지금까지의 고을과 나라에서 세계로 넓어지는 현상"으로 보고 있다. 즉, 세계화는 공간적·거리적 제약을 극복함으로써 인간 활동의 영역이 확대된 결과로 나타나는 다양한 인문현상을 포함하고 있다. 그러므로 세계화는 공간적인 개념으로 물자와 서비스의 생산, 유통, 소비뿐만 아니라 모든 사회현상이 세계를 무대로 이루어진다고 보고 있다.8) 이러한 관점에서 볼 때, 세계화는 규범적인 행동양식으로 지칭될 수 있으며, 세계화를 실현하기 위한 전략으로 활용할 수 있다는 가능성을 제시하고 있다.

Ohmae(1995)는 "세계화는 교통, 통신, 인터넷 기술의 발달과 다국적 금융자본의 활발한 이동으로 인하여 무정부적 상태에 직면하면서 정치, 사회, 문화 등 전 분야에서 동질화되는 일련의 현상"으로 보고 있다. Ohmae는 이러한 세계화로 인하여 국가주권이 상실되고, 세계의 모든 국민이 점점 더 전 지구적 시장법칙을 따르게 되는 새로운 시대가 도래하는데 이를 '세계화 시대'로 보고 있다. 지금 우리는 국경 없는 세계에 살고 있으며, 세계화 속에서 국민 국가는 일종의 '허구' 혹은 '허상'에 불과하며, 정치가는 기존의 막강한 영향력을 상실하는 과정에 놓여 있다고 주장한다. 이러한 관점은 세계화로 인하여 사회·경제·지리 등 다양한 영역에서의 변화와 재구조화의 반복적인 발생으로 인하여 새로운 질서체계와 역할체계가 정립하는 데 영향을 미친다고 보고 있다.[9]

임창호(1996)는 "세계화는 다양한 활동 주체의 경쟁과 협조를 통해 국경을 초월하는 세계성의 담론"으로 정의하고 있으며, 경제적 영역에서의 국경의 범위를 벗어난 것이 아닌 사회적·문화적 역량을 중심으로 변화하려는 현상이라고 할 수 있다. 이러한 측면에서 볼 때, 세계화와 흔히 혼용되는 국제화나 개방화의 의미와는 구별될 필요가 있다고 주장하고 있다. 임창호에 의하면 국제화나 개방화는 세계화의 부분집합에 불과하며, 개방화는 외부로부터 경제, 사회, 문화적 자양분을 흡수하려는 선택적 변화라면, 국제화는 내부의 경제, 사회, 문화적 역량을 외부로 표출하고자 하는 전략적 선택이라고 할 수 있다는 것이다. 즉, 국제화나 개방화가 국가라는 테두리를 전제로 한 근대성의 담론이라면 세계화는 다양한 활동 주체의 경쟁과 협조를 통해 변화 혹은 사회 구성요소의 재구성을 위한 담론과 관련이 있다고 볼 수 있다.[10]

이상에서 보는 바와 같이 여러 학자들의 견해를 종합해 보면, 세계화는 사회를 구성하는 사회, 정치, 경제, 문화, 환경, 안전 등 다양한 도시의 구성요인들이 상호작용하여 시대적 요구에 적극적으로 대응하여 지역적인 것, 국가적인 것들이 범지구적으로 통용되기 위한 일련의 과정으로 본 장에서 정의코자 한다.

2. 세계화의 유사개념

1) 세계화와 세계주의

세계화와 세계주의는 혼용되고 있으나, 엄격한 의미에서는 구별되어야 할 필요가 있다. 실제 세계화와 세계주의는 근본적으로 상반된 관념에서 출발하고 있기 때문이다.[11]

Safire(1998)는 세계화와 세계주의에 대하여 이념적, 관념 및 사상, 목표 등의 관점에서 비교하고 있다. 이념적인 측면에서 세계주의가 좌파적(leftist)인 성격이 강하다면, 세계화는 우파적(rightist)인 성격이 강하고, 세계주의의 기반이 윤리적·도덕적인 요소가 강조된다면, 세계화는 비윤리적·비도덕적이라고 보고 있다. 또한 세계주의가 이상적 관념의 측면이 강하다면 세계화는 현실적 관념의 측면이 강하고, 세계주의는 자연주의 등을 추구하지만, 세계화는 물질주의적인 요소를 추구한다. 이 외에 세계주의가 다양성을 존중하지만 세계화는 표준화, 동종화, 획일화를 강하게 요구하는 성향을 보인다.[12]

세계화와 세계주의는 이념적, 관념 및 사상적 측면에서의 상이한 측면을 보이기 때문에 실제 표출되는 현상 또한 상이하다. 예를 들면, 세계화는 기업·은행 등 경제주체가 이윤의 극대화, 시장의 독점적 지배, 경쟁대상의 제거 등을 도모하기 위해 의사결정 기준을 효율성에만 두고 영업활동의 범위를 세계로 확장시키고, 이에 대한 강도를 역동적으로 증대시키는 일련의 활동으로 표출되는 반면, 세계주의는 세계 모든 나라의 국민들이 공통 관심사에 집중하여 공통의 가치, 공동의 선을 실천하는 것과 밀접한 관계가 있다. '하나뿐인 지구', '지구공동', '지속가능한 개발' 등의 이념의 실천 의지 및 행위 등이 대표

적인 세계주의에 바탕을 두고 있는 행위라고 볼 수 있다.[13]

〈표 2-1〉 세계화와 세계주의의 비교

구분	세계주의(Globalism)	세계화(Globalization)
이념	좌파적	우파적
기반	윤리적, 도덕적	비윤리적, 비도덕적
관념	이상적	현실적
사상	자연주의	물질주의
유형	다양성	표준화(획일화, 동종화)
목표	인간의 공존공영 추구	경제주체의 이익 추구
환경문제	지구환경 보전	지구환경 파괴(자연자원 활용)
작동원리	상호의존	자유경쟁(상호대립)
상호관계	세계화 치유	세계주의 파괴

출처: Safire(1998); 신현중(1998: 48)

2) 세계화와 국제화

세계화는 국제화(internationalism)와도 다르다고 할 수 있다. 세계화가 국제화의 개념적 경계를 명확하게 구분하는 것은 어렵다. 그러나 양자 간의 개념이 차별화되어 사용되는 것은 사실이다.

국제화(internationalism)는 국가와 국가, 그리고 국가 내 기업과 기업, 또는 개인과 개인 간의 양자적 관계(bilateral relationship)로 형성되고, 이러한 관계 활성화를 통해 문호 개방, 정책, 제도, 사고방식 등이 변화되어 가는 과정이라고 할 수 있다. 이러한 국제화는 실제 세계 여러 개별국가 사이에서 발생하기도 하고, 다른 개별국가 내에서 경제활동을 하고 있는 개별기업, 국민(개인) 간 발생하기도 한다.[14]

이에 비해 세계화는 이러한 모든 관계가 다자적 관계(multilateral relationship)의 확대로 진전되는 추세라고 할 수 있다. 실제로 국제화는 세계 여러 개별국가(individual nation) 사이에 대두되기도 하고, 그 다른 개별국가 내에서 경제활동을 하고 있는 개별기업 간 나타나기도 한다. 또한 세계화는 상이한 국가 내에서 살고 있는 국민들 간에 나타나기도 한다. 반면 세계화는 국가와 국가, 기업과 기업, 국민과 국민 사이에 있는 국경을 무시하고, 각 개체들 간에 추진되어 가고 있는 복합과정(complex process)라고 볼 수 있다. 세계화는 초첨단 정보통신기술이 발달되고 WTO 체제가 출범됨에 따라 더욱더 확대되어 나가고 있는 것이 사실이다.[15]

세계화와 국제화 간의 기본적 차이는 경제적 의미의 국경, 국가의 경제주권, 시장(상품·서비스·금융)의 개방 정도에서 나타난다. 국제화시대에서는 경제적 의미의 국경이 존속하고 국가의 경제주권을 보장(존중)받았다면, 세계화시대에는 경제적 의미의 국경은 소멸되고, 국가의 경제주권은 보장받기 어렵게 되었다고 볼 수 있다.[16]

<표 2-2> 세계화와 국제화의 비교

	국제화	세계화
기본적 개념	한 나라와 다른 나라 사이에 많은 거래가 이루어 지고, 이러한 거래 활성화를 위해 문호 개방, 국내와 정책·제도·사고 방식 등를 바꾸는 것	국경의 의미가 사라지면서 전 세계가 하나의 경제권으로 부상한 과정, 이를 위해 한 나라의 사회, 경제, 의식 등 모든 영역에서의 헌신적 노력
거래	국경의 구분이 있음	국내외 거래 간에 구분이 없어짐
국가 간의 경제	국경의 개념이 명확함	최소한의 경제에 관한 국경의 의미가 퇴색
정부 통제	정부가 항상 통제 조정할 수 있음	국가 간 거래를 정부가 통제, 조정하기가 어려움
역사	오랜 역사를 통해서 전진해 옴	극히 최근의 현상
성립 요인	18~19 세기 서구의 대외 진출	·WTO등 다자 간 무역 체제 확립 ·동서 냉전의 종식 ·교통·통신·정보 산업의 획기적 기술 혁명과 생산 체제의 범세계화
우리 나라의 시점	1960년대 초반(수출 중심)	1990년대
생산 방식	비교 우위에 따른 특정 상품의 생산 특화	공정 또는 부품 생산 위주의 특화
해외 진출 전략	원산지의 규명이 가능함	원산지를 규명하기 힘들어 관세의 부과가 어려움
원산지	해외 직접 투자	현지화
안보 성격	군사 위주의 안보	경제 위주의 안보
윤리·가치관	국민 의식 중심	국민 의식 외에 세계인으로서의 의무 수행 필요
국가·세계관의 관계	개방	국내 제도의 조화
기업 활동 범위	일국 내의 국한	
기업 국가와의 관계	국가의 전적인 통제화에 예속	초국적 지위를 획득하면서 국가와 대등한 위치로 격상
기업 세계와의 관계	무역을 통한 사업적 관계	해외 투자를 통한 생산적 관계
세계 구조의 성격	국가 중심의 상호 의존 관계	국가-기업 공존의 세계화 체제
세계 통합 메커니즘	무역, 수출입 경쟁	산업 세계화, 글로벌 경쟁
세계 통합의 정도	연식 통합	경식 통합

출처: 박종신(1997)

3) 세계화와 지역화

세계화와 지역화는 모두 경제활동이 한 국민경제의 국경을 벗어나 확대되는 현상을 나타내는 것이지만 원래의 의미에서는 반드시 경제활동으로 한정할 필요도 없고, 한정할 수도 없는 개념이다. 세계화가 경제활동이 전 세계적으로 일어나고 있는 현상을 야기한다면 지역화는 일부 해외지역을 대상으로 심화, 확대되는 현상이라고 할 수 있다. 여기에는 두 가지의 의미가 담겨 있다고 볼 수 있는데, 첫째는 특정지역 그룹 내에서 교육, 직접투자, 자본과 노동의 이동 등 경제활동의 상호의존관계가 심화되는 현상이다. 두 번째는 일부 국가들이 블록을 결성하여 블록 내 자유화를 목적으로 한 구속력 있는 지역협정을 체결하는 것으로 지역통합을 의미한다.[17] 실제로 세계무역기구(WTO)와 같은 다자기구를 통해 모든 참가국의 이해를 조화시켜 자유무역을 정립시키는 형태가 대표적이고, 지역화는 역사적 · 지리적 · 정치적 · 경제적 이점을 근거로 경제블록을 형성하여 회원국 상호간의 자유무역을 추진하는 EU, NAFTA 등의 형태가 대표적이라고 할 수 있다.[18] 즉, 지역화는 각 지역의 특성을 살리는 지역특화를 위한 선택적 결과라고 할 수 있으며, 세계화와 지역화는 반대급부적인 성격보다는 상호보완 및 공존의 형태로 존재하고 있다.

다자주의(multilateralism) VS 지역주의(regionalism)

다자주의는 "셋 또는 그 이상의 국가 사이의 관계를 '일반화된 행위원칙'에 기초하여 조정하는 제도적 형태"라고 할 수 있다.[19] 즉, 전 세계적 국제제도, 기구를 중심으로 대다수 국가가 참가하여 형성하는 질서를 의미하며, 회원구성의 보편성과 대우의 비차별성이 핵심적 특징이다.[20]

지역주의는 셋 이상의 "지리적으로 인접한"국가들 사이의 협력으로 정의되기도 한다.그러나 지역주의가 지리적으로 인접한 국가들을 중심으로 발생하는 경향이 있기는 하지만, 한 지역의 형성이 반드시 자연적인 현상에 한정되지는 않는다.[21] 이러한 지역주의는 일회성 협정부터 높은 수준의 경제적·정치적 지역화 등 다양한 형태로 나타난다.[22]

	대내적인 쿼타 및 관세 제거	공동의 대외적인 관세	토지, 노동, 자본 및 서비스의 자유로운 이동	경제정책의 조화 및 초국가적 기구의 전개	강력한 정치적 초국가기구의 완성
부문별 협력	◑				
자유무역지대	●				
관세동맹	●	●			
공동시장	●	●	●		
경제동맹	●	●	●	●	
정치동맹	●	●	●	●	●

출처: Gibb(1994: 24); 곽근재(1998: 3)

〈그림 2-1〉 지역화의 다양한 유형 및 단계

지방화(Localization)

지방화는 세계화에 대응하는 개념으로 지역과 지방이 정치·경제·사회의 새로운 주체로 등장하는 현상으로 지방자치의 발전에 따라 중앙정부의 권한이 대폭적으로 지방자치단체에 이관되고 주민의 의사에 의해 업무가 처리되는 것을 의미한다.[23] 즉, 지역 주민들을 위한 정치·경제·사회·문화적 영역에서의 공공서비스가 지방정부의 주도로 실현되는 정치 및 행정적 과정이라고 할 수 있다.

지방화는 첫째 주민 참여의 기회 확대를 통해 참여 민주주의의 실현할 수 있고, 둘째 정책과정에 대한 주민의 참여와 통제를 확대함으로써 정부가 주민의 필요와 요구에 적극적으로 대응할 수 있도록 하여 정부의 대응성(responsiveness) 제고를 기여하며, 셋째 주민들과 밀접하게 접촉함으로써 정책 및 지역의 갈등을 해결하는 데 유리할 수 있다.[24]

3. 세계화의 촉진요인

1) 교통과 정보통신의 발달

교통과 통신의 발달은 상품의 국제이동의 성격을 결정짓는 경우가 많다. 철도나 선박을 이용한 대량수송이 불가피한 시절에는 향료나 금, 귀금속 등과 같은 부피가 작은 고가품이 대부분 교역의 대상이었다.25) 그러나 산업혁명 이후 교통수단이 급격하게 발달하면서 대륙 간의 간극은 점차 줄어들게 되었고, 대량의 물품의 원양수송이 가능해지면서 세계무역이 가속화되었다. 실제 증기선의 도입 및 원양수송이 가능해지기 시작한 1830년~1910년까지의 생산비용대비 수송비용의 비율을 살펴보면, 주요 교역품인 밀, 철근, 제조철강, 면사, 면직물 등은 비약적으로 관련 비용이 감소되었으며, 이러한 현상은 국가들 간 교역을 촉진하는 계기가 되었다.26)

〈표 2-3〉 상품별 수송비용의 생산비용대비 비율 변화 추이

(단위: %)

구분	1830	1850	1880	1910
밀	79	76	41	27.5
철근	92	71	33	19
제조철강	27	21	10	6
면사	11	8.5	3.5	2.5
면직물	9.5	8	4.5	2

주: 가상적인 800km 수송이 소요되는 비용
출처: 박번순·전영재(2001: 18)

이후 정보통신기술의 발달로 등장한 '정보혁신'은 공간적·거리적 제약을 극복하게 되었고, '무차별적 접근' 혹은 '즉시적 연결 또는 공

간통합'이 실현되면서 교역을 위한 정보나 아이디어 관련 비용이 비약적으로 감소하게 되었다. 뿐만 아니라 이러한 현상은 경제적 영역에서의 세계화에 국한되었던 수준을 사회·정치·문화 영역에서의 세계화를 견인하게 되었으며, 이를 통해 실질적인 국경의 소멸과 통합화에 기여하였다.27)

2) 냉전체제의 붕괴와 대외성장 전략

냉전체제의 붕괴는 세계화를 촉진하는 요인으로 작용하였다. 동구나 러시아 등이 체제전환기간을 마치고, 완전한 시장경제를 채택하게 되면서 기업들인 해당 지역으로 진출하는 데 있어 정치적인 장벽의 소멸과 생산요소의 자유이동이 가능하게 되었다. 실제 구소련의 위성국가로 소련과 청산결제를 통해 물자를 공급받던 동유럽국가들은 1980년대 이후 냉전종식 후 시장경제체계를 채택하게 되면서 실질적으로 자본주의 시스템으로 편입되었다. 특히 중국은 1970년대부터 개혁과 개방을 시작하면서 세계시장으로 진출하게 되었고, 인도차이나반도의 국가들 역시 개방을 통해 외국인투자를 유치하기 시작했다. 이러한 냉전체제의 붕괴와 더불어 자유무역 원칙에 입각한 국가의 대외지향적인 성장 전략으로 채택되었다. 이 과정에서 한국, 대만, 홍콩, 싱가포르 등의 국가들은 고도성장을 하게 되었고, 상품과 서비스의 자유로운 이동이 가능해지면서 수요의 확대와 다양성도 확보되었다.28) 상품과 서비스의 자유로운 이동은 국가 외부적 측면으로는 실질적 국경을 소멸시켜 세계를 하나의 공간으로 통합하는 데 기여하였으며, 무대 혹은 장으로 통합하는 데 기여하였으며, 내부적으로는 도시를 성장시킬 수 있는 동력을 마련하는 기회가 되었다고 볼 수 있다.

1987년 세계은행의 개발보고서에 의하면 대외지향적 국가들의 성장이 수입대체 성장을 택했던 국가들보다 높았다는 사실을 제시하고 있다. 실제로 동아시아의 한국, 대만, 홍콩, 싱가포르 등의 경제성장의 결과는 대외지향적 경제성장 전략의 채택과 관련이 있다고 보고 있다.29)

세계은행은 41개 개발도상국을 대상으로 대외지향형, 보통의 대외지향형, 보통의 대내지향형, 강한 대내지향형으로 구분하여 경제성장률, 1인당 소득, 국내저축률, 인플레이션 등 경제적 성과를 측정하였다. 강한 대외지향형 국가에는 홍콩, 한국, 싱가포르가 포함되었고, 강한 대내지향형 국가들로서는 아르헨티나, 방글라데시, 페루 등이었다. 온건 대외지향형 국가들은 말레이시아, 태국, 인도네시아 등의 국가로 분류를 하였다. 이러한 세계은행의 연구 결과 석유파동과 같은 세계 경제에 부정적인 영향을 미치는 요인들이 작용하였음에도 불구하고 대외지향적인 성장전략을 채택한 국가들의 경제적 성과가 전반적으로 대내지향형 성장전략을 채택한 국가들보다 우월한 것으로 나타났다. 특히 강한 대외지향형 성장전략을 채택한 국가들의 평균 성장률은 평균 8% 이상을 유지하고 있는 반면, 대내지향적 성장전략을 채택한 국가들의 평균 성장률은 5% 전후를 유지하고 있는 것으로 나타났다.30)

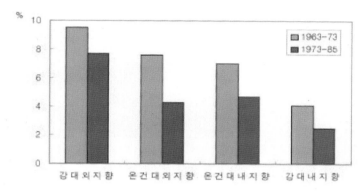

자료: World Bank(1987: 84)

〈그림 2-2〉 성장전략별 GDP 성장률 비교

　　또한 성장전략에 따라 투자의 생산성을 살펴볼 수 있는 한계고정
자본계수(Incremental Capital Output Ratio; ICOR)를 살펴본 결과 강한
대외지향형 성장전략을 채택한 국가일수록 한계고정자본계수가 작
고, 약한 대외지향형 성장전력을 채택한 국가일수록 한계고정자본계
수 높은 것으로 나타났다. 이는 강한 대외지향형 성장전략을 채택한
국가가 같은 투자를 해도 더 많은 부가가치를 창출한 것으로 투자대
비 효율성이 더 높다고 볼 수 있다. 즉, 개발도상국들 중 대외에 경제
를 개방하면서 세계시장에 경쟁하기 위해 기업의 비용절감이나 효율성
제고를 위한 노력이 많았다는 것을 의미하고, 이러한 개방과 자유경쟁
에 대한 노출이 증대될수록 세계화를 더 촉진시켰다고 볼 수 있다.[31]

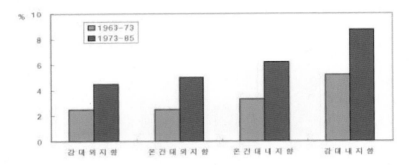

자료: World Bank(1987: 85)

〈그림 2-3〉 성장전략별 한계고정자본계수

4. 세계화의 유형

세계화의 개념에서 알 수 있듯이 세계화의 특징은 다음과 같이 정리할 수 있다. ① 전 지구적 상호의존성의 심화, ② 시간과 공간의 재구성, ③ 공간조정기술을 통한 전 지구적 네트워크화, ④ 세계적 통일체 형성의 거부, ⑤ 지역성의 독자적 논리인정, ⑥ 국제사회의 불평등배태, ⑦ 행위주체의 다양화이다. 이러한 세계화의 특징에 기초하여세계화의 유형은 크게 경제적 세계화, 문화적 세계화, 정치적 세계화로 구분할 수 있다.[32]

1) 경제적 세계화

경제적 세계화는 다국적기업의 활동에 의해 국경을 초월한 기업활동이 이루어지고, 이에 따라 새로운 국제적 분업현상이 심화되어 세계경제가 기능적으로 통합되는 경향으로 볼 수 있다.[33] 경제적 세계화를 촉진하고 있는 대표적인 주체는 다국적기업이라고 할 수 있으

58 세계도시의 이해

며, 다국적기업은 거대한 자본, 첨단화 기술, 우수한 경영능력, 방대한 판매망, 막강한 로빙능력 등을 통해서 세계 도처에 생산 및 판매거점체계를 구축하여 이윤극대화를 추구한다. 이 과정에서 다국적기업은 가장 저렴하게 생산할 수 있는 곳에서 상품을 생산하고, 금융비용이 가장 저렴한 곳에서 자본을 조달한다. 그리고 세금이 가장 낮은 곳에서 생산거점을 구축하거나 또는 해당지역으로 기업소득을 이전시키고, 자본수익과 환차익이 가장 높은 곳으로 생산기지를 이전함으로써 국경의 의미를 실질적으로 퇴색시키는 역할을 한다.34)

경제적 세계화의 진전은 선진국의 경제성장과 서비스산업화를 촉진하고, 각종 의사결정기능을 강화하는 새로운 영역의 성장을 촉진시키며, 이러한 기능을 수행하는 공간적 흐름의 결절점이 되는 소수의 지점에 입지하는 세계도시 등장의 배경이 되고 있다. 특히 경제적 세계화는 자유무역협정체계, 정보화, 국제적 산업분화 및 자본의 자유이동 등과 결합하면서 전 세계가 단일시장으로 재구조화되는 현상을 촉진하고 있다.35)

이러한 측면에서 볼 때 경제적 세계화는 개별 국가들의 상품·서비스·금융 등 관련시장을 통합하여 거대한 하나의 시장을 형성하여 전 세계의 국가들이 통합된 체계에 귀속되는 일련의 과정이라고 볼 수 있다.

2) 문화적 세계화

문화적 세계화는 표준화된 상표와 국제적인 스포츠 문화의 확산 현상에서 찾아볼 수 있다. 그러나 문화적 세계화는 일률적이고 획일적인 문화의 확산이라고 하기보다는 표준화된 문화를 바탕으로 지역과 나

라에 맞추어 성격을 반영할 수 있는 특수성을 내포하고 있다.[36]

　문화의 세계화는 크게 두 축을 중심으로 진행되는데, 첫 번째는 TV, 인터넷 등 문화상품의 세계적 네트워크를 통해 형성된 산업발전에 토대를 둔 문화소비를 통한 세계화이다. 이는 정보매체의 급속한 발달로 형성된 세계문화를 자본주의적 상업문화와 동질화시킴으로써 문화산업에 나타나는 세계적인 평준화를 야기시킨다. 이로 인해 문화다양성의 파괴와 특정문화에 대한 일방적 종속으로 귀결되는 문화제국주의를 초래하기도 한다.[37] 두 번째는 지역성, 특수성 등을 중심으로 이질적인 문화를 형성함으로써 발생하는 서로 상이한 문화권 간의 갈등과 변환으로 해석되고 있다. 이러한 관점은 다양한 문화의 교류와 접촉의 기회 확대로 인하여 새로운 문화를 재생산하게 되고, 자신이 속한 주류문화와 그렇지 않는 문화와의 혼용화를 통해 정체성 상실을 야기하기도 한다.[38]

　그러나 통합성과 다양성을 내포하고 있는 세계화의 관점에서 볼 때, 문화적 세계화 역시 통합성과 다양성을 추구하며 조화를 도모하는 것이 필요하다. 즉, 문화의 다양성에 대한 인정, 개별적 특수성의 존중, 보편성 영역의 확장 등을 통해 조화와 공유를 실현할 수 있는 기회를 만드는 것이 필요하다.[39]

　문화적 세계화와 관련하여 우리가 지향해야 할 자세는 문화에 대한 고유성에 대한 관심과 자부심을 확대하면서도 폐쇄적 태도에서 벗어나 열린 자세로 세계의 다양한 문화를 수용하는 자세가 필요하다. 이러한 자세를 통해 보다 생산적이고 창조적인 문화적 세계화를 실천할 수 있을 것이다.

3) 정치적 세계화

정치적 세계화는 국가 단위를 넘어서 국가 간의 협력과 조정을 유도해낼 수 있는 정치적 조직체의 등장을 의미한다. 과거에는 국가 주심의 세계질서가 확립되어 있었지만, 현재에는 세계적 연합기구·지역적 연합체·지방정부·기업·국제적 연계망을 가진 비정부기관 등으로 행위 주체들이 다양하게 분화되어 나타나고 있다. 예를 들어 GATT를 대체하고 다자간 무역협정을 이끌어내기 위한 WTO는 경제의 세계화가 정치적 세계화와 불가분의 관계에 있음을 보여주는 대표적인 사례이다. 또한 국가권력을 넘어선 정치적 조직체로서의 UN의 역할과 비중이 점점 증대하고 있는 것은 초국가적 연합체의 탄생을 의미하는 정치의 세계화에 대한 경향을 보여주는 것이다. 국가단위체를 벗어난 그린피스, 국경 없는 의사회 등의 비정부기구의 역할 증대와 지속가능한 국제회의 등도 새로운 정치적 세계화의 현상으로 이해할 수 있다. 정치적 세계화는 작금과 같은 무한경쟁시대에서 한 국가만으로 경쟁력을 가질 수 없으므로 NAFTA(North American Free Trade Area), ASEAN(Association of South-East Asian Nations), APEC(Asia-Pacific Economic Council) 등 지역별로 블록화 혹은 상호 협력 및 타 지역과의 균형을 유지하기 위한 목적으로 국가 간 상호 협력을 도모하는 지역연합체가 등장하고 있다. 이처럼 특정 지역에 속한 국가 간의 블록화는 세계주의의 역행하는 지역주의(regionalism)의 경향을 대변하는 것이지만, 결국 정치권력이 국가를 벗어나고 세계화되고 있는 경향을 대변하는 대표적 사례라고 할 수 있다.40)

세계화의 효과

세계화로 인한 발전은 긍정적인 효과를 초래하기도 하고, 부정적인 효과를 초래하는 양면성을 가지고 있다. 먼저 긍정적인 효과로는 ① 효율의 극대화, ② 자원배분의 합리화, ③ 규모의 경제 이익 초래, ④ 자유무역의 이익 실현 등을 들 수 있다. 세계화라는 과정을 통해 국가 간, 지역 간, 기업 간, 계층 간 활발한 경쟁을 통해 효율의 극대화를 초래시킨다. 그리고 세계화는 활발한 경쟁, 비교우위 등을 통해 자본, 노동 등 생산자원의 최적배분을 초래시키는 역할을 한다. 이를 통해 세계시장의 단일적 통합과 시장광역화를 통해 규모의 경제 이익을 발생시키고, 무역장벽을 완화시켜 자유무역의 이익을 가졌다는 역할을 수행하기도 한다.[41]

반면 세계화는 ① 시장경제에 대한 일부 선진국의 패권적 지배, ② 국가주권의 침해, ③ 자주적 경제정책의 제약, ④ 경제주체의 대외적 의존도 심화, ⑤ 비교열위산업의 퇴출, ⑥ 국가 및 계층 간 소득의 양극화 확대 등의 부정적 효과를 야기한다. 즉, 세계화는 자본수출, 경쟁력의 비교 우위 등을 통해서 세계경제에 대한 일부 선진국의 패권적 지배를 강화시키기도 한다. 특히 상품, 서비스, 자본 등의 국제적 거래를 통해 각 경제주체의 대외의존도를 심화시키고, 이는 치열한 국제적 경쟁을 통해 각국의 비교열위산업을 퇴출시키기도 하며, 일부 국가의 주권을 침해할 수 있는 부정적 효과를 야기하기도 한다. 또한 세계화하는 국가 간, 계층 간, 소득의 양극화를 확대시켜 사회적 불평등을 가속화시키기도 한다.[42]

이와 같이 세계화는 긍정적 효과와 부정적 효과를 동시에 발생하고 있다. 그런데 세계화는 긍정적 효과를 발생시켜 세계경제와 인류에 커다란 이익을 가져다주는 데에도 불구하고, 부정적 효과에 대해 집중적으로 논의되고 있는 것에 우리는 주목할 필요가 있다. 그 이유는 세계화의 부정적 효과가 확산되어 각 경제 주체에 심각한 고통을 주기 때문이다.

출처 : 광주인포메이션 2012년 9월 27일자

〈그림 2-4〉 광주세계김치문화축제 현장

제2절 세계도시의 개념과 관점

1. 세계도시의 개념과 특징

1) 세계도시의 등장 배경

1990년대 한국에 도입된 '세계도시'라는 용어는 지금은 귀에 너무 익숙해지고, 관련 연구도 활발하게 이루어지고 있지만, 세계도시에 대해 관심을 갖게 된 배경에는 1960년대부터 1970년대에 걸쳐 발생한 탈도시화(deurbanization)와 역도시화의 조류 속에서 쇠퇴해질 수밖에 없었던 거대도시가 세계도시화의 슬로건을 내걸고 재생 혹은 재구조화를 시도하였던 시대적 상황과 밀접한 관련이 있다.[43]

제2차 세계대전 직후부터 1970년까지 유럽과 북미의 대도시는 도시 내부의 기능·인구·자본 등이 원심력을 받아 도시 외곽으로 이탈하게 됨에 따라 도시 내부 및 도심의 공동화 현상이 발생하고, 기성시가지는 쇠퇴하는 국면을 맞이하게 되었다. 그러나 1990년대를 전후하여 구심력의 작용을 받아 재도시화(reurbanization)의 징후가 발생하기 시작하였고, 이와 같은 일련의 움직임은 도시재생, 도시갱생이라는 표현을 빌려 도시부흥(urban renaissance)이라고 총칭하였다.[44]

1990년대 이러한 도시의 내부적인 변화와 더불어 외부에서는 경제의 세계화가 적극적으로 추진되면서 세계도시에 대한 논의가 본격화되었다. GATT 체제 이후 새로운 국제 경제 질서를 요구하던 세계는 UR 협상을 통해 수년간의 다자간 협상을 거친 끝에 1995년 WTO 체제를 출범시킴으로써 세계체제 내에서 무한경쟁시대로 진입하는 기회가 되었으며, 경제의 세계화가 본격적으로 시작되었다.[45] 경제의 세계화를 시작으로 정치적, 문화적 영역에서의 세계화가 진전되면서 세계라는 장에서 도시의 발전을 위한 글로벌 패러다임이 도입되게 되었고, 이 과정에서 '과연 세계도시는 무엇인가?', '세계도시는 어떠한 모습을 갖춰야 하는가?' 등에 대한 논쟁과 토론이 본격화되었다고 할 수 있다.

2) 세계도시의 개념 및 특징

'세계도시' 용어는 한국에서는 1990년대에 와서 본격적으로 사용되기 시작되었으나, 이 용어는 괴테가 처음 만든 Weltstadt(벨트쉬타트)에서 유래되었다. 괴테는 1787년 로마에서 이 단어를 처음 사용하였고, 이후 파리에서도 사용하였다. 당시 괴테는 로마와 파리 두 도시의 웅장함과 높은 문화수준을 토대로 세계도시라는 명칭을 부여하였다.[46]

1960년대 이후 경제적·정치적 세계시스템이 구축되고 세계도시라는 용어가 빈번하게 사용되었다. Hall(1966)은 그의 저서 『세계도시(The World City)』에서 세계도시란 단순히 대규모인 도시를 지칭하는 것이 아니라 세계의 도시 중 극히 일부분이면서 정치권력·국가 및 국제 정부의 의석수, 관련전문기관의 집중·무역연합·피고용인 연합·기업 재단 등의 기능이 결집된 지역을 의미한다고 하였다. 이에 부응하는 대표적인 도시로 런던, 파리, 란트슈타트, 라인-루르, 모스크바, 뉴욕, 도쿄 등을 7개 도시를 제시하였다.[47] Hall의 세계도시 개념정의는 규모적인 측면보다는 도시가 수행하는 기능·역할적 요소를 강조하는 개념이라고 볼 수 있다. 그럼에도 불구하고 Hall이 선정한 세계도시들의 숫자와 리스트는 오늘날 세계정세를 고려하여 볼 때 제한적이라는 측면은 배제할 수 없다.

Feagin & Smith(1978)은 세계도시는 다국적기업에 의한 신국제분업의 상황에서 다국적기업의 세계적 네트워크가 물리적으로 자리 잡고 있는 장소이자 자본주의 세계경제를 하나로 묶는 구심적 역할을 담당하고 있다고 보고 있다. 또한 초국적기업의 네트워크상에서 각 도시는 경제성장 및 변화의 단계를 거침에 따라 특정한 원료나 생산부문·분배·마케팅·금융 및 기타 서비스활동의 중심지로 전문화되고 있다고 설명하고 있다.[48] Feagin & Smith의 세계도시 개념은 다국적기업의 소재지로서 입지적 적정성, 잉여자본의 투자를 위한 장소적 적정성, 세계시장 진출을 위한 생산지로서의 입지적 적정성, 세계시장으로의 접근성 등의 요인들에 의해 세계도시로 성장할 수 있다는 개념으로 해석할 수 있다.

Cohen(1981)은 세계경제와 세계도시를 연계시키면서 세계도시는 신국제분업에 의해 발생된 기업의 구조 및 생산자서비스 구조의 변화가 세계도시의 출현을 증대시켰고, 이러한 세계도시는 신국제분업의 조정 및 통제를 위한 전략적 기제 역할을 수행하는 도시로 보고 있다. 즉, 국제적 의사결정의 중추가 되는 대기업이 집중하고, 이러한 기업의 집중으로 인해 은행·법률회사·회계·경영컨설팅회사 등을 포함하는 고급생산자서비스 활동이 집중되는 도시를 세계도시라고 보고 있다.[49] Cohen의 세계도시 개념은 도시가 수행 가능한 기능·역할의 관점에서 도시를 바라보고 있다고 해석할 수 있다.

위에서 언급한 학자들의 세계도시에 대한 개념은 국경을 초월한 다국적기업에 의한 활동과 밀접한 관련성이 있으며, 다국적기업들이 활동하는 데 필요한 제반 기능과 공간적 입지성이 중요하게 작용하고 있음을 보여주고 있다. 이러한 측면에서의 세계도시의 개념은 경제적 측면에 국한되어 있고, 다국적기업에 필요한 기능을 제공할 수 있는 도시는 제한적이기 때문에 실제 세계도시라고 불리어질 수 있는 사례는 소수의 대도시에 한정될 수밖에 없었다. 그리고 1990년 전후로 세계도시를 바라보는 Thrift(1988), Knight(1989), Sassen(1991, 2001) 등의 시각은 세계도시의 역할이 단순한 기능의 지원 수준에 그치는 것이 아니라 다양한 영역에서 그 영향력이 확대되고 있음을 보여주고 있다.

Thrift(1988)는 세계도시를 새로운 정치, 경제 질서의 변화에 따라 단순 생산 및 지원체계에서 경영·연구개발·전략계획·은행·보험·부동산·회계·법률서비스·컨설팅·광고 등과 같은 고차원적인 생산자지원서비스의 경제 활동이 활발한 중심도시로 보고 있다.[50] Thriftd의 세계도시 개념은 단순한 도시의 공간적 입지 및 단순 지원기능보다는 고차 생산자서비스를 지원할 수 있고, 이와 관련된 영향력을 발휘할 수 있는 도시를 세계도시라고 보고 있다고 해석할 수 있다.

Knight(1989)는 세계도시라는 용어는 사용하고 있지 않지만, 비영리적 부문의 중심지 또는 세계경제의 중심지를 세계도시라고 보고 있다. 경제적 측면에서는 세계경제의 확장에 따라 시장이 통합화되어 국제기구의 활동 및 초국적기업의 활동이 중요해지고 있으며, 특히 국제기구와 초국적기업, 고급 생산자서비스 부문에서 세계화가 중요하게 다루어지고 있으며, 이러한 현상이 도시에 반영된 것이 세계도시라고 보고 있다. 사회적인 측면에서 대학·병원·연구기관·박물관·자선단체 등의 비영리부문도 세계화에 의해 변화가 도시에 반영되고 있다고 설명하고 있다.[51] Knight의 세계도시 개념은 기존의 경제적 관점뿐만 아니라 비영리부문, 연구기관, 대학 등과 같은 사회적 관점에 반영되었을 뿐만 아니라 특히 비영리부문과 같은 제3섹터의 주체를 세계도시 개념의 범주에 포함시켰다는 데 차별성이 있다.

Sassen(1991, 2001)은 세계도시를 세계 활동의 운영과 관리에 필요한 고차서비스 활동과 텔레커뮤니케이션 시설이 집중된 장소로서 다국적기업의 본사가 집적하는 경향이 큰 도시로 정의하고 있다. 또한 국제투자와 무역이 증가하고 이와 연관된 금융과 서비스 활동이 필요하게 되면서 세계의 주요 대도시에는 이들 기능이 증가하게 되었고, 정부 대신 전문화된 서비스기업과 세계시장이 세계경제 운영의 조직화와 조정 역할을 담당하는 도시로 설명하고 있다.[52] Sassen의 세계도시는 도시 내 다국적기업을 둘러싼 다양한 기능의 제공 주체가 변화하고 있다는 점을 강조하였다는 데 그 차별성이 있다.

지금까지 세계도시와 관련된 여러 학자들의 개념을 참고하여 세계도시의 특징은 다음과 같이 요약할 수 있다. 첫째, 자본의 초국가적 이동을 통해 자본의 집중이 이루어지는 특정지역이 부상하게 되는데, 이러한 특정지역을 세계도시라고 할 수 있으며, 이러한 지역에서 금융의 세계화, 기업의 초국적화, 다국적기업의 집적 등의 특징이 나타난다. 둘째, 세계도시에서는 과학기술·정보기술의 발달로 정보·서비스업 중심의 도시로 재구조화된다. 셋째, 세계도시가 상품생산의 기술집약적·지식집약화 됨에 따라 전문화된 생산자서비스·기업의 본사·금융서비스·회계·광고·R&D·법률 등의 기능을 수행하게 되면서 주변에 대한 통제 및 영향력이 확대된다. 넷째, 세계도시는 초국적기업 및 고급생산자 서비스 활동에 종사하는 엘리트 계층의 등장과 이들을 위한 고비용 고품질의 서비스를 제공하는 비공식적 직

업의 등장에 따른 사회적 양극화 현상이 심화된다. 다섯째, 세계도시
는 다수의 이민 노동자가 유입되어 비공식적 직업군이 확대되고, 다
양한 민족·계층·문화의 특성이 융합된다. 여섯째, 세계도시는 각종
기업의 고급생산자서비스 활동이 이루어지고 신산업지구 및 첨단산
업이 입지하게 됨에 따라 이러한 활동을 지원하기 위한 건축물 및 관
련 인프라 시설이 집적된다.

2. 학자별 세계도시의 관점

1) Friedmann의 세계도시 가설(World City Hypothesis)

Friedmann의 세계도시 가설의 출발은 도시화과정을 세계적인 경제
적 영향력과 관련된 중심적 명제를 간결한 형태로 표명하고자 하는
것에서부터 시작되었다. 즉, 세계도시 가설은 세계적 경영의 시대가
만들어 내는 생산과 자국의 이익을 위한 정치적 결정 사이에 놓여 있
는 서로 모순된 관계에 관심을 가지면서 세계경제를 좌우하는 세계도
시 속에서 과연 어떤 일이 발생하고 있으며, 이로 인하여 발생하는 갈
등의 본질이 무엇인지에 대한 이해를 높이기 위한 것에서 Friedmann
의 가설은 출발하였다. 실제 Friedmann의 세계도시 가설은 세계시장
에서 발생하는 갈등은 결국 세계경제를 구성하는 시스템에서 비롯되
고 있음을 제시하고 있다.[53]

Friedmann은 세계도시 가설에서 주요 금융중심지, 다국적 기업의
본사 소재지, 국제기구, 사업서비스부문의 급속한 성장, 주요 제조업
의 중심지, 중요한 교통 결절점, 인구규모 등 7개의 지표를 기초로 하
여 글로벌 도시체계를 계층적으로 조직하고 중심부(core) 국가와 반

주변부(semi-periphery) 국가별로 1차 및 2차 세계도시 구분을 시도하였다. 이러한 기준에 의하면 중심부 국가의 1차 세계도시에는 런던, 파리, 로테르담, 프랑크푸르트, 취리히, 뉴욕, 시카고, 로스앤젤레스, 동경 등 9개 도시가 대표적인 도시로 선정되었다. 반주변부 국가의 1차 세계도시에는 상파울루, 싱가포르가 대표적인 도시로 분류되었다.[54]

서울은 반주변부 국가의 2차 세계도시로 분류되었으며, 이 그룹에는 홍콩, 타이완, 방콕, 마닐라 등 아시아 신흥도시들과 요하네스버그, 부에노스아이레스, 리우데자네이루 등의 아프리카 및 남미도시들이 포함되어 있다.

〈표 2-4〉 Friedmann의 세계도시 계층

중심부(core) 국가		반주변부(semi-periphery) 국가	
1차 세계도시	2차 세계도시	1차 세계도시	2차 세계도시
런 던 파 리 로테르담 프랑크푸르트 취리히 뉴 욕 시카고 로스앤젤레스 동 경	브뤼셀 밀라노 비엔나 마드리드 토론토 마이애미 휴스턴 샌프란시스코 시드니	상파울루 싱가포르	요하네스버그 부에노스아이레스 리우데자네이루 카라카스 멕시코시티 홍 콩 타이베이 마닐라 방 콕 서 울

출처: Friedmann(1986: 72)

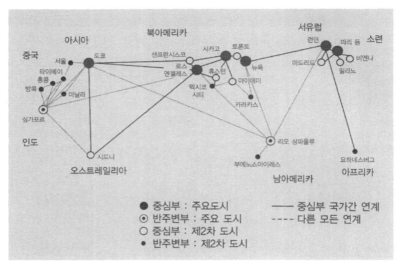

출처: Freidmann(1986: 74)

〈그림 2-5〉 Friedmann의 세계도시 가설의 국가 계층 체계

　　Friedmann의 세계도시 가설은 하나의 체계화된 이론으로 정립되지
는 않았으나 도시화를 연구하는 기본적인 방법론 혹은 틀로서는 충
분한 의미를 갖고 있다. 이러한 이유는 다음과 같이 정리할 수 있다.
첫째, 글로벌 규모로 확대되고 있는 세계자본주의 경제를 설명변수로
이용하여 가장 중요하다고 간주되는 가설의 본질을 추구할 수 있다
는 점이다. 둘째, 세계자본주의의 공간적 시스템을 구성하고 있는 대
규모의 도시지역이 세계체제를 형성하는 과정에서 차지하는 역할을
강조할 수 있다는 점이다. 셋째, 세계도시에 관한 해석을 함에 있어
변증법적 모델을 사용할 수 있다는 점이다. 마지막으로 세계의 대부
분 국가가 자본주의체제를 갖추게 되었다는 맥락에서 어떤 도시가
세계도시의 지위를 얻게 되는 데 초점을 맞춘 역사적 접근이 가능하

다는 것이다.[55]

　이러한 학문적 기여에도 불구하고 Friedmann의 세계도시 가설은 비판의 대상이 되기도 하였는데, 대표적인 비판자인 Korff의 비판내용을 요약·기술하면 다음과 같다. 첫째, 만약 세계체제에 대한 분석이 행해진다면, 세계제제를 형성하게 하는 메커니즘과 그 영향은 최소단위까지 분석되어야 한다. 분석의 단위는 세계도시뿐만 아니라 세계촌으로 구성되어 있기 때문에 미시적인 측면에서 분석이 이루어져야 한다. 둘째, 세계도시 가설에 대한 연구의 출발점은 세계체제의 분석과 같은 거시적 차원이기보다는 구체적인 도시의 미시적인 분석에 초점을 맞춰야 한다는 것이다. 즉, 세계도시를 분석하기 위한 지표를 중심으로 분석이 이루어지고 있기 때문에 세계도시에 대한 계층화의 가능성에 대하여 비판하고 있다. 셋째, 도시의 발달은 세계체제가 형성되는 과정의 결과일 뿐만 아니라 세계도시의 분석에서 간과되는 경향이 있는 지역적 교역패턴 및 지역간적 교역패턴의 결과라는 측면에서 접근해야 할 필요가 있다는 것이다. 넷째, 현대의 세계경제체제에서 모든 부분들이 자본주의제 체계에 속하는 것처럼 분류할 수 없다는 것이다. 마지막으로 유럽 또는 일본에서 완전한 상태의 국가전체 또는 부분지역들이 세계도시로 작용하고 있으며, 이를 통해 세계체제의 중심이 된다는 것이다.[56] 이러한 Korff의 비판은 경제적 요소 외에 사회·정치적인 요인에 대한 충분한 검토가 필요하다는 의미로 해석할 수 있으며, Friedmann의 세계도시 가설 자체를 부정한 것은 아니라고 볼 수 있다.

Friedmann의 세계도시 가설(The World City Hypothesis)의 주요내용[57]

① 하나의 도시가 세계경제에 통합되어 있는 형태와 정도 그리고 새로운 노동의 공간적 분업 속에서 도시에 부여된 기능은 도시 내부에서 발생하는 다양한 구조적 변화라 하더라도 결정적인 의미를 갖게 된다.

② 세계 속의 중추도시(Key City)는 생산과 시장의 공간적 조직 및 네트워크의 기점(basing point)으로서 글로벌 자본을 제어한다. 그 결과로 발생한 도시 간의 결합관계를 통하여 세계도시를 하나의 복잡한 공간적 계층구조를 이룬다.

③ 각각의 세계도시가 지니는 글로벌 중추관리기능은 그들이 보유하고 있는 생산과 고용부문의 구조와 그 역동성에 직접적인 영향을 받는다.

④ 세계도시는 국제 자본의 공간적 집중과 축적이 실현되는 중심적 장소이다.

⑤ 세계도시는 국내는 물론 해외이민의 대다수가 몰려주는 노동자의 목적지이다.

⑥ 세계도시의 형성은 산업자본주의의 주요한 모순점이라 할 수 있는 공간과 계층 간의 양극화에 초점을 맞추게 된다.

⑦ 세계도시의 성장은 국가의 재정능력을 넘어서는 막대한 사회적 비용이 요구되는 경우가 적지 않다.

2) Thrift의 세계도시

Thrift(1988)는 세계도시를 "경영, 연구개발, 전략계획, 은행, 보험, 부동산, 회계, 법률서비스, 컨설팅, 광고 등과 같은 생산자서비스의 경제활동이 활발한 중심도시"로 정의하고 있으며, 이러한 생산자지원서비스를 기준으로 세계도시를 3개의 계층으로 구분하고 있다.[58]

첫 번째 그룹은 초국적 대기업과 국제금융기업의 본사가 입지하고 전 세계를 대상으로 하는 대규모 기업거래가 수행되는 실질적인 세계중심지의 역할을 수행하는 도시로 뉴욕, 런던, 파리, 취리히, 함부르크 등이 대표적인 도시로 소개하고 있다. 두 번째 그룹은 권역별 중심지로 다양한 유형의 대기업 업무기능이 입지하고, 국제금융체계상 중요 연계기능을 수행하지만 특정 권역을 대상으로 하는 도시들로 대표적으로 싱가포르, 홍콩, 로스앤젤레스 등을 소개하고 있다. 마지막으로 지역중심지로 여러 국제적 대기업의 업무기능과 외국은행의 지사들이 입지해 있는 도시들로 시드니, 시카고, 댈러스, 마이애미, 샌프란시스코 등을 대표도시들로 소개하고 있다.59)

〈표 2-5〉 Thrift의 세계도시 계층 구분

국제중심지 (international centers)	광역중심지 (zone centers)	지역중심지 (regional centers)
뉴욕, 런던, 파리, 취리히, 함부르크	싱가포르, 홍콩, 로스앤젤레스	시드니, 시카고, 댈러스, 마이애미, 호놀룰루, 샌프란시스코

출처: 이동우 외(2010: 13)

3) Sassen의 세계도시

Sassen의 기존의 세계도시를 바라보는 시각과 달리 금융 및 생산자서비스를 강조하는 새로운 패러다임을 제창하였다. Sassen에 의하면 생산자서비스 활동이 만들어내는 것은 지리적으로 산재한 세계적 생산거점과 서비스 센터에 대한 전체적인 관리 능력과 밀접한 관계가 있고, 이러한 생산활동의 지리적 확산은 필연적으로 통제구조의 중심화를 유발하므로 뉴욕, 런던, 도쿄의 3대 대도시지역에 세계경제 전체에 대한 관리능력이 집중하게 된다는 것이다. 이러한 Sassen의 관점은 생산자서비스의 생산과 함께 증권매매를 중심으로 한 금융시장의 거점으로서 세계도시를 인식하는 것과 비슷한 맥락이다.60) 즉, Sassen은 세계적인 초국적 기업들 위한 생산자서비스, 금융 및 증권의 집중, 활발한 거래활동 등이 집중되어 다양한 의사결정이 이루어지는 장소로 세계도시를 바라보고 있다고 할 수 있다.

Sassen은 세계도시의 개념을 설명하기 위해 인구규모 및 인구변화, 초국적 기업과 해외지사 수, 세계 100대 은행, 세계 25대 증권사, 세계 주요 증권거래소의 시장규모 등과 같은 기준을 사용하여 런던, 뉴욕, 도쿄와 같은 도시를 살펴본 결과 세계경제 체제로 전환된 이후 상기 도시들은 부와 권력이 집중됨으로써 범세계적인 도시체계의 구조, 도시가 수행하는 기능, 그리고 도시 내부에서 이루어지는 사회적 삶의 본성에 대해 엄청난 영향을 미쳤다고 보고 있다. 그리고 유럽, 북미 등 제조업의 중심지 역할을 수행한 많은 도시들은 아시아, 중남미, 기타 제3세계로 이전함에 따라 경제적 쇠퇴를 경험하고 있다고 설명하고 있다.[61]

4) Scott의 세계도시지역

최근에는 국가단위를 초월하여 세계경제의 중추기능을 담당하는 세계도시와 그 배후 혹은 기능적 연계지역을 통합한 새로운 형태의 대도시지역인 세계도시지역(global city region)이 국가의 통제를 벗어나 세계경제의 중심지역으로 부각되고 있다. 그리고 유럽 등 일부 지역에서는 세계적인 대도시와 배후지역이 일체화되어 광역적 대도시권을 형성하거나 인접한 거대도시들 간의 연담도시화의 형태로 일정한 권역을 형성하는 형태로 전개되고 있다.[62]

이와 관련하여 Scott는 기존의 세계도시(world cities, global cities) 개념과 유사한 현상을 지칭하기 위해 세계도시지역이라는 개념을 사용하였고, 이 개념은 세계도시와 매우 유사한 기능과 특성을 지닌 지리적 지역개념으로 확장한 것으로 볼 수 있다. 그리고 세계도시지역의 등장은 경제의 세계화에 따라 거대도시지역을 중심으로 지리적으

로 새롭게 출현한 정치·경제적 지역으로 보고 있다.[63] Scott는 세계
도시지역 개념의 보편적 특성을 도출하기 위하여 많은 세계도시지역
을 사례로 경제적·사회적·정치적·공간적·환경적·개발정책적
등 다각도로 분석·시도하였고, 다양한 사례 분석을 통해 세계도시지
역의 경제적·사회적(공간적 요소 포함)·정치적 특성을 도출하였다.

먼저 세계도시지역의 경제적 특성에 대해서 살펴보면, 세계도시지
역에는 탈표준화와 다양성을 강조하는 유연적 네트워크 생산체제로
변화됨에 따라 생산체제에 중요한 기술, 시장, 인적자원 등과 관련된
다양한 고급정보와 자원 집적으로 인하여 세계경제를 선도하는 첨단
기술산업, 전문 서비스업, 문화상품산업 등에 관련된 기업들이 더욱
집중하게 되었고, 그 결과 첨단기술 또는 유연적 제조업 부문, 생산지
원 고급 서비스(금융, 기업업무, 뉴 미디어 등) 등의 기능을 수행하
는 기업들이 입지하게 되었다. 그리고 세계도시지역 내 관련산업이
국지적 집중과 네트워크를 통해 자연스러운 클러스터를 형성하게 되
었다. 세계도시지역에서 발달된 클러스터는 첫째, 세계도시지역 경제
시스템의 전반적 효율성을 보장해주고, 둘째, 생산자의 유연성이 증
대되고, 창의성과 학습 및 혁신이 강화됨으로써 세계도시지역의 전반
적인 생산성 향상에 기여한다고 설명하고 있다.[64]

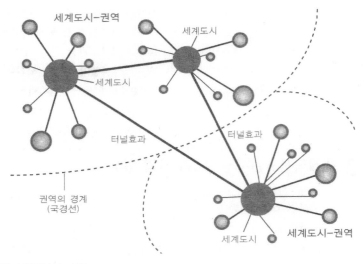

출처: 남영우(2006: 230)

〈그림 2-6〉 세계도시-권역 간의 네트워크

　다음으로 세계도시지역의 사회적 특성에 대하여 살펴보면, 세계도시지역의 성장은 내부적인 사회지리적인 측면에서의 많은 변화를 야기하였는데, 그중에서도 두드러진 특징은 다음과 같이 정리할 수 있다.[65] 첫째, 세계도시지역의 문화적 및 인구적 이질성이 급격하게 증가되었다는 것이다. 국가적 인구이동 및 이민이 거대도시지역으로 활발하게 진행됨에 따라 세계도시지역은 문화적, 민족적, 인종적 다양성이 증대되었다. 이러한 문화의 다양성 증대는 사회적 이동성과 사회적 정의 측면에서 보면 창의적인 새로운 기회를 제공한다는 긍정적 측면 외에 갈등을 표출할 수 있는 위험요소가 증대될 수 있다. 둘째, 세계도시지역의 공간형태가 현저히 변화되었다는 것이다. 과거 대부분의 거대도시지역은 주로 하나의 중심도시(단핵도시)를 중심으

로 지역을 형성하고 있었으나, 세계도시지역은 다중심적 또는 다집적
지의 형태를 이루고 있다. 이는 정보화, 세계화 등 외부 요인에 의해
거대도시가 분산화와 재중심화가 동시·복합적으로 전개되면서 다
핵구조를 갖는 다집적지적 공간형태를 형성하고 있다. 셋째, 사회·
경제적 불평등이 심화되고 있다는 것이다 이와 같은 양극화 현상은
상·하류층 간의 소득격차에서 특히 잘 나타나고 있으며, 세계화는
거대도시지역에서의 고임금 전문직의 성장을 촉진하여 그들의 소득
은 극적으로 높아지는 반면, 저임금·저기술의 일자리 근로자는 지속
적인 이주민 유입으로 인하여 저임금구조를 유지할 수밖에 없는 현
상이 나타나고 있다는 것이다.[66]

마지막으로 세계도시지역의 정치적 특성을 살펴보면, 세계도시지
역은 세계화와 세계경제의 재구성에 따른 경쟁심화와 이러한 경쟁체
제에 능동적인 대응과 밀접한 관계가 있다. 세계도시지역의 최대 관
심사는 지역의 경제적 경쟁력과 효율성을 증진시키기 위한 지역의
경제적 우위 강화, 새로운 기업의 설립 장려, 지방기업을 위한 경제환
경 개선 등과 관련된 정책수립·집행에 많은 노력을 기울이고 있다.
이를 위하여 정책의 추진방식도 중앙 및 지방정부 주도의 하향식 체
계에서 현재 이슈가 되고 있는 사회·경제적 문제와 관련된 다양한
주체들이 참여하는 거버넌스 형식을 지향하고 있다. 그리고 세계도시
지역에서는 사회적 배제와 주변화(marginalization)에 대한 자발적 대
응으로 발생한 많은 시민집단들이 공공의사결정 과정에 더 많이 참
여함에 따라 민주적 참여문제에 대한 실질적인 권한과 책임을 부여
하고 있다.[67]

GaWC의 세계도시 분류

GaWC의 세계도시 분류기방식은 도시의 생산자 서비스업의 발달수준에 따라 세계도시성 점수를 기준으로 선정하고 있다(1~12등급). 이를 기초로 하여 알파급, 베타급, 감마급, 형성단계 등 4단계의 도시계급으로 분류하고 있다(〈표 2-6〉 참조).

55개의 알파급, 베타급, 감마급의 세계도시는 모든 대륙에 걸쳐 분포되어 있다. 먼저 세계도시가 가장 많이 속해 있는 국가는 미국으로 한 국가 내에만 전체 세계도시의 20퍼센트가 위치해 있다. 북아메리카대륙 전체에는 캐나다와 멕시코를 포함하여 전체 세계도시의 4분의 1 정도가 속해 있다. 반면 유럽대륙의 경우에는 많은 국가에 소수의 세계도시들이 분산되어 분포한다. 한국을 비롯한 아시아지역의 국가들도 전체의 20퍼센트 이상의 세계도시가 분포한다.[68]

〈표 2-6〉 GaWC의 세계도시 분류

도시 계급	세계 도시성	세계도시 명
알 파 급	12	런던, 파리, 뉴욕, 동경
	10	시카고, 프랑크푸르트, 홍콩, 로스앤젤레스, 밀라노, 싱가포르
베 타 급	9	샌프란시스코, 시드니, 토론토, 취리히
	8	브뤼셀, 마드리드, 멕시코시터, 상파울루
	7	모스크바, 서울
감 마 급	6	암스테르담, 보스턴, 카라카스, 댈러스, 뒤셀도르프, 제네바, 휴스턴, 자카르타, 요하네스버그, 멜버른, 오사카, 프라하, 산티아고, 타이베이, 워싱턴
	5	방콕, 북경, 몬트리올, 로마, 스톡홀름, 바르샤바
	4	애틀랜타, 바르셀로나, 베를린, 부다페스트, 부에노스아이레스, 코펜하겐, 함부르크, 이스탄불, 쿠알라룸푸르, 마닐라, 마이애미, 미니애폴리스, 뮌헨, 상해
형 성 단 계	3	아테네, 오클랜드, 더블린, 헬싱키, 룩셈부르크, 리옹, 뭄바이, 뉴델리, 필라델피아, 리우데자네이루, 텔아비브, 비엔나
	2	아부다비, 알마티, 버밍엄, 보고타, 브라티슬라바, 브리즈번, 부쿠레슈티, 카이로, 클리블랜드, 콜로냐, 디트로이트, 두바이, 호치민시, 키예프, 로마, 리스본, 맨체스터, 몬테비데오, 오슬로, 로테르담, 리야드, 시애틀, 슈투트가르트, 헤이그, 밴쿠버
	1	애들레이드, 앤트워프, 아부투스, 볼티모어, 방갈로르, 볼로냐, 브라질리아, 캘거리, 케이프타운, 콜롬보, 콜럼버스, 드레스덴, 에든버러, 제노아, 글래스고, 예테보리, 광주, 하노이, 캔자스시티, 리즈, 릴리, 마르세유, 리치먼드, 상트페테르부르크, 타슈켄트, 테헤란, 티후아나, 투린, 우테리히, 웰링턴

출처: http://www.lboro.ac.uk/gawc

5) Florida의 창조적 계급(Creative Class)

세계도시의 형성을 위한 초국적 엘리트의 중요성에 대해서는 1980 년대부터 많은 지적들이 있어 왔다. Friedmann & Wolff(1982)는 초국적 엘리트는 세계도시 내 주력계층이고, 세계도시는 이들의 생활양식과 직업적 필요에 부응하기 위해 조직화되는 현상이라고 지적하면서, 세계도시 내 엘리트의 중요성을 강조하였다. Hannerz(1996) 역시 초국적 경영 엘리트야말로 세계도시에서 가장 눈에 띄는 사람들이며 대부분은 다른 지역 출신들로 지리적 이동성과 결부된 직업적 이동성을 보유한 사람들이라고 설명하고 있다.[69] 이처럼 초국적 엘리트들에 의한 사회, 경제, 정치적 네트워크의 중요성을 강조하게 되면서 초국적 엘리트들의 대한 중요성이 강조되면서 이들이 활동할 수 있는 제도화와 여건 조성에 대해 강조하였다.

그러나 본격적인 창조계급의 등장은 Florida(2004)가 도시 및 지역 발전의 핵심동력이 창조계급(creative class)라고 주장한 이후 세계도시 형성과 관련하여 창조계급의 중요성이 크게 부각되었다.[70] Florida 가 지칭하는 창조계급은 창조적이고 혁신적인 일(job)을 하는 사람들을 의미하며, 창조계급의 비중이 높은 지역이 더 많은 혁신을 창출하고, 기업가정신(entrepreneurship)이 더 높아지며, 창조적 기업을 끌어들이기 때문에 경제적으로 더 번영할 것이라고 하였다. 또한 창조계급은 지리적으로 균등하게 분포하는 것이 아니라 새로운 아이디어, 새로운 진입자(new comers)에게 열려 있는 관용의 분위기를 보유한 지역에 집중된다고 설명하고 있다.[71]

Florida는 창조적 계급이 기술(Technology), 인재(Talent), 관용(Tolerance) 3T를 모두 갖춘 지역에 뿌리를 내린다고 보고 있으며, 도시가 창조적

인 사람들을 유인하고, 혁신을 창출하며, 경제발전을 자극하기 위해
서는 이 세 가지를 모두 가지고 있어야 한다고 설명한다. Florida가 설
명하는 기술은 지역 내 혁신과 하이테크 집중의 정도를 의미하고, 인
재는 학사학위 또는 그 이상의 학위를 가진 사람들을 의미한다. 그리
고 관용은 개방성, 포용성 그리고 모든 민족, 인종 및 라이프스타일에
대한 다양성으로 정의하고 있다.[72]

기업가정신(entrepreneurship)

기업가정신(entrepreneurship)을 설명하기 전에 기업가(entrepreneur)에 대한 개념
정립이 선행되어야 할 필요가 있다. 기업가(entrepreneur)라는 용어는 불어에서 온 단
어로서 프랑스 경제학자 칸티옹(R. Cantillon)은 '생산수단(토지·노동·자본)을 통합하여
상품을 생산·판매하고 경제의 발전을 도모하는 자"라고 정의하고 있다. 이후 19세기
후반 산업혁명과 함께 산업자본주의 시대가 도래하면서 기업가에 대한 의미는 새로운
기술의 발명을 실용화하여 기업적으로 성공한 사람들을 지칭하는 개념으로 변화하였
다.[73]
이와 관련하여 Schumpeter는 기업가는 창조적 파괴(creative destruction) 과정을 주도하
는 혁신 주체(innovator)이며, 이들이 가진 기업가정신(entrepreneurship)에 의해 생산방
식의 새로운 결합 또는 혁신을 촉진한다고 설명하고 있다.[74]
최근 국내·외의 다양한 기관들이 기업가정신과 관련하여 지수 및 순위를 발표하고 있
는데, 해외에서는 Global Entrepreneurship Monitor(GEM), OECD, World Bank 등
이 있어 지수를 발표하고 있으며, 국내에서는 한국은행, 삼성경제연구소 등이 기업가정
신 지표를 발표하고 있다.[75]

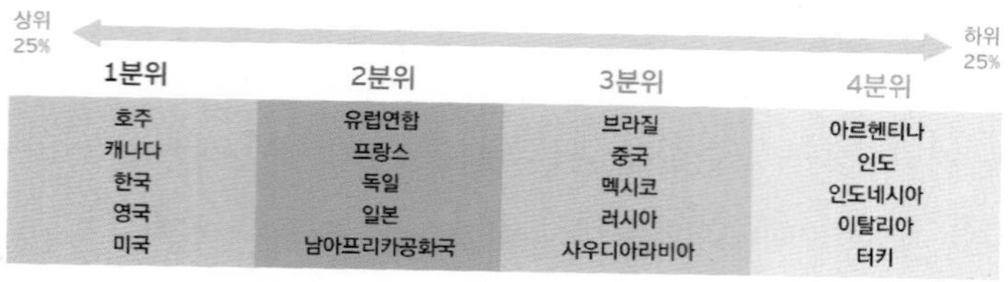

상위 25% 1분위	2분위	3분위	하위 25% 4분위
호주	유럽연합	브라질	아르헨티나
캐나다	프랑스	중국	인도
한국	독일	멕시코	인도네시아
영국	일본	러시아	이탈리아
미국	남아프리카공화국	사우디아라비아	터키

출처: 한영회계법인(2013: 7)

〈그림 2-7〉 G20 국가의 전반적 기업가정신 지수 순위(4분위)

제3절 세계도시 개념적 재정립

지금까지 우리는 Friedmann의 The World City Hypothesis, Sassen의 The Global City, Thrift의 The World City, Scott의 The World City Region 등의 세계도시 연구방법과 Hall(1966), Feagin & Smith(1978), Cohen(1981), Knight(1991) 등 많은 학자들이 주장하는 세계도시의 개념에 대해 살펴보았다. 그럼에도 불구하고 세계도시의 지위를 얻을 수 있는 전제조건은 과연 무엇인지에 대한 의문은 떨쳐낼 수 없다. 이러한 의문에 대하여 모든 사람들의 의견의 일치를 본다는 것 또한 어렵다.

앞에서 살펴본 세계도시의 개념과 관련된 특징은 다음과 같이 정리할 수 있다. 첫째, 금융, 경제 및 생산주체, 자본 등과 같은 생산자 서비스 관련 지원을 중요하게 고려하고 있다는 것이다. 둘째, 과학·기술의 발달로 고차 산업 및 집약화가 가속화되고, 이러한 과정에서 글로벌 인재의 육성 및 이에 대한 가치를 중요하게 다루고 있다. 셋째, 세계 경제활동을 수행하는 주체, 다국적기업, 글로벌 은행, 증권 거래소 등의 입지 및 경제적 영향력을 중요하게 고려하였다.[76] 즉, 세계도시의 경제적 측면의 중요하게 고려하여 세계도시를 선정하는 기준을 형성하였다고 볼 수 있다. 그러나 과연 현재에 세계도시라고 불리는 도시들이 과연 경제적 측면만이 강조되는 도시들인가? 이 부분에 대해서는 여전히 의문을 남겨두고 있다.

〈표 2-7〉 세계도시의 기준 지표

지표		Hall	Feagin & Smith	Cohen	Knight	Friedmann	Thrift	Sassen	Scott	Florida
인구		○	○			○		○		
다국적기업			○	○	○			○		
생산자서비스	은행	○	○	○	○	○	○	○		
	사업서비스		○			○		○	○	
	법률	○		○			○			
	증권	○			○			○	○	
	회계/자문/광고			○	○			○	○	
	R&D	○					○		○	○
교통										
통신		○			○	○		○		
글로벌인재발굴									○	○

출처: 남영우(2006: 246); 이성복 외(2003: 36)를 토대로 수정·보완

지금까지의 세계도시의 개념과 특징을 살펴보면 세계도시의 개념은 최근으로 오면서 점차 그 영역이 다양해지고 있다. 즉, 괴테가 세계도시라는 용어를 시작하던 시기부터 현재에 이르기까지 세계도시의 개념은 최초의 영역을 기반으로 점차 다양한 영역을 포용하여 왔다. 다음의 <그림 2-8>은 시기별로 세계도시의 개념 및 특징이 어떻게 변화하고 있는지를 살펴본 것이다. 물론 해당 시기에 중요하게 고려된 주요 영역은 상이할 수 있으나 기존의 영역은 새로운 영역이 도출되는 데 토대가 되었음은 틀림없다.

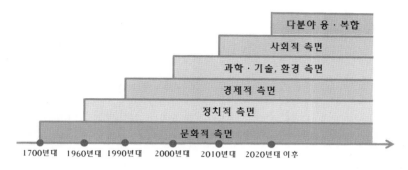

〈그림 2-8〉 세계도시 개념에 따른 주요 영역의 패러다임 변화

　　세계도시의 개념은 최근으로 올수록 구성요소와 영역이 변화하는
점을 고려하여 본장에서는 세계도시의 개념을 "기존의 경제적·정치
적 영역에 사회·문화·환경·과학기술·안전 등 사회의 주요 가치
를 포괄하는 세계적인 매력을 두루 갖추고 있고, 다국적기업과 글로
벌 인재, 노동자들이 선호하는 가치들이 풍부하여 세계의 긍정적 변
화를 주도(리드)할 수 있는 도시"로 정의코자 한다. 그리고 세계도시
의 개념은 기존의 개념과 내포된 가치를 토대로 성장하고 새로운 가
치의 등장 및 패러다임의 변화의 기반이 된다고 할 수 있다.

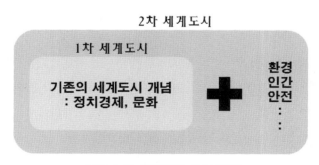

〈그림 2-9〉 세계도시의 개념 재정립

제 **3** 장

세계도시 패러다임

21세기 글로벌 시대의 세계는 점점 시간적·공간적으로 좁혀지면서 국가 사이의 경쟁보다는 지역 또는 도시 사이의 경쟁이 더욱더 치열해져 가고 있는 추세에 있고, 이와 같이 개방화·지방화 시대를 맞이하여 경제활동의 주역이 국가에서 지역·도시로 바뀌면서 기존의 국가를 대상으로 한 패러다임에서 지역·도시를 단위로 하는 패러다임으로 전환되고 있다.[1]

세계가 도시화되고 있다는 것은 도시가 경제적·정치적으로 발전하고 있다는 것을 의미한다. 도시는 점점 기술의 힘을 얻고 있는데, 도시가 근간으로 하고 있는 여러 핵심 시스템이 기능화되고, 상호 연결되며, 새로운 차원으로 지능화되어 다양하게 활용되기 때문이다. 도시의 인구와 숫자가 증가함에 따라, 세계에서 도시가 차지하는 비중도 커지고 있으며, 경제적·정치적·기술적 권한도 과거에 비해 확대되었다. 경제적인 면에서 보면, 도시는 세계적으로 통합된 서비스 기반 사회의 중심부(hub)가 되고 있다. 정치적인 면에서도, 도시는 권력 재편의 중심에 위치하면서 보다 큰 영향력과 그에 상응하는 책임을 부담하고 있다. 기술적인 면에서는, 도시의 운영과 발전을 더 잘 이해하고 통제할 수 있도록 진보하고 있다.2) 이렇듯 지금까지의 세계도시는 보편적으로 경제적 · 정치적 · 기술적인 측면이 부각된 면이 있다. 그러나 급속한 경제발전으로 인해 나타난 낮은 삶의 질, 난개발, 환경오염과 같은 심각한 도시화 후유증으로 인해 도시의 최근 트렌드는 문화, 도시성장관리, 친환경 등 다양한 관점의 새로운 도시 패러다임으로 바뀌어가고 있는 추세이다. 특히 저출산 · 고령화 및 저성장, 지구온난화, 도시문화 융성, 시가지 축소 등 사회 · 경제 · 문화적 영향, 기후변화에 대응한 지구온난화 대책 등 환경적 영향 등을 고려한 다양한 관점에서의 도시 패러다임이 전환이 일어나고 있는 추세이다. 또한 도시화사회(Urbanizing Society)에서 도시형사회(Urbanized Society)로 전환되면서 개발(development)-관리(management)-재생(regeneration)이라는 일련의 도시의 생애주기(Urban Life Cycle)에 맞는 도시정책 접근이 나타나고 있다.3)

20세기까지 산업화에 의해 우리의 도시가 직면했던 도시화(urbanization), 도시확산(urban sprawl)은 인류의 삶에 물질적 · 양적 풍요는 안겨주었다고 할 수 있지만, 결코 쾌적한 환경과 건강한 도시민의 정신을 키우는 데는 부족한 점이 많았다. 도시화와 도시확산의 난제를 풀기 위해 신도시와 같은 새로운 패러다임이 나타났다. 그러나 이 새로운 도시 패러다임은 외연확산이 아닌 자연으로의 침입이란 형태로 또 다른 자연훼손의 결과를 낳았다. 뿐만 아니다. 도시가 확산될 대로 확산된 상태에서 신도시로의 점진적이고 역동적 도시인구이동은 점점 기존 도시의 경제, 사회, 문화 등 기능 쇠퇴를 가져와 도심공동화, 도시효율성 저하 등 심각한 새로운 도시문제로 나타나기 시작했다.

이러한 기존 도시개발의 한계를 극복하고 부흥(renaissance)시키기 위한 대안적 개념으로 등장한 것이 지속가능한 개발(sustainable development),

창조도시(creative city), 뉴어버니즘(new urbanism)과 같은 새로운 패러다임의 '도시재생이론'이다.[4]

전 세계의 도시들은 도시재생(urban regeneration)이라는 새로운 패러다임을 통해 사회적, 경제적, 문화적 그리고 커뮤니티 재활(revitalization)과 삶의 질, 지역공동체의 활성화뿐만 아니라 도시 재난과 안전, 인권까지 도시재생의 범주에 포함하고 있다.[5] 따라서 본 장에서는 도시재생을 도시의 발전을 이끌어가는 새로운 트렌드를 포함할 수 있는 포괄적 개념으로 정의하고, 광의의 도시재생 관점에서 세계도시에 어떠한 요인들이 적용되고 있는지에 대해 살펴보고자 한다.

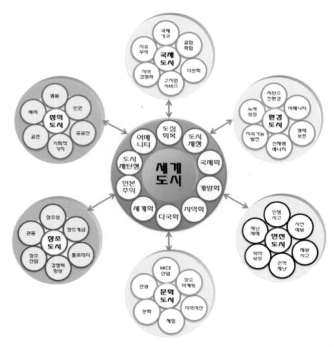

〈그림 3-1〉 세계도시의 다양한 관점

한국의 도시재생정책

신도시개발에 따른 구도심의 쇠퇴, 수도권과 비수도권과의 불균형, 부동산경기의 침체와 정비사업의 한계 등 한국의 도시가 직면하고 있는 어려움을 '도시재생'이라는 새로운 도시정책으로 풀어가려는 노력이 「도시재생 활성화 및 지원에 관한 특별법」 제정을 시작되었다. 「도시재생 활성화 및 지원에 관한 특별법」 제정은 지금까지의 물리적 환경개선 위주의 도시재생정책에서 공동체의 가치를 강조하면서 도시 및 주거환경을 개선하고자 하는 새로운 도시 패러다임이 반영되었다는 측면에서 의의가 크다.[6][7][8]

21세기 글로벌 시대에는 도시 및 지역 경쟁력이 국가 경쟁력의 기초이다. 하지만 서울을 제외한 한국의 도시들은 세계도시 네트워크상에서 위상이 매우 취약한 상태이다. 세계 500대 도시 경쟁력 평가('08년, 중국사회과학원)에 의하면, 서울시가 12위, 울산시(162위), 대전시(203위), 인천시(221위), 대구시(287위), 광주시(295위)가 그 뒤를 잇고 있다. 한국의 도시 중에서 10위 안의 도시는 전무하여 이에 대한 대응이 필요한 시점이다. 이에 한국은 도시재생사업을 통해 신성장 동력 기반확충, 사회제도적 역량 강화 및 도시 삶의 질 향상 등 도시 전반의 종합적 경쟁력 강화를 통해 지방 거점도시들의 세계 100대 도시 순위권 진입을 목표로 하고 있다.[9]

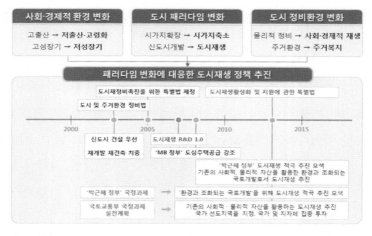

자료: 이상수, 2014: 74

〈그림 3-2〉 최근 도시재생관련 정책 동향

제1절 창조도시

현재는 정보혁명과 세계화로 집약되는 정보사회를 넘어 '창조성 (creativity)'을 근간으로 하는 창조사회로 진입하고 있다고 한다. 정보 사회가 지식, 정보에 기반을 둔 지식경제시스템을 통해 부를 창출했 다면 이제는 개인과 집단의 창조성이 부의 창출과 경쟁력의 원천이 되고 있는 것이다. 이러한 변화에 따라 세계의 도시들은 기존의 패러 다임으로는 해결할 수 없는 다양한 도시문제를 해결하고, 도시 경쟁 력 향상을 위한 새로운 도시발전전략으로서 도시 창조성에 주목하고 있다.10)

창조성은 다양한 현상을 포괄하기 때문에 간단하게 정의하는 것은 현실적으로 어렵다. 창조성과 관련하여 가장 넓은 영역을 다루고 있 는 심리학에서도 창조성이 인간 고유의 특성인지, 아니면 원래의 아 이디어가 생기는 과정인지에 대한 합의가 이루어지지 않고 있는 상 황이다. 그럼에도 불구하고 인간의 노력과 관련된 영역에서 나타나는 창조성의 특징은 다음과 같이 정리할 수 있다. 첫째, 예술적 창조성은 고유한 아이디어를 만들고 세상을 해석하는데 텍스트, 소리, 이미지 로 표현할 수 있는 방법과 상상력을 필요로 한다. 둘째, 과학적 창조 성은 호기심과 실험에 대한 의지 및 문제 해결을 하는 데 새로운 연 결방식을 만들어내는 것과 관련이 있다. 마지막으로 경제적 창조성은 기술, 사업, 마케팅 등에서 혁신을 유도하는 역동적인 과정으로 경제 부문에서 경쟁우위 확보와 밀접한 관련이 있다.

이처럼 창조성의 정의는 다양한 방식으로 해석될 수 있으며, 창조 성은 창조산업과 창조경제의 범위를 정의하는 데 매우 중요한 요소이다. 또한 창조성은 각각의 창조성과 상호 연계성이 존재하고, 상호 상승작용에 의해 효과를 배가시킬 수 있다.[11]

1. 창조도시의 등장배경

창조도시(Creative City)는 농경도시, 산업도시, 후기산업도시, 지식정보도시를 잇는 새로운 도시 패러다임으로 1990년대 후반 영국 및 UN을 중심으로 문화산업, 도시 및 지역정책 분야에서 창조경제를 중심으로 활발하게 논의되고 있는 개념이다.[12] 창조도시가 등장하게 된 시발점은 도시의 생존과 경쟁력 향상을 위한 정책적 목적을 가지고 영국정부(1998)가 발의한 「창조산업 전략보고서(the creative industries mapping document)」가 발간되면서부터다. 이 보고서에서 창조산업이 경제성장의 원동력이 될 것이라는 전망을 내놓은 이후, Coy(2000)가 비즈니스위크지에 "개인의 창의력과 아이디어가 생산요소로 투입되어 무형의 가치(virtual value)를 생산하는 기업만이 살아남을 수 있는 새로운 창조경제(creative economy)의 출현"을 예고하면서 혁신(innovation)이라는 커다란 물결이 휩쓸고 지나간 자리를 창조성(creativity)이 대신하고 있다. 최근에 들어와 창조경제(Coy, 2000; Howkins, 2002), 창조계층(Florida, 2002), 창조도시(Landry, 2000; Franke & Verhangen, 2005), 창조산업(Caves, 2002; Hartley, 2005) 등의 용어가 영국과 미국을 비롯한 선진국에서 화두로 떠오르면서 광범위한 연구가 진행되고 있다. 특히 도시의 경쟁력 향상을 위한 새로운 전략으로 창조경제와 창조성에 관한 논의가 활발하게 이루어지고 있다.[13]

창조도시라는 용어를 사용한 사람은 미국의 여성 도시경제학자,

제인 제이콥스로 알려져 있다. 그러나 창조도시의 부상이라는 시대적 흐름에 일찍부터 눈을 뜬 영국의 Landry에 의하면 그것이 본격적으로 도시라는 아이디어가 제기되기 시작한 것은 1980년 말 무렵이고, 그것이 본격적으로 논의된 것은 1990년대 초이다. 1990년대를 맞이하면서 유럽의 각 도시는 좋은 도시를 건설해 가는 데 장애요인이 무엇이고 미래의 달성 가능한 도시의 모습이 어떠한 것인가를 종합적으로 논의하는 과정에서 창조도시라는 메타포가 탄생되었던 것이다. 1990년대 초부터 창조도시에 대한 논의가 본격화된 배후에는 글로벌화된 세계경제의 성격이 변화하기 시작했다는 점과 서구에서 복지국가 시스템의 운영에 따른 재정위기를 타개하기 위한 일환으로 창조도시라는 슬로건이 제기되었다는 것이다.[14]

이렇게 발현된 창조도시는 창의적 아이디어를 통해 새로이 만들어지는 도시이며 창조를 통해 살아남는 것만이 미래의 역사·문화자산으로 남을 수 있는 여지가 충분하다. 과거의 자산이 있다면 이를 적극적으로 활용하고, 현재 아무런 자산이 없다면 새로운 것을 창조하여 도시를 발전시키려는 노력이 필요하다. 또한 과거의 자산이 현재의 발전에 걸림돌이 된다면 창의적 아이디어를 통해 과감히 변혁하는 자세가 필요하다. 이렇듯 창조도시의 실현이 미래의 도시발전에 있어 중요한 의미를 가지고 있으며, 받아들여야 하는 하나의 이상적인 개념이라면 어떠한 방식으로 적용해야 하는가를 판단하는 작업이 필요하다.[15]

이렇듯 창조경제의 적용범위는 상호 복잡한 연관성을 띠고 있으며, 많은 개념이 내포되어 있다. 게다가 창조 경제의 정책 프레임워크는 사실상 여러 학문 분야에 걸쳐 있고, 이상적으로는 부처 간 조치를 필요로 하는 통합된 교차횡단적 공공정책을 요구한다. 이에 창조경제가 동기화되고 상호 지원 가능한 경제적, 사회적, 문화적 및 기술적 정책을 촉진시키기 위해서는 제도적 메커니즘 및 잘 운영되는 규제 프레임워크가 필요하다.

따라서 중앙정부만으로는 창조경제의 전체적인 메커니즘을 작동할 수 없다. 창조경제 환경조성과정상에 나타나는 모든 문제들의 대안은 다양한 이해관계자들 간의 거버넌스 구축에 있기 때문이다. 이러한 거버넌스 구축을 통해 동적이고, 진취적이며, 세분화되어 있고 유연한 창조경제를 실현할 수 있는 힘이 생긴다. 창조적 실천은 참여 과정, 상호 작용, 협력, 군집화 및 네트워크를 통해 발휘된다. 따라서 창조 경제에서는 조직적인 신규 사업 모델이 하향식이거나 상향식이면 안 된다. 효과적인 지식 및 혁신을 자극하기 위해서는 차라리 시민 사회의 참여를 환영하는 포용과 개방의 과정이어야 한다.16)

2. 창조도시의 개념 및 유형

창조도시는 인간이 자유롭게 창조적 활동을 함으로써 문화와 산업의 창조성이 풍부하여 동시에 탈대량적 생산의 혁신적이고 유연한 도시경제 시스템을 갖춘 도시이다. 그리고 21세기의 인류가 직면한 전 지구적인 환경문제와 부분적인 지역사회의 과제에 대하여 창조적으로 문제를 해결할 수 있는 '창조의 장'이 풍부한 도시이기도 하다.17)

이는 다양한 종류의 문화활동이 도시의 경제·사회적 기능의 통합 요소로 작용하는 도시의 공간을 의미한다. 이러한 창조도시는 강력한 사회와 문화인프라를 기반으로 구성되는 경향이 있으며, 흔히 창조도시라 일컫는 도시의 면면을 보면 지역성, 역사성, 문화성에 기반을 둔 고유의 도시상을 만들어내고 있다는 점에서 각기 다른 모습을 보이지만 공통점 또한 발견할 수 있는데 이는 눈에 보이지 않은 창조적 분위기, 즉 창조성을 갖추고 있다는 것이다. 때때로 건물, 도로와 같은 물리적 공간은 창조적이지 않을 수도 있지만, 창조도시로서 반드시 전제해야 할 것은 창조적인 구성원의 역할이다. 이러한 관점에서 창조도시는 "도시 구성원이 창조적 분위기 속에서 지역 내 자원을 창조적으로 활용해 지속가능성을 높여나가는 도시"라 정의할 수 있다.[18]

상대적으로 창조고용 부문의 비율이 높으며 탄탄한 문화설비를 통해 내부 투자에 매력적인 모습을 띠고 있다. 창조도시와 관련하여 Charles Landry는 "창조도시에는 시민이라는 중요한 자원을 가지고 있으며, 창조성은 위치, 천연자원, 시장접근이라는 도시 역동성의 주요 요소들이 시민에 의해 만들어지고 활용될 때 나타날 수 있다"고 보고 있다.

창조도시는 자신의 창조적 잠재력을 다양한 방식으로 활용한다. 몇몇은 행위예술과 시각예술에서 문화활동을 통해 또는 문화적 유산의 시연을 통해 주민과 관광객을 위한 문화경험을 창출하는 노드로서 작동한다. 바이로이트, 에든버러, 잘츠부르크와 같은 도시는 전체 도시의 정체성을 형성하기 위해 축제를 활용하고 있고, 다른 도시들은 보다 넓은 문화 및 미디어 산업을 활용하여 고용과 수익을 창출하고 도시와 지역발전을 위한 중심적 역할을 수행한다. 창조도시에서 문화의 큰 역할은 도시의 생존성, 사회통합, 문화적 동일성을 촉진하기 위해 문화와 예술이 갖는 역량에 의존한다. 창조부문이 도시의 경제활동에 미치는 영향은 해당 부문에 대한 직접적인 기여, 부가가치, 수익, 고용창출과 차후 간접효과, 유도 효과를 통해 측정 가능하다. 그 예로 문화적 요소를 방문하는 관광객들의 소비를 통해 알 수 있다. 게다가 활력 넘치는 문화생활이 가능한 도시는 중심부에 위치한 다른 산업 부문에서 내부 투자를 유도할 수 있고, 이를 통해 즐길 수 있고 활력 넘치는 환경을 도시민들에게 제공 가능하게 된다.[19] 이러한 창조도시의 개념과 특징에 가장 좋은 예로는 영국의 런던이라고 할 수 있다. 1995~2001년에서 런던의 창조산업은 금융과 경영서비스를 제외한 다른 산업보다 빨리 성장했으며, 이 기간 동안 런던의 고용창출 중 20~25%는 창조산업 영역에서 이루어졌다.[20]

〈표 3-1〉 창조도시 내 창조·문화산업 고용 비율

도시	기준연도	도시인구	전체인구에서 차지하는 도시인구비율(%)	도시 내 문화산업 고용인구	전체 문화산업 고용인구에서 차지하는 비율(%)
런던	2002	7,371	12.4	525	23.8
몬트리올	2003	2,371	7.4	98	16.4
뉴욕	2002	8,107	2.8	309	8.9
파리	2003	11,130	18.5	113	45.4

출처: UNCTAD(2013: 18)

창조도시는 여러 가지 기준에 따라 유형의 구분이 가능하다. 유형의 기준은 목적, 인프라, 주체 등으로 구분할 수 있으나 창조도시 유형분류의 핵심은 창조적인 도시와 지역개발을 위해 여러 분야에서 거론되었던 창조도시의 논의에서 그 준거를 발견할 수 있다.[21] 창조도시전략에 따른 창조도시의 실현은 형성과정에서 도시의 물리적 개발을 위한 전략에 따라 도시재생형 창조도시, 문화친화형 창조도시, 예술친화형 창조도시, 자연친화적 창조도시로 구분할 수 있다. 도시재생형 창조도시는 도시의 외연적 확산으로 도심공동화를 경험하고 있는 도시가 창조적인 아이디어를 통해 쇠퇴에서 재창조된 도시를 의미하며, 대표적인 사례도시로 요코하마와 화이트헤드를 지적할 수 있다. 문화친화형 창조도시는 타 도시에 비해 고유한 전통적인 문화를 소유하고 있으며, 이러한 무형의 자원을 전승하는 과정에 있는 도시를 의미하며, 대표적인 사례로 가나자와와 전주시를 지적할 수 있다. 예술친화형 창조도시는 미술과 건축, 예술과 공간의 융합을 시도하는 도시로 대표적인 사례도시로는 바르셀로나, 파주시, 헤이리 등을 지적할 수 있다.[22] 자연친화적 창조도시는 자연을 테마로 하거나 지속가능한 도시의 모습으로서 오사카 남바시티 등이 자연친화형 창조도시의 유형이다.[23]

1) 도시재생형 창조도시

도시의 외연적 확산에 따른 도심공동화와 국내외의 빠른 변화에 대응하지 못한 도시들은 쇠퇴하고 있다. 최근에 이러한 도시를 다시 살리려는 다양한 시도가 도시재생이란 이름으로 진행되어 왔고, 창조적인 아이디어를 통하여 쇠퇴해가는 도시를 살려낸 도시를 도시재생형 창조도시라고 한다. 도시재생형 창조도시로는 독일의 엠셔파크개발 프로젝트와 영국 헤이온와이 헌책방마을, 그리고 일본 구라시키의 아이비스퀘어 등이 손꼽힌다.[24]

2) 문화친화형 창조도시

문화친화형 창조도시는 21세기에서 문화는 도시민들의 삶의 질 향상의 기본 요소이며, 도시의 정체성확립의 수단이 될 뿐 아니라 도시 경쟁력 제고를 위한 필수 수단이다. 문화는 역사문화, 자연환경, 생태문화 등을 모두 아우르는 개념이다. 도시의 경쟁력 강화 차원에서는 외부인들보다 주민들이 참여하고 즐기는 문화적 요인을 통하여 문화적 자부심을 가지는 것으로부터 창조도시는 시작된다. 도시 고유의 전통문화는 타 국가, 타 도시에서 볼 수 없는 중요한 자원으로써 문화의 보존 자체가 무형의 자본이 되며, 유형문화재의 보존뿐 아니라 무형문화재의 전승 또한 중요한 전통문화재의 보존이다.

3) 예술친화형 창조도시

예술친화형 창조도시는 미술과 건축, 예술과 공간의 융합을 시도한 대표적인 유형이 예술친화형 창조도시이다. 공간이나 건축물 자체가 하나의 창조도시로 형성된 기존의 유형과 달리, 색채, 형태 등 예술적 가치를 공간이나 건축물에 접목하여 새로운 개념의 도시를 창조한 사례이다. 미술과 건축, 예술과 공간의 융합을 시도한 대표적인 유형이 예술친화형 창조도시이다. 공간이나 건축물 자체가 하나의 창조도시로 형성된 기존의 유형과 달리, 색채, 형태 등 예술적 가치를 공간이나 건축물에 접목하여 새로운 개념의 도시를 창조한 사례이다. 오스트리아 비엔나와 오사카에 Hundertwasser가 설계한 훈데르트바서 하우스 및 소각장, 레저타운 등은 그 기능을 떠나 새로운 도시의 창조라는 신선한 충격을 주는 사례이다.

4) 자연친화형 창조도시

자연을 테마로 하거나 지속가능한 도시의 모습으로서 자연친화형 창조도시가 제시되고 있다. 평면적으로 단지 전체를 연결하는 그린웨이(Green Way)를 조성하거나, 도보나 자전거 등 녹색교통을 활성화시키고, 단지 내 정온화를 지향하는 방법은 일반화되고 있다. 숲은 토지이용 블록별로 완충효과와 경관효과를 최대한 발휘할 수 있도록 하고, 기능적으로 연결되도록 공원과 녹지를 집중적으로 조성하는 것도 일반적인 자연친화형 도시이다. 자연친화형 창조도시는 입체적인 숲과 공원을 조성하고 있다. 평면적인 공원녹지조성의 한계를 극복하고자, 입체적으로 공원과 녹지를 조성하는 발상의 전환이다. 건물에 테라스공원, 옥상공원 등 입체적 건물 숲과 산을 조성하여, 단지경관을 자연형으로 조성하고 있다.[25]

3. 창조도시의 현재와 미래

도시는 본질적으로 인간의 존재성, 삶의 정체성을 정의하는 철학적, 형이상학적 개념에서 정립되어야 한다. 창조도시라고 해서 뭔가 새로운 것을 만드는 게 아니다. 기본적으로 과거와 현재가 공존해야 한다. 과거의 것을 축출하거나 배제하는 것이 아닌, 현 단계의 발전을 위한 전략이나 자원으로 활용하는 것이다. 달리 말해 과거의 것을 활용하여 얼마나 창조적으로 재생, 활성화했느냐에 따라 창조도시의 성패가 결정된다.[26]

그러나 특히 Florida의 창조도시론은 범세계적으로 지방정부들의 지역성장정책에 영향력이 컸던 만큼 많은 반항을 불러일으켰지만 이에 대한 비판도 현재 존재하고 있다. 먼저 창조도시론에서 핵심요소로 고려하는 관용적 환경, 창조계급과 혁신, 성장과의 관계가 도시성장의 단편적 설명요인에 불과한 것이다. 이러한 비판을 수용한다면 창조도시론은 생산네트워크, 노동시장, 지역학습혁신과정 등을 포괄하는 경제, 문화, 장소의 유기적인 결합체인 창조적 장(creative field)을 고려할 필요성이 있다. 한편으로 창조계급은 그다지 동질성이 높지 않은 모호한 집단이며, 창조계급의 핵심인 예술가집단의 경우 플로리다가 생각하는 것처럼 실질적으로 성장에 중요한 집단은 아니라는 비판도 제기되었다. 즉, 도시 내에서 보헤미안으로 대표되는 예술가들의 존재가 창조적인 환경을 만들고 인재들을 유인하는 효과가 실제로는 두드러지지 않는다는 것이다.[27]

이러한 비판에도 불구하고 전 세계의 도시들은 현재에도 도시경쟁력을 키우기 위한 하나의 전략적 요소로서 '창조도시'를 지향하고 있다. 그 이유는 바로 창조도시의 근본적인 핵심요소가 바로 그 '지역'에 있기 때문이다. 즉, 창조도시의 장점은 바로 지역의 고유한 자원들을 혁신으로 바꾸는 '과정(process)'이 '창조성(creativity)'이라는 점을 알게 해준다는 점이다. 이것은 주민 참여와 소통의 과정을 통하여 새로운 아이템을 찾고 그러한 일련의 과정 속에서 새로운 아이디어가 탄생하는 등 새로운 가치를 창출한다는 것을 말한다.[28]

그러나 국가 및 지역에 따라 창조경제가 발현될 수 있는 분야와 잠재역량에는 차이가 있으며, 자신의 강점인 분야의 창조성(창조역량) 극대화 전략이 필요하다. 현대경제에서 창조성은 과학적 창조성, 기술적 창조성, 경제적 창조성, 문화적 창조성 등으로 구분할 수 있으며, 4개 부문의 창조성 사이의 상호작용과 시펄오버고정을 통해 창조경제가 발전한다. 미국의 실리콘밸리는 4개 부문이 균형적으로 발전되어 있으나 대부분의 국가에서는 1~2개 부문의 창조성에 의존한 발전을 추구한다. 예컨대 영국은 문화적 창조성을 독일은 과학적 창조성을 추구하고 있다. 따라서 한국의 지방자치단체에서도 각 지역마다 보유한 각 분야별 창조성을 선택과 집중전략을 통해 창조경제화를 촉진해야 한다.29)

출처: 문미성(2013: 8)

〈그림 3-3〉 과학·기술·문화·경제적 창조성의 상호관계

영국의 창조도시설계 전문가로 유명한 Charles Landry는 '글로벌 시대의 창의도시 서울과 도시경쟁력'이라는 주제의 기조연설을 통해 "창조적 도시는 시민을 아이디어의 창조자로 보며, 이들이 상상력과 창조력을 발휘하도록 격려하는 도시"라고 전제한 뒤, "서울을 창조적 도시로 조성하기 위해서는 대학 및 연구센터와 도시와의 접목·조직 문화 내에서 독특한 인재 활용, 지역인재의 발굴과 지원, 인센티브와 규제, 소프트(soft)와 하드(hard) 인프라 간의 적절한 활용 등을 고려해야 한다"고 제언했다.30)

특히 창조경제의 첫 출발점은 민간부문의 창조적 아이디어와 활력이다. 따라서 민간부문에서 자율적으로 혁신이 일어날 수 있는 창조

경제 생태계 구축이 무엇보다 중요하다. 한편 창조도시는 창의적인 방법으로 문제를 해결할 줄 아는 시민들을 기반으로 창조 계급이 매력을 느껴 모여들게 되고 문화 산업과 창조 산업이 발달하고 이에 따라 활력이 넘치는 살기 좋은 도시를 의미한다. 이러한 창조도시에 ICT를 결합 한 도시 개념인 스마트 창조도시는 다양성, 개방성 및 장소성(Locality) 등의 요소를 기반으로 집단 지성을 표출하고 발전시키는 방식으로 새로운 경제 활동을 창출하고 지역에 내재한 사회적 자본, 기업가 정신 등은 기술 변화 및 경제의 글로벌화에 대응하여 새로운 혁신을 출현시키며, 다른 지역으로 전파하는 창조경제 플랫폼인 것이다. 국내외 전문가들은 향후 10년 내 수많은 도시가 스마트 창조도시의 모습으로 전환될 것으로 전망하고 있다. 아이디어와 무선 융합, 미디어 융합 시대의 스마트 창조도시는 도시미래상인 동시에 미래 도시 경쟁력의 핵심이라고 할 수 있다.[31]

창조도시와 창조경제(Creative Economy)의 관계

'창조경제'라는 용어는 2001년 창조성과 경제의 관계에 대해 저술한 Howlins의 책에서 처음 등장했다. Howkins는 "창의성은 경제학이 그렇듯 새로운 것이 아니지만, 창의성과 경제학 사이의 관계와 특성이 어디까지 확대되고, 그 둘이 어떻게 결합하여 새로운 가치와 부를 창출하는지는 밝혀지지 않았다"고 하였다. 더불어 "창조경제는 예술과 과학기술 분야를 아우르는 15개의 창조산업 모두를 포함하며, 2000년 기준으로 창조경제는 전 세계적으로 2.2조 달러의 가치를 가지고 있고, 매년 5%씩 성장"하는 것으로 추정하였다.[32]

또한 창조경제는 가장 진화된 형태의 지식경제로써 부가가치 생산의 핵심이며, 기존 문화산업(미디어+콘텐츠)의 범주를 훨씬 넘어서는 개념으로써 제조업을 포함한 전체산업의 가치사슬에 적용되는 개념이기도 하다. 지역(도시)은 경제발전의 산물인 동시에 창조경제의 선순환을 가능케 하는 대부분의 요소들이 내재되어 있는(embedded) 경제공간이다. 창조적 도시는 창의적 인재와 기업을 끌어들여 지역마다 차별화된 산업구조와 지식, 소비양식과 하부구조 등을 창출하여 창조경제의 틀을 형성 도시 자체가 창조적 생산물(상품)로써 관광을 통해 지역 내외부로 소비·수출되는 기반산업이 된다. 즉, 런던, 뉴욕, 싱가포르 등은 도시의 독특한 경관, 역사, 생활양식 등이 어우러져 세계인들을 끌어들임으로써 도시 자체가 관광상품으로 기능을 하는 것이 그 예이다.[33]

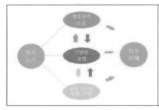

창조경제는 자연발생적으로 나타나는 것이 아니라 지역단위의 생산·소비양식에 의해 차별화되고 특화된 도시경제 속에서 발현된다. 찰스랜드리는 창조도시를 '독자적인 예술문화를 육성하고, 지속적, 내생적 발전을 통해 새로운 산업을 창출할 수 있는 능력을 갖춘도시 인간이 자유롭게 창조적인 활동을 함으로써 문화와 산업의 창조성이 풍부하며 혁신적이고 유연한 도시경제시스템을 갖춘 도시'로 정의한바 있다.

출처: 문미성·김태경(2013: 5)

〈그림 3-4〉 창조도시와 창조경제와의 관계

문화산업 VS 창조산업

최근에는 문화산업을 무형의 문화적 콘텐츠를 창출, 생산 및 상용화하는 일련의 과정 모든 이들이 문화에 민주적으로 접근할 수 있도록 개방적인 형태를 띠는 것으로 보고 있다. 문화의 경제의 결합이라는 특성이 문화산업이 갖는 독특한 특성이라고 할 수 있다. 이와 관련하여 프랑스에서는 '문화산업'을 문화의 개념, 창조, 생산의 기능을 보다 큰 제조업의 기능 및 문화상품의 상용화와 결합한 활동으로 정의하고 있다. 이러한 정의는 문화부문에 대해 전통적으로 생각해오던 것보다 더욱 큰 문화산업의 정의를 도출하는 과정으로 보고 있다.

창조산업은 창조성과 지적자본을 주요 투입원으로 사용하는 재화와 서비스의 창조, 생산, 분배의 순환적 산업체계로 보고 있으며, 일련의 지식기반 활동으로 이루어져 있으며, 예술에 중점을 두고 있으나 이에 국한되지 않고 무역 및 지식재산권으로부터 잠재적으로 수익을 창출하는 특징을 갖는다. 특히 창조적인 콘텐츠, 경제적인 가치, 시장을 통해 생산된 유형의 제품, 무형의 지식 또는 예술 서비스 등으로 구성되며, 장인과 서비스 및 산업 부문의 교차점에 위치해 있다.

국제연합무역개발협의회(United Nations Conference on Tarde and Development; UNCTAD)는 창조경제의 체계를 크게 유산, 예술, 미디어, 기능적 창조물로 구분하고 있으며, 이를 토대로 관련 창조산업을 분류하고 있다.[34]

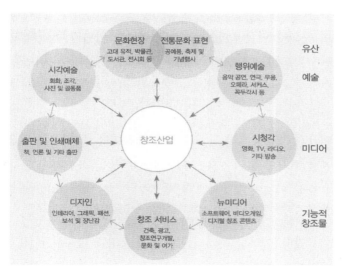

출처: UNCTAD(2013: 8)

〈그림 3-5〉 UNCTAD의 창조산업 분류

제2절 문화도시

지금이 '문화의 시대'라는 데 이의를 제기할 사람은 많지 않을 것
이다. Rifkin(2005)이 산업생산 시대가 가고 문화생산 시대가 오고 있
다거나, Jensen(1999)이 정보사회 다음은 이야기 곧 문화인 꿈의 사회
이며 이는 이미 시작되었다고 했던 말조차 까마득한 과거의 이야기
처럼 들린다. 그만큼 문화는 우리 사회에서 중요한 자리를 차지하고
있다.[35] 프랑스의 석학 Guy Sorman은 1997년 한국이 외환위기를 맞
이하였을 때 "한국이 겪은 위기는 단순한 경제적 문제가 아니라 세계
에 내세울 만한 문화의 이미지화가 없었기 때문이다"라고 문화의 중
요성을 갈파하였다. 나아가 문화가 21세기 경쟁력으로서 한국의 발전
을 이끌 동인이라고 하였다. Guy Sorman의 지적이 아니더라도 세계
는 이미 문화가 이끌고 있다고 해도 과언이 아니다.[36]

그동안 모든 사회구성원의 문화예술향유가 기본원칙이었던 문화
정책은 사회·경제성장에 중요한 변수로 떠오르고 있는 것이 특징이
다.[37] 이러한 변화의 중심에는 도시의 쇠퇴와 이를 해결하기 위한 문
화의 적극적인 활용이 추진되고 있기 때문이다. 문화의 활성화를 통
해 도시를 아름답게 만들고 도시의 경쟁력을 강화시키는 동시에 도
시민의 삶에 직접적인 영향을 미쳐 도시가 사람이 살아가기 편리한
공간으로 거듭나게 하는 새로운 의미의 도시, 즉 문화도시의 건설을
추구하고 있다. 이러한 문화도시는 단지 문화를 향유하는 데 머물지
않고 낙후된 도시환경에 변화를 가져오게 하고 이러한 변화를 통해
도시경제에 활력을 불어넣어 도시의 전반적인 경제사회재생을 가져오
게 하는 도시재생의 순환체계(circulation system of urban regeneration) 확

립을 의미한다.38)

1. 문화도시의 등장배경 및 관점

도시의 패러다임도 시대에 따라 변화는 요구와 사회를 반영하여 전환된다. 효율성과 능률성 위주의 사회에서 친환경성, 문화성 및 개성을 존중하는 사회로의 전환은 도시개발을 통한 가치를 창출하는 경제활동공간이자 역사, 문화, 지식을 통한 가치를 창출하는 경제활동공간, 여가, 휴식 및 문화공간으로 탈바꿈시켜왔다. 20세기 중후반부터 일어난 일련의 여건변화는 정보도시, 문화도시, 창조도시 등 새로운 비전을 추구하는 도시들을 탄생시킨 것이다. 최근에는 문화적인 것들이 다른 영역에 있는 짓기 및 환경 생태적인 요소들과 결합하고 상호교류가 활발하게 진행되면서 창조적 문화도시가 주목받기 시작하고 있다.39)

출처: 이순자·장은교(2012: 12)

〈그림 3-6〉 도시의 발달과 문화도시의 등장

문화도시라는 화두는 지식과 정보, 문화의 가치가 중요하게 대두된 후기 자본주의 사회에서 도시발전 전략의 하나로 회자되기 시작했다. 문화라는 접두어때문에 박물관이나 예술품 등 문화자원이 풍부하고 관련 정책이 잘 갖추어진 도시를 쉽게 연상할 수 있지만 문화도시는 현대의 모든 도시가 지향하는 이념적·실천적 모델이라고 할 수 있다. 문화도시는 간단히 말하자면 문화적 자산이 풍부하고, 도시 구성원들이 문화를 풍요롭게 향유하고, 궁극적으로는 그 문화 인프라를 토대로 도시 경쟁력이 향상된 도시를 가리킨다.[40]

이러한 관점에서 볼 때, 최근 문화도시 조성에 각 자치단체가 많은 관심을 가지는 것이 주민들의 질적인 부분에 대한 수요 증대에 따른 정부의 대응이라는 측면도 있겠지만 지방자치단체의 지역경제를 회생시키는 계기를 마련하는 측면도 배제할 수 없다. 각국 도시들의 예를 살펴보면 쇠퇴해 가는 도시의 기운을 새로운 동력인 문화적 변개를 통하여 되살리고 있음을 알 수 있다. 그 대표적인 예로 스페인의 빌바오를 들 수 있다. 빌바오는 1980년대 철강 산업의 쇠퇴와 함께 도시가 몰락 위기에 처하게 되었다. 이에 1991년 바스크 정부는 위기를 타개하기 위하여 문화산업을 채택하고 구겐하임 박물관을 1억 달러를 들여 유치하려 하였다. 하지만 빌바오 시민, 문화예술계, 실직자 등 이해관계집단은 모두 반대하였고, 이들의 설득을 얻기 위해 연구기관에 의뢰해서 구겐하임 유치 시 경제적 기대효과와 고용산출효과에 분석을 부탁해 가면서까지 문화도시 이미지를 단계적 지속적으로 추진해 나갔다. 그 결과 빌바오는 구겐하임 개관 이후 연구기관의 예상보다도 더욱 큰 경제적 효과를 낳았고 지속적으로 문화도시 조성의 확산으로 이어졌다.

위의 예처럼 문화도시 조성을 통해 쇠퇴도시가 다시 경제 회생을 통해 성장 발전해 가는 모습을 보았듯이 오늘날 많은 나라들이 문화를 실질적으로 중요한 정책의 대상으로 삼고 있고 나아가서 문화를 정부와 국가의 정체성을 확인하고 국민적인 일체감을 형성 발전시키는 중요한 수단으로 삼고 있음이 사실이다.[41]

2. 문화도시의 개념 및 유형

지금 우리가 살고 있는 도시는 인간의 삶이 반영된 문화의 소산이다. 문화란 협의로는 고급문화나 예술을 의미하기도 하나, 광의로는 생활양식, 사회적 관계를 포함한 인류 삶의 모습을 통칭한다. 즉, 한 시대만을 반영하는 예술품이나 유명 건축물, 유물과는 달리, 도시는 오랜 기간에 걸쳐 축적된 인간의 삶을 보여주는 살아 숨 쉬는 작품이다. 오래된 석조건축물로 둘러싸인 유럽의 도시나 급격한 도시화·산업화의 과정을 겪은 한국의 도시도 모두 문화적 산물이라고 볼 수 있다.[42]

그럼에도 불구하고 '문화는 무엇인가'라고 하는 문제에 대해 정확히 답하는 것은 매우 어려운 일이다. 문화에 대한 개념 정립 자체가 매우 어렵고 복잡 다양하게 구성되어 있기 때문이다. '문화'라는 용어를 사용하는 사람들의 해석과 활용의 조건들은 상황에 따라 목적에 따라 매우 다르게 적용이 되며, 받아들이는 입장에서도 천차만별로 결과가 나타나기 때문이다. 이러한 분류와 적용에 따라 문화정책의 영역과 범주가 양적·질적으로 점차 확대해 나가는 대표적인 형태가 '문화도시'로 나타나게 된다.[43]

문화도시란 개념이 사용된 계기는 1985년 6월 13일 유럽연합(EU) 각료회의에서 당시 그리스의 문화부 장관이자 영화배우인 Melina Mericuri에 의해 처음 제기되었다. 그녀는 "유럽인들을 좀 더 친숙하게 지내도록 하자"는 취지로 '유럽의 문화도시(European City of Culture)'

라는 프로그램을 만들 것을 제안했다.44) 초기의 문화도시는 아테네 (1985), 암스테르담(1987), 서베를린(1988), 파리(1989) 등 이미 문화 중심적인 도시가 선정되었으나 1990년 문화수도로서 영국의 글래스고 (Glasgow)를 선정함으로써 쇠퇴한 도시를 부흥하려는 도시 재생적 측면과 도시 마케팅 개념을 최초로 적용한 문화도시 사례가 되었다. 이때 글래스고는 예술단체, 단기적인 문화예술활동 및 문화기반시설 구축을 위해 지역기반의 기업뿐만 아니라 국제적인 기업들의 지원과 투자를 끌어내는 계기를 마련하였다.45)

이후 문화를 통한 도시혁신은 비로소 본래의 모습을 드러내기 시작하는데, 글래스고 등 공업도시 문화단지화에 탄력을 받은 영국 도시들이 문화를 매개로 지역을 혁신한 것이 그 출발점이다. 템스 강변을 새롭게 문화적으로 테마화한 런던(London)이나, 지역 자체를 문화적으로 리모델링한 게이츠헤드(Gates-head) 등이 그 대표적 사례다. 이 사례들은 공단을 문화산업단지로 바꾼 전자의 사례와 달리 도심 지역을 문화적으로 리모델링함으로써 지역 자체를 새롭게 재생하고 재활성화한 사례로 조망받는다.46)

따라서 문화도시의 개념을 규정하기 위해서는 우선 일반적으로 도시란 어떠해야 하는지에 대한 전제적 논의가 필요하며 이는 무엇보다도 바람직한 도시를 지향하는 것이어야 한다.47) 그렇다면 과연 문화적으로 바람직한 도시는 어떠한 모습인가? 일반적으로 문화도시는 풍부한 문화자원과 문화시설 등 문화적 기반이 구비되었으며, 문화예술에 대한 정책지원이 갖춰진 도시를 의미한다. 이러한 도시를 문화도시로 지정하여, 집중 지원함으로써 지역별 문화향수의 기회 확대와 국토의 문화적 균형발전을 도모하는 문화전략 사업이라 할 수 있다.48) 문화도시란 "주민의 입장에서 매력적이고 즐거움과 느낌이 있는 도시"로 정의하기도 하고, "풍부한 문화자원과 문화시설 등 문화적 기반이 구비되어 있으며, 문화기구, 문화의 거리, 도시문화벨트가 1개 이상 존재하고 문화예술에 대한 정책지원이 갖추어진 도시"로 정의하기도 한다. 한편 문화도시를 "문화를 보전하며 발전시켜 나가는 도시"로 보기도 하는데 다양한 학자들에 의해 정의되고 있다.49)

이와 같은 개념을 기본으로 하여 문화를 좀 더 간략히 정의해본다면 아마도 문화란 사람들의 정성과 노력으로 오랜 기간에 걸쳐서 이룬 보이는(hardware) 또는 보이지 않는(software) 결실이 아닐까 싶다. 그렇다면 '문화도시'는 어떠한 도시를 말하는가? 우리가 살고 있는 세상에는 음악도시, 미술도시, 문학도시, 영화도시, 패션도시, 예술도시, 박물관도시, 축제도시, 문화유산도시, 종교도시, 중세도시처럼 잘 보존되어 있는 역사도시 등으로 불리는 문화와 관련이 있는 다양한 유형의 도시들이 있다.50)

새로운 미래형 도시이자 국가경쟁력 인프라 구축으로서의 문화도시는 크게 3가지 유형으로 구분 가능하다. 첫째, 도시경영(management)으로서의 문화도시, 둘째, 도시설계(신도시건설) 방법론으로서의 문화도시, 셋째, 미래커뮤니티로서의 문화도시이다. 그러나 문화도시는 이들 중 어느 한 유형을 중심으로 해서 성장할 수 있지만 원칙적으로는 세 가지 유형의 속성을 모두 포함하는 것을 목표로 한다. 도시경영(management)형 문화도시의 핵심적 요소는 '창조성'이다. 과거의 도시발달이 생산과 소비의 엄격한 분리를 기본적으로 축으로 성장해왔다면 문화도시는 생산과 소비의 경계를 허물고 넘나들면서 성장하는 것을 기본전제로 한다. 도시설계는 어메니티(amenity) 개념을 강조하고 있다. 어메니티란 인간이 도시에서 개성적인 생명체로 생존하고 생활해가는 데 필요한 쾌적함을 구상할 수 있는 자연, 역사, 문화, 안전, 심미성, 편리성을 갖추고, 도시다움과 인간의 개성을 실현할 수 있는 것을 의미한다. 마지막으로 커뮤니티는 문화도시에서 도시의 운영과 개선을 위한 하나의 주체이자 활동이 된다. 즉, 문화관광도시에서 커뮤니티는 과거의 강한 연대를 표방하는 커뮤니티가 아니라 약한 연대를 전제로 하면서 동일한 커뮤니케이션 채널을 갖고 있는 것을 의미한다.[51]

3. 문화도시의 현재와 미래

최근에는 문화공간이 도시에만 있는 것이 아니라 농촌에서도 새롭게 만들어질 수 있음을 증명하고 있는 지방자치단체가 늘었다. 특히 지역의 근대문화유산을 연계하여 주민들과 함께 만들어가는 새로운 차원의 지방자치단체 전략사업이 새로운 주류로 떠오르고 있다.

대표적 사례가 바로 전라북도 완주군의 삼례읍 비비정 마을에서 커뮤니티비즈니스형 마을 만들기 사업이다. 주민이 학습을 통해 성장하는 동안 농림부로부터 받은 예산을 바탕으로 신문화공간을 건립하는 일을 착수하였다. 땅을 사고 건물을 짓기 위한 조감도를 그리면서 계획을 진행시켰다. 사업을 성공적으로 진행하기 위해서는 건물도 문제없이 세워야 했지만 건물완공과 함께 신문화공간에서 해야 할 주민사업 콘텐츠가 준비되어야 했다. 주민들은 농가레스토랑과 커뮤니티 카페를 준비하면서 지역사회 문화거점을 만들기 위한 기본적인 학습을 했다. 음식 만들기와 술 만들기 교육을 받았으며, 마을환경을 개선하기 위해 정원텃밭을 만들고 공동경작도 했다. 이런 활동의 힘을 모아 2012년 1월 주민 스스로 사단법인 비비정을 발족했으며, 이로서 좀 더 안정적이고 체계적인 운영이 가능한 법적 틀을 만들고 신문화공간이 완공되어 현재까지 이르고 있다. 비비정 마을에서 실시된 신문화공간조성사업은 가시적으로 드러난 환경개선과 새로운 시설 구축 등의 물리적 변화보다도 마을 주민들이 하나가 되어 무언가 해볼 수 있다는 의지를 북돋아 활동의 주체를 발굴·육성하고 그러한 활동을 할 수 있는 기회를 제공했다는 것에 더 큰 의미가 있다.52)

출처: 희망제작소(2013: 8)

〈그림 3-7〉 완주군 비비정마을의 예술활동 및 농가레스토랑

문화도시와 도시경쟁력

문화도시는 시민들의 '삶의 질' 향상뿐만 아니라 도시의 경쟁력 확보를 가져올 수 있다는 점에서 많은 지방자치단체들에 의하여 선호되고 있다. 일반적으로 도시경쟁력을 국가경쟁력과 동일한 개념으로 보아 경제적 관점에서만 파악하려는 경향이 있으나 최근에 들어와서는 지속가능한 도시발전을 위해 주민의 삶의 질도 고려해야 한다는 주장이 설득력을 얻고 있다.53) 즉, 도시경쟁력의 목표는 경제 수준의 향상, 삶의 질 제고, 지속적 인간개발로 요약될 수 있다.

한편 문화도시의 구축이 도시경쟁력과 지역개발에 긍정적인 효과를 가져왔다는 주장은 이미 유럽의 문화도시 사례에 대한 분석을 통해 입증되고 있다. 물론 1980년대 서유럽의 도시재생(urban regeneration) 정책은 도심의 주택고급화로 인한 부작용과 주변 도시와의 양극화 현상을 가져오기도 하였지만, 지역 내의 높은 고용효과, 지역경제에의 기여, 지방자치단체의 재정자립에 많은 기여를 한 것으로 나타나고 있다. 즉, 문화도시 내에 있는 특정 문화시설은 도시경제에 중요한 영향을 미칠 수 있고, 문화구역 안에서는 문화예술활동이 집중되어 시민과 관광객을 모으는 데 큰 역할을 수행할 수 있다. 또한 문화도시의 구축은 시민뿐만 아니라 자치단체 공무원들에게도 시에 대한 자부심을 고취시키고 시민들의 문화향유 기회를 확대시켜 문화커뮤니티 형성에 기여하는 것으로 알려져 있다. 이런 점에서 문화도시는 후기산업 시대에 산업이 재구조화되면서 전통적인 제조업이 쇠퇴하고 있는 지역에서 중요한 대안으로 급부상하고 있다.54)

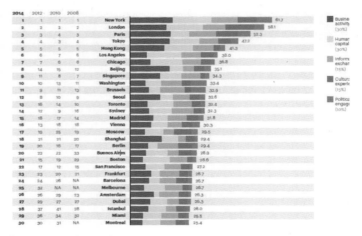

출처: A.T. Kerney(2014: 4)

〈그림 3-8〉 Global Cities Index, 2014

문화도시와 창조도시 비교

문화도시와 창조도시의 개념적인 차이와 언어적 유희는 같지만, 양자의 접근방식은 완전히 그 형태를 달리한다. 문화도시는 전통의 복원과 공동체 창출, 미학성의 추구 등을 중심으로 하지만 창조도시는 산업성과 예술생태성, 창의인구와 자원의 유동, 창조지대의 형성 등을 핵심으로 본다. 그런 점에서 보다 더 다양한 유형의 도시를 그릴 필요가 있다. 문화도시는 여러모로 우리에게 익숙지 않은 또한 정책적으로는 전혀 성숙하지 않은 개념이다. 그러나 언젠가는 우리도 문화도시로 발전할 것이다. 하나의 개념이 있다는 것으로 그 방향으로 발전을 의미하며 우리의 의제가 되었다는 것은 우리가 그것을 위해 집중하고 있다는 것을 의미하기 때문이다.[55]

〈표 3-2〉 문화도시와 창조도시 비교

구 분	문화도시(cultural city)	창조도시(creative city)
발의자	- 멜리나 메리쿠리(Melina Mericuri) - 그리스 장관(영화배우)	- 리처드 플로리다(Richard Florida) - 카네기멜론대학 교수(지역개발학자)
발의시기	- 1985년 - 유럽도시의 도시재생 프로젝트 추진기	- 2002년 - 신경제체제에 의한 하이테크산업 변환기
주요 적용국가	- 유럽 - 공업도시의 재생프로젝트로 활용	- 미국, 호주, 일본 등 - 하이테크 중심의 도시개발 프로젝트 활용
개념	- 문화적인 도시환경 창출 · 문화적인 도시환경의 창출	- 창조적인 인구유입이 가능한 지역개발·창조성을 창출할 수 있는 인구와 활동, 장소의 개발
주요정책	- 문화적인 도시기반 환경의 정비 · 역사문화의 보존 · 도시환경의 미관화·미학화 · 예술활동의 활성화	- 창조산업의 유치 및 도시매력 창출 · 오락, 여가, 예술 활동 강조 · 도시 내 다양성 측정 · 산업적 클러스터의 형성
산업육성	- 도시의 문화적 재생 - 문화산업단지의 조성	- 하이테크산업 육성 - 정보통신-사이버산업지구 조성
서울의 적용가능성	- 도시개발상 역사문화의 훼손 - 도시미관 정비의 어려움 - 순수예술 인프라 형성 어려움	- 한류의 발달 - 경쟁력 있는 문화의 형성 - 정보통신 발달 - 세계 최고의 사이버도시 - 지역별 다양성지수 확대와 클러스터 형성

출처: 라도삼(2006: 24)

제3절 환경도시

도시는 자연 속에서 인간이 창조해 낸 구조물로 이루어진 것으로 자연적인 환경요소와 인공적인 환경요소가 함께 이루어진 공간이다. 흔히 도시하면 인공적인 구조물이나 인문·사회적 요소로만 구성되었을 것으로만 생각하기 쉬운데 실제로 도시환경은 자연적인 생태계로 구성하고 있다. 그러나 산업혁명 이후 급속한 산업화와 도시화가 이루어지면서 인류는 자연이 감당할 수 없는 수용능력을 초과하여 환경을 과도하게 사용하고 있다.[56] 또한 인구집중으로 인해 도시화가 진행되면서 도시는 교통문제, 주택문제, 환경문제와 같은 여러 가지 도시문제를 안고 있다. 과도한 도시화로 인해 주택, 교통, 공공서비스 등의 각종 시설이 부족해지고, 시가지의 무질서한 팽창으로 인해 경지의 잠식과 지가의 앙등을 초래하며 환경문제를 야기시키고 있다.[57]

특히 저렴한 화석에너지 소비구조는 수많은 온실가스를 배출하고 있다. 도시를 구성하고 있는 기반시설, 도시의 미관을 고려한 건축물, 도로와 광장의 가로등에 이르기까지 모두가 에너지에 의존하고 있다. 그리고 인간의 생활형태도 에너지 소비를 다른 어떤 소비유형보다 부담을 느끼지 않고 소비하고 있다. 또한 자동차 중심의 경제활동과 과밀화되어 가는 도시는 도시열섬 현상으로 더 많은 에너지를 소비하고 있으며, 이는 지속적으로 증가하는 온실가스 배출로 말미암아 결국 기후변화에 결정적인 원인이 되고 있다.[58]

최근 발간한 환경정책연구 자료에 따르면 지구온난화로 한반도 기후가 점점 아열대로 변하고 있는 가운데 기후변화로 건강이 가장 나빠지는 지역은 부산이라는 연구 결과가 나왔다. UN 정부간기후변화위원회(IPCC)의 기후변화 취약성 평가모형에 근거해 매개체 감염병(말라리아·쯔쯔가무시증)과 홍수(이재민 및 사망), 폭염(심혈관질환 및 열사병), 대기오염·알레르기(호흡기질환 및 심혈관질환) 등의 기후변화 건강 취약성 지표를 개발했다. 그 결과 전국 251개 시군구 중 가장 취약한 것으로 산출된 5그룹은 26곳으로 나타났다. 이 중 대도시가 17곳인데 부산이 10개 구로 가장 많았고 경남 4개 시군구, 서울, 인천, 전남이 각 3곳, 경기, 충남, 울산이 각각 1곳으로 조사됐다. 또한 건강영향별로 보면 매개체 감염병은 남부지방을 중심으로 특히 전라도와 경남, 충청 해안가를 중심으로 취약했다. 홍수로 인한 기후변화 취약성은 남해안과 서해안, 강 주변 지역, 폭염으로 인한 기후변화 취약성은 열섬 등의 영향으로 대도시나 그 주변 지역에서 높았다. 그러나 대기오염·알레르기로 인한 기후변화 취약지역은 다른 건강영향과 달리 폭넓게 분포했다. 강원도, 경상북도 이외에 서울, 부산, 대구, 인천, 대전 등의 대도시와 경기도 일부 지역을 포함해 70여 개의 시군구에서 취약한 것으로 확인됐다.[59]

이처럼 도시환경문제는 급속한 산업화와 도시화과정에서 도시가 개발 형성되는 과정에서부터 시작하여 현재 어느 정도 틀을 갖춘 상태와 최근 도시 산업공간의 재구조화와 같은 변화과정에 이르기까지 국내 정치 경제적 조건과 국제적 상황의 변화와 맞물려 복잡한 양상을 보이고 있다.[60] 도시화, 산업화로 인한 지구 자연자원의 고갈과 생물다양성의 문제, 오존층의 파괴, 증가하고 있는 오염과 온실가스 효과의 증대는 역으로 도시의 역할과 노력이 중요함을 강조, 이러한 지구환경과 연계하여 UN은 지구환경의 변화를 긍정적인 방향으로 이끌어가기 위한 도시역할을 강조하였으며, 특히 지속가능한 도시계획의 중요성을 언급하고 있다. 이러한 시대적 변화와 더불어 도시계획의 패러다임도 과거 인간을 중심으로 한 기능주의와 편의주의에서 벗어나 지속가능성을 담보할 수 있는 계획원리로 지속가능성, 뉴어바니즘, 어반빌리지, 압축도시 생태도시, 저탄소녹색도시 등을 추구하고 있다.61)

1. 환경도시의 등장배경

17세기 후반에 출발하여 19세기 전반에 이루어진 산업혁명은 영국에서 가장 먼저 일어났으며, 1769년 Watt의 증기기관 발명이 그 효시이다. 산업혁명에 의해 공장들은 많은 노동자를 필요로 하였고, 공장들은 대부분 거대도시에 입지하게 되었다. 산업혁명이 가장 앞선 영국의 경우 1830년에서 1900년 사이에 런던의 인구는 두 배로 증가하여 200만 명에서 400만 명으로, 파리의 인구는 100만 명에서 200만 명으로 증가하였다. 이에 대도시들은 인구증가와 함께 급속한 도시화로 인해 공장에서의 매연, 소음, 과밀주거, 슬럼지역의 발생, 기생적 도시교외의 생성, 도시지역의 거대화 등 새로운 도시문제가 발생하였다. 산업혁명의 결과로 발생한 새로운 도시 및 환경문제들을 해결하기 위하여 주로 사회개혁가들은 이상적 도시계획안을 제안하였다. 1898년 영국의 Howard는 『미래의 전원도시(Garden Cities of Tomorrow)』라는 책을 출판하여 거대도시의 문제점들을 도시와 전원을 일체로 하여 해결하는 전원도시의 수법을 제안하였다.62)

19세기의 산업혁명 시대를 지나 1920년대 자동차와 조닝(zoning)은

지대·구역의 의미하며, 도시계획이나 건축계획 등에서 공간의 역할·
용도·기능에 의해 면적을 구분하는 것을 말한다. 조닝(zoning)의 등장
으로 도시는 점점 더 기능도시이론(Functional City Theory)과 도시의
확산(de-compacted) 및 교통중심(traffic-dominated)화 되었다. 따라서
1950년대 교외화(suburbanisation), 외연적 확산(sprawl), 쇼핑몰(shopping
mall)로 이어져왔다. 모든 사회적 기능이 도시에 집중됨으로써 발생하
는 과밀화 현상은 손쓸 수 없을 정도로 사회적 문제가 되어 도시를
탈출하고 싶은 사람들이 도시 외곽을 삶의 터전으로 찾아 나섰다.

　1970년대 이래로 석유위기와 기후변화에 대한 점진적인 인식이 시
작되어 지속가능한 이론이 등장한다. 특히 기능주의(Functionalism)가
비판을 받아 1980년에는 모더니즘을 재해석하고 메가시티(Mega-City)
와 압축도시이론(Compact City Theory)이 등장하고 특히 세계화와 IT
디지털혁명이 일어나는 시기였다. 1990년에는 기후변화와 지속가능성
그리고 세계화시대의 안착 등이 큰 이슈였으며 21세기에는 석유와 자
동차를 뒤로 하고 에코시티이론(eco-city theory), 재생에너지 도시
(renewable city theory)가 등장하면서 오늘날 인간이 친환경적인 문명
(ecological civilization)의 발현으로 자연과 조화를 이루면서 살아가는 깊
은 뜻을 알게 되고, 전통적인 산업문명(industrial civilization)으로 파생된
영향을 상기시키는 역할을 한다. 이러한 흐름 속에서 새로운 개념의 저
탄소 녹색도시는 기존 사회의 구조를 없애고 새로운 물리적인 것은 가
져오는 것이 기존의 구조 토대 안에서 에너지를 사용하고 예전의 산업
지역을 재사용하고 기존의 건축구조를 개선하고 확장하는 정책을 권장
하게 된다.[63]

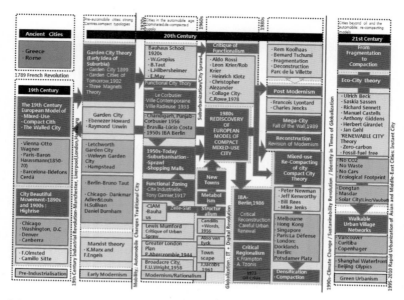

출처: Lehmann(2010: 72~73)

〈그림 3-9〉 이슈별 도시 패러다임의 변화

　이와 더불어 최근 학문적으로, 지속가능한 발전의 개념을 응용한
새로운 도시환경이론이 등장하면서, 이 분야의 주도적인 학문체계를
전환시키고 있다. 또한 도시계획 및 설계분야에서도 녹색도시계획,
환경친화적 건축, 지속가능한 교통계획 등의 개념이 사용되고 있다.
이러한 새로운 도시환경 담론 개념들 가운데 하나는 '지속가능한 도
시화'(sustainable urbanization)라고 할 수 있다. 전 세계의 국가들은 원
칙적으로 지속가능한 발전을 정책의 기조로 채택하면서, 각 도시 및
지역 단위에서 이를 실천하기 위한 '지방의제21' 제정운동을 전개하
게 되었다.64)

<표 3-3> 도시화 과정의 전환에 따른 사회·도시·환경의 특성변화

구분		근대적 도시화	후기-근대적 도시화	탈-근대적 도시화
사회구성 기본원리	특성	산업사회	후기(late) 산업사회	탈(post) 산업사회
	기본 지침	발전주의	약(弱)지속가능한 발전	강(强)지속가능한 발전
	기본 관심	물질적 필요(need)의 충족	물질적 욕구(want)와 생태적 필요의 충족	물질적 및 생태적 평등과 환경정의
사회	경제	포드주의 경제	포스트포드주의(Ⅰ: 경제중심적 위기 극복)	포스트포드주의(Ⅱ: 생태중심적 위기 극복)
	정치·정책	케인즈적 산업복지 국가와 정책	시장의존적 신자유주의 국가와 정책	네트워크의존 협치 (거버넌스)국가와 정책
	사회문화	소품종 대량소비와 물질적 문화	소비 품목의 확대와 상징적 문화	소비 절제(사용가치중심) 와 생태적 문화
도시	특성	산업중심 도시	서비스중심 도시	생태중심 도시
	도시공간	광역도시화	세계(첨단기술) 도시화	네트워크 도시화(도시 분산화)
	도시내부	도시 재개발	도시 재활성화	도시 (생태적) 복원
환경	특성	자연파괴와 환경오염의 심화	자연환경 파괴 중단 및 가시적 환경오염 완화	파괴·오염된 자연 환경 복원
	환경정책	정책부재 또는 명목적 정책 (자연보호운동 등)	사후적 통제와 규정정책 (환경오염 규제, 환경기초시설 확충 등)	사전적 관리와 복원 정책(수요관리정책 및 생태계 복원사업 등)
	환경운동	주민환경운동 등(보상중심)	시민환경운동 (자연파괴 및 환경오염 반대중심)	생태환경운동(생태환경 복원 중심)

출처: 최병두 외(2004: 71)

2. 환경도시의 개념 및 유형

환경도시는 1992년 브라질 리우데자네이루에서 지구 환경보전 문제를 협의하기 위해 개최된 리우회의 이후, 전 세계적으로 개발과 환경보전을 조화시키기 위해 환경적으로 건전하고 지속가능한 개발

(Environmentally Sound and Sustainable Development)이라는 전제 아래, 도시지역의 환경문제를 해결하고 환경보전과 개발을 조화시키기 위한 방안의 하나로서 도시개발·도시계획·환경계획 분야에서 새로이 대두된 개념이다.65)

환경보전의 관점에서 이제까지의 도시정책에 대한 반성이 일기 시작하면서 도시 본연의 도시상을 환경도시를 통해 실현하고자 하는 움직임이 일고 있다. 환경도시는 아스팔트보다 흙이 많은 도시, 자전과 도보 중심의 도시, 밀도가 낮은 도시, 나무와 숲이 풍부한 도시, 에너지와 자원소비가 적어 신진대사가 원활하여 오염이 없는 도시로 이미지화되고, Ecopolis, Eco-city, Earth conscious city, Sustainable city, 환경모범도시, 생태도시 등 다양하게 불리고 있다. 명칭이 어떻든 이들 환경도시는 지역환경문제에 대응하기 위하여 자연과 인간이 공생하는 이상적인 도시상을 일컫는 것으로 21세기의 주도적인 도시형태가 될 것이라는 의견이 지배적이다. 환경도시는 기본적으로 환경과 조화된 지속가능한 개발을 추구하면서 환경부하의 저감(pollution control), 자연과의 공생(nature conservation), 쾌적공간의 창조(amenity improvement), 주민참여(citizen participation) 등을 주요 목표로 하고 있다.66)

급속도로 진행되고 있는 도시화는 환경 및 경제 발전에 큰 영향을 미침과 동시에 인류복지와 환경에 심각한 위협을 주고 있어 이러한 문제를 해결하기 위해 지속가능한 개발(ESSD: Environmentally Sound and Sustainable Development) 개념이 대두되었다.67) 1972년 이후 지속가능성, 지속가능한 발전의 개념이 UN이나 국제자연보전연맹(International Union for Conservation of Nature) 등에서 사용되었다. 1980년 국제자연보전연맹 회의에서 채택된 세계보전전략(World Conservation Strategy)은 이러한 지속가능한 발전 개념을 공식문건에 처음 도입하여 특히 개발과 보전은 동등한 중요성을 지니며 경제발전과 환경보전의 조화를 강조하고 있다.68) 그러나 지속가능성(Sustainability)은 보편적으로 경제성장(economic growth), 사회적 발전(social development) 그리고 환경보호(environmental protection)의 다양한 개념을 내포하고 있는데 이러한 의미들이 서로 섞이지 않고 충돌할 가능성이 있어 논란이 되고 있기도 하다.69)

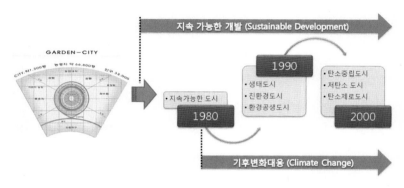

출처: 왕광익 외(2011: 12); 노춘희 외(2013: 221)

〈그림 3-10〉 저탄소 녹색도시로의 패러다임 변천

보편적으로 지속가능한 도시 발전을 근본 개념으로 하는 것으로서 이와 같은 개념으로 사용되는 용어로서 생태도시, 지속가능한 도시, 환경도시, 환경공생도시라는 용어가 혼용되고 있다. 그 개념에 약간씩의 차이는 있지만 기존 도시와는 달리 도시가 청정한 환경을 유지하면서 지속적으로 발전할 수 있어서 쇠퇴하지 않는 도시를 말한다고 할 수 있다. 또한 아직 개념이나 이론은 아직 구체화되지 않았지만 도시구조적 차원에서의 기후변화 대응전략과 에너지 효율을 높이는 건축기법, 신재생에너지 기술 등을 적용한 저탄소도시(Low Carbon City), 탄소중립도시(Carbon Neutral City), 탄소제로도시(Carbon Zero City)를 구현하기 위한 미래지향적인 도시가 등장하고 있다. 이처럼 환경적으로 지속가능한 개발(전원도시), 생태적 지속가능성(생태도시), 그리고 국제기후변화에 대응(저탄소도시)으로 크게 패러다임의 변화를 알 수 있다.[70]

3. 환경도시의 현재와 미래

환경을 고려하지 않은 채 이루어진 기존의 경제발전이 인간의 사회적 후생을 저하시키고 인류를 포함하여 헤아릴 수 없이 많은 생물의 삶이 곤경에 처하게 된다는 사실이 드러나면서 환경문제는 현대사회의 가장 중요한 관심사로 등장하였다.[71]

특히 삶의 질이 지속적으로 향상되고 있으나 환경오염으로 인한 국민건강피해 사례도 해마다 증가하는 추세이다. 지속적인 경제성장, 인구 및 에너지 소비 증가로 대기오염물질 배출량은 계속 증가할 전망이며, 산업화, 도시화, 인구증가 등으로 수질오염물질 발생량이 지속적으로 증가할 것이나 농경지와 산림지 등 자연적인 수질정화 능력의 계속적인 감소로 수질관리의 어려움 예상된다. 또한 정보화, 에너지와 자원이용의 효율화 등으로 인한 폐기물 발생 감축이 예상되나, 제품사용 주기가 단축되면 생활폐기물은 오히려 증가할 수도 있다. 이에 따라 국가뿐만 아니라 도시차원에서도 자연생태계 보전과 녹지공간의 확충, 환경친화적 도시관리체계 구축, 지구환경보전과 국제협력 강화 등의 전략적 움직임이 필요한 시점이다.[72]

특히 폭염 대비 시원한 도시 인프라 투자는 도시 경쟁력 및 삶의 질 측면에서 매우 중요한 요소이다. 1997년 이후 연간 10일, 30일, 50일 이상의 폭염 발생을 보인 지역 수가 급격히 증가하였으며, 특히 1979~2010년 평균에 비해 2005년 이후 두 배 이상 증가하였다. 따라서 폭염 대책은 일시적 재난 대응이 아니라 도시계획과 건물설계를 통해 도시거주자와 취약계층의 열적 스트레스를 줄이는 것이 중요하다.

한국 또한 인구의 90% 이상이 도시에 거주하고 있어, 기후변화와 도시열섬 현상이 가속화될수록 도시 거주자가 폭염 피해에 더 빈번하게 노출되고 있다. 그러나 한국의 폭염 대책은 취약계층 건강보호 및 에너지 절약 캠페인 중심으로 폭염발생기간에 집중되어 있으며, 중앙정부의 대책을 획일적으로 집행하는 수준이며, 한시적 에너지 절약만으로 에너지 시스템의 불안정, 업무능률 저하 등의 문제를 해결하기 어렵고, 취약계층 보호도 구조적인 접근이 병행되어야 효과적이다. 이에 도시설계 및 토지이용계획 수립 시 기후 및 열적 환경, 대기질, 바람길, 건강영향을 통합적으로 고려하여 시원한 도시를 만드는 근본적인 대책이 필요하다.

선진국은 도시열섬 완화뿐 아니라 온실가스·에너지 절감, 수질관리 등 다양한 목적을 위해 쿨 시티(Cool City) 프로그램을 운영하고 있다. 쿨 루프(Cool Roof), 쿨 페이브먼트(Cool Pavement) 등 캘리포니아 주 쿨 커뮤니티 사업이 대표적인 예이다.[73] 캘리포니아 주 쿨 커뮤니티 사업의 경우, <그림 3-11>에서 같이 전용홈페이지에서 시민들에게 시원한 도시를 만들기 위한 다양한 정보와 도구를 제공하고 있다. 특히 상호 쌍방향 정보교환을 통해 공공뿐만 아니라 민간까지 모두 참여하여 시원한 도시를 만들기 위한 전략을 세우고 실행하고 있는 것이 특징이다.

출처: http://www.coolcalifornia.org

〈그림 3-11〉 Cool California 홈페이지

　이와 더불어 최근 기술의 발달로 인해 '스마트 그린시티'가 각광을 받고 있다. 도시에서 벌어지는 사건 사고가 경찰에게 자동으로 신고되고, 쓰레기통은 쓰레기를 스스로 분류하여 재활용 공장으로 보낸다. 이처럼 영화에서나 있을 법한 일이 첨단기술의 발전으로 하나 둘 현실화되고 있다. '스마트 그린 시티'는 '스마트 시티'를 기초로 '자연과의 균형 있는 조화'가 더해진 개념이다. Wikipedia에서는 '스마트 시티'를 '시민의 삶의 질을 향상시키기 위해 첨단 기술로 다양한 편리성을 제공하는 도시'로 정의하고 있는데, '스마트 그린 시티'는 이를 바탕으로 한 '똑똑한 친환경 미래도시'라고 간략히 정의할 수 있겠다.

　그렇다면 '스마트 그린 시티'는 어떤 모습일까? 미래국가 2030 보고서에서 그것을 엿볼 수 있는데, 이 보고서는 '에너지 자립형 도시', '조화형 녹지', '에너지 절약형 교통 시스템'이 미래도시의 특징이 될 것이라고 예측했다. KPMG의 보고서를 바탕으로 그려본 미래도시 모습은 외부의 도움 없이 도시에서 필요한 모든 에너지를 스스로 충당하고, 곳곳에 배치된 공원과 호수는 도시의 온도를 낮춰 쾌적한 환경을 제공한다. 또한 도시 어디로든 친환경 이동수단으로 손쉽게 이동이 가능하여 교통으로 인한 탄소배출량도 매우 적다. 이렇듯 미래도시는 친환경 요소를 기본 바탕으로 두고 있는 것을 알 수 있다.

'스마트 그린 시티' 관련 시장은 국내뿐만 아니라 중국, 일본, 영국, 미국을 중심으로 전 세계로 확대되고 있는 추세다. 미국 시장조사기관 Pike Research는 '스마트 그린 시티' 시장이 매년 18% 이상 성장하여 2020년에는 202억 달러, 우리 돈 21조 원 규모에 달할 것이라고 전망하였다. 최근 관련 기업들은 시장 우위를 선점하기 위해 다양한 기술로 사업을 추진하고 있으며, 이러한 활발한 활동으로 '스마트 그린 시티'는 급속히 진화하고 있다.[74]

한국의 행복도시는 이러한 친환경도시 조성계획에 스마트 그리드를 접목해 친환경 스마트 그린시티를 건설하고 있다. 행복도시는 도시계획단계부터 친환경 도시건설을 추진하고 있다. 온실가스 발생량의 70%를 감축하고, 신재생에너지 15% 도입을 위해 그린시티 조성 종합계획을 수립해 도시계획 수립단계에서부터 반영했으며, 현재 건설과정에 적용 중이다.

행복도시의 52%를 공원, 녹지, 친수공간으로 조성할 계획이며, 이를 위해 도시 중심부에는 지난 5월 초 전면 개장한 세종호수공원(61만㎡, 일산호수공원의 1.1배)을 중심으로 중앙공원(141만㎡), 국립수목원(65만㎡)이 조성돼 도시의 녹색심장(Green heart)으로써 랜드마크 역할을 수행할 것이다. 흔히 알고 있는 뉴욕의 센트럴파크, 런던의 하이드파크처럼 유명한 대도심의 공원이 우리 주변에 생기게 되는 것이다. 또한 바람통로를 형성함으로써 열섬현상을 줄여 냉난방 에너지를 절감하고, 옥상녹화 등을 통해 생태면적을 확보하고 있다. 도시 전체에 약 68만 주의 수목을 식재하고 금강 및 지방하천변에 습지를 조성함으로써 대기 중의 이산화탄소를 흡수하도록 할 계획이다.[75]

스마트 그리드(Smart Grid)

스마트 그리드(Smart Grid, 지능형전력망)는 기존의 전력망(Grid)에 정보·통신기술(ICT, Information & Communication Technology)을 접목하여, 전기 공급자와 소비자가 양방향으로 실시간 전력정보를 교환할 수 있도록 함으로써 에너지 효율을 최적화하는 차세대 전력망을 의미한다.[76] 스마트 그리드는 불규칙적인 신재생에너지 발전을 계통운영자와 발전사업자들이 실시간으로 감시·통제하게 해주어 신재생에너지 성장에 기폭제 역할을 할 것으로 예상되며, 신재생에너지, 에너지저장장치, 전기차 등 연관사업을 촉진시키며 가전, 건설 등 타 산업에 파급효과가 크므로 지속적인 모니터링이 필요하며 환경도시를 위한 전략적 정책으로 각광받고 있는 추세이다.[77]

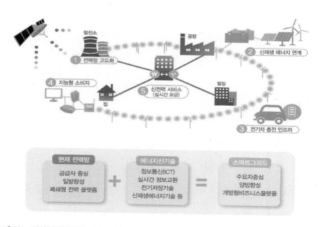

출처: 산업통상자원부(2013: 10)

〈그림 3-12〉 스마트 그리드의 개념도

그린 어바니즘(Green Urbanism)

그린 어바니즘(Green Urbanism)의 정확한 개념은 무엇일까? 녹색을 의미하는 Green과 보편적으로 도시계획을 일컫는 Urbanism의 합성어이다. 따라서 용어 그대로만 번역한다면 '녹색도시계획' 또는 '녹색지향적 도시계획' 정도가 될 것이다. 그린 어바니즘(Green Urbanism)을 연구하는 대표적인 학자로는 Lehmann과 Beatley를 꼽을 수 있는데, 특히 Lehmann의 경우, 『그린 어바니즘의 원칙: The Principles of Green Urbanism』이라는 저서에서 그린 어바니즘(Green Urbanism)을 조경학, 공학, 도시계획학, 생태학, 교통계획학, 물리학, 심리학, 사회학, 경제학 등 여러 학문 분야가 종합적인 개념이라고 했다. 또한 지금까지의 도시 패러다임을 모두 포함시킬 수 있는 총체적인 개념이다. 특히 도시가 환경에 미치는 영향을 최소화하기 위한 전략적 도시 패러다임인 그린 어바니즘(Green Urbanism)이 새로운 지속가능한 도시모델로서 등장하고 있다. 탄소(zero-emission)와 쓰레기가 없는(zero-waste) 새로운 개념적 모델이자 압축적이고 에너지 효율적인 도시개발을 통해 현재 존재하는 도시를 개량하고 도심을 재생하여 이를 통해 도시가 사회적·환경적으로 지속가능할 수 있게 하는 실천적이면서 현실 가능한 전략적 개념이다. 특히 도시의 경제적(도시경쟁력, 산업, GRDP, 일자리 등) 개념과 사회적 개념, 물리적 환경을 포함한 총체적인 환경적 개념까지 모두 담고 있는 것이 특징이다.

출처: Lehmann(2010: 86)

〈그림 3-13〉 그린 어바니즘(Green Urbanism)의 개념적 모델

제4절 정의도시

최근 한국에서 '정의'라는 화두가 사회 전반적으로 중요한 관심사가 되고 있다. Sandel의『정의란 무엇인가』가 오랜 기간 동안 베스트셀러로 자리매김하였고, 지난 이명박 정부에서도 '공정사회'를 국정목표로 제시한 바 있다.[78] Sandel은 이러한 원인이 한국에서 사회적으로 정의에 대한 폭넓은 논의를 원하는 갈증이 있는 것 같다고 진단한다. 미국처럼 한국 사회에서도 경제적 성취를 넘어 '정의'나 '공동선' 같은 삶의 본질적인 문제와 논의에 대한 갈증이나 배고픔이 있다는 것이다. 그러면서 독선이 아니라 서로 다른 윤리적, 도덕적 가치가 경쟁할 수 있는 사회를 만들어야 정의로운 사회를 구축해 나갈 수 있다고 말하고 있다.[79]

이처럼 정의에 대한 사회적 관심이 높아진 것은 왜일까? 이는 과거 한국은 효율성을 중시하는 공리주의적 관점을 정의의 기준으로 삼아 단기간에 경제성장과 도시발전을 이루려했던 것에 기인된다고 볼 수 있다. 그러나 고도압축성장 과정에서 파생된 기회의 불평등과 이에 따른 빈부 격차 문제가 사회갈등의 요인으로 대두되었다.[80]

최근 정의와 권리에 대한 관심 증폭은 한국만의 현상은 아니다. 선진국과 후진국을 막론하고 전 세계적으로 정의와 권리에 대한 관심이 드높아지고 있다. 정의와 권리가 세계적인 화두가 되는 배경은 상당히 복합적이지만, 크게 보면 경제성장과 경쟁만을 강조하는 신자유주의적 이념과 정책이 세계적으로 득세하는 데 대한 반발의 표출이라고 볼 수 있다. 특히 신자유주의의 모순과 갈등이 가장 첨예하게 나타나는 세계 각국의 주요 도시에서 정의와 권리를 운동의 목표나 슬로건으로 내세우는 도시사회운동들이 활발히 나타나고 있다. 이러한 상황을 반영하듯 최근 서구의 도시 학계에서는 정의와 권리 담론을 다루는 글들이 쏟아져 나오고 있다.[81]

1. 정의도시의 등장배경

1980년대까지는 경제성장 지상주의가 사회를 지배해 왔다면, 경제성장의 성공에 뒤이어 1980년대 후반부터 추진해 온 민주주의의 발전 또한 한국의 사회구조를 새롭게 변화시켜 오고 있다. 1990년대부터는 민주화 진전과 지방자치제 실시 및 이에 따른 거버넌스(governance) 변화로 국가 전체적인 경제성장 못지않게 개개인들의 자유 평등한 권리 및 삶의 질을 중요한 가치로 인식하게 되었다. 이제 개인과 사회의 관계에서 개인이 사회의 주체로 부상되고 있는 상황에서 이미 전체주의나 권위주의적 방식으로는 사회를 운용해 갈 수 없게 되었다.[82]

1990년대에 들어오면서 경제적 평등의 관점에서 정의를 보는 패러다임을 극복하고 새로운 각도에서 이를 바라보아야 한다는 주장들이 힘을 얻고 있다. 1980년대 후반부터 시작되었던 사회주의 국가의 몰락과 신자유주의적 이념과 정책의 득세에 따른 복지국가 이상의 쇠퇴는 국가가 국민 모두에게 최소한의 인간다운 삶을 보장해야 한다는 생각에 대한 대폭적인 전환을 요구하는 것이었다. 동시에 동부 유럽에서 시작된 민족주의의 부활과 독립을 위한 전쟁, 세계의 거의 모든 지역에서의 인종, 민족, 종교를 둘러싼 갈등의 격화, 그리고 한 국가 안에 존재하는 다양한 문화들 사이의 공존의 모색이 계속되고 있다.[83]

이에 도시사회구조 또한 국가전체 이익이 절대적으로 우선되던 데서 각 개인들의 자유 및 인권, 평등한 권리가 존중받는 것으로 크게 변화해 왔다. 이는 곧 '자유'의 원리를 기조로 취하고 있는 상황에서 '평등' 원리를 사회운용 원리의 하나로 받아들이고, 이 두 원리를 어떻게 조화시킬 것인가에 논의의 초점이 모아지는 것으로 볼 수 있다.[84]

2. 정의도시의 개념 및 유형

'정의(justice)'의 어원은 로마 신화에 등장하는 정의의 여신 '유스 타치아(justitia)'에서 비롯되었다. 정의의 어원을 이루고 있는 'just'라는 단어가 '올바른(정의)'이라는 의미 이외에 '공정한(형평성)'이라는 의미를 지니고 있는 이유이기도 하다. '정의(justice)'의 어원에는 '똑 바로 세워진(upright)'이라는 뜻도 있다. 무엇이 옳고 무엇이 옳지 않은지 뒤죽박죽인 상태에서 옳은 것을 바로 세운다는 의미일 것이다. 정의에 대한 고찰은 가장 오래됨과 동시에 가장 새로운 문제이다. 소 크라테스, 플라톤, 아리스토텔레스 등이 정의에 대하여 논한 이래 어떤 시대에서도 철학자들은 각 시대의 특수한 관점에서 정의에 대한 새로운 문제를 제기하여 이를 해결하려 노력하였다.[85]

최근에는 도시계획에서도 '정의'가 적용되고 있다. 이는 정의계획 (justice planning)이라는 개념으로 전달되기도 하는데, 도시사회에서 정의로운 계획을 실천하기 위한 이념과 철학을 그 바탕에 깔고 있다. 이에 따라 소외된 집단의 참여에 의한 의사결정에 주안점을 둔다. 정의 계획론자들은 정책이나 계획과정에서 "누가 계획을 지배하는가?", "누가 편익을 누리는가?"라는 질문에 귀를 기울인다. 정의 계획에서 정책의 결과물은 소득계층, 성별 등에 따라 구체적으로 평가되며, 그

항목에는 소득재분배에 의한 영향도 담고 있다.[86] 정의계획론자들은 중앙집권적이기보다는 다원주의, 협동주의, 분산주의라는 이념을 가진 정부만이 도시비전과 미래목표, 이에 따른 구체적인 계획을 수립할 수 있다고 입을 모은다.

정의계획에서는 자본주의를 수용하면서 사회복지의 향상이라는 가치를 펼친다. 정의계획은 또한 가난하거나 소외된 계층만이 아닌 중산층의 미래의 삶에 대해서도 고민하면서 비전을 제시한다. 정치경제학자들이 가난한 사람들의 부와 복지에 관심을 갖는 것과는 대조적으로 정의 계획론자들은 중산층이라는 대중과 노동자계층의 신분과 소득 향상에도 가치를 둔다. 정의계획에서는 형평적 성장이란 사회적 화두에 매달려야 함을 암시해 주고 있다. 민주적 절차는 의사결정과정에서 중요한 덕목이나 그 자체만으로 충분하지 못하다. 민주적 절차와 아울러 기본적으로 갖추어야 할 가치는 물질적 균형성과 형평성인 것이다. 이런 가치들이 정의계획이 소망하는 계획요소들이다.[87]

이러한 정의계획이 실현될 수 있는 공간이 바로 '정의도시'이다. '정의도시'라는 개념은 현재 명확히 규정된 바는 없으며 인권도시, 공동체도시, 평화도시, 여성친화도시 등의 개념과 혼용되고 있는 것이 특징이다. 최근 세계 각국은 이제 인권 대신 '정의'라는 말을 자연스럽게 쓰고 있으며, 정의의 시스템이 튼튼히 정착한 사회라면 인권은 자연적으로 보호받을 수 있는 것으로 보아[88] 정의하는 개념이 다른 비슷한 개념들을 아우를 수 있는 것으로 판단된다.

1) 인권도시

인권도시는 전 세계적 인권 침해에 맞선 지역적 인권 실천의 단위로서, 지역 인권 당사자들의 참여를 통해 그 도시에 고유한 인권의 가치와 규범을 창출해내며, 글로벌 시대의 도시문제로 인해 일어나는 권리침해에 특별히 대응하는 도시라고 정의할 수 있다. 또한 인권도시는 지역적 특수성과 인권의 보편성을 대결시켜야 하며, 이를 위해서는 주민들의 참여과정 및 시민운동과의 소통은 물론이고 소외된 자들의 목소리를 발굴해내는 아래로부터의 형성 과정을 중시해야 한다. 또한 국가 차원과 글로벌 차원의 조직과 제도에 의해 이루어지는 인권침해의 지역적 양상을 추적하고, 그런 침해에 맞설 수 있는 지역의 규범을 확립하고 자원을 동원할 수 있어야 한다. 마지막으로 '도시에 대한 권리'의 문제의식을 갖고 특히 주거권, 이동권, 접근권 등에 대한 지역특수적 보장제도를 마련해 나가야 하는 것이 특징이다.[89) 한편 개별 도시 차원을 넘어서 여러 도시들이 공동으로 도시에 대한 권리를 보장할 것을 다짐하는 헌장을 제정하기도 했다. 가장 대표적인 사례가 유럽연합 차원에서 진행된 도시에서 인권보호를 위한 유럽헌장(The European Charter for the Safeguarding of Human Rights in the City)이다. 이 헌장은 바르셀로나 시가 주관한 1998년 유엔인권선언 50주년 기념 회의에서 처음 발의된 것으로, 여기에 관심 있는 도시들과 시민단체, 전문가들이 모여 준비 작업을 거쳐 최종 확정되었다.[90)

현재 세계적으로 인권문제에 도시 차원에서 앞장서고 있는 대표적인 도시들이 있다. 스페인의 바르셀로나, 캐나다의 몬트리올, 미국의 유진 등이 도시 차원에서 인권 증진에 괄목할 만한 성과를 거둔 대표적인 인권도시들이다. 이들 도시들의 공통점은 도시정부가 지역시민사회와 협력하여 도시 차원에서 인권 및 주민들의 권리 증진을 위해 구체적이고 실효성 있는 정책 및 사업들을 수행하고 있다는 것이다. 이들 인권도시들은 그들 도시 내부뿐만 아니라 다른 도시들과 연대 협력하여 이들 도시의 활동을 소개 전파하는 역할들도 앞장서서 수행하고 있다.[91]

2) 공동체도시

산업화와 함께 농촌의 인구가 도시로 이주하면서 성장한 한국의 대도시에는 여러 유형의 지역공동체들이 있었다. 단순한 이웃사촌부터 경제적 목적을 갖는 계모임, 자녀교육과 관련된 학부모모임, 종교조직을 매개로 한 신앙모임, 취미활동이나 지역자치운동과 연관된 주부모임 등이 그런 사례들이다. 이런 지역공동체들은 주로 전업가정주부들에 의해 주도되어 왔고, 직업생활을 하는 남성들은 참여하지 않거나 참여하더라도 주변적인 역할을 맡았다. 그러나 현대도시에서는 '이웃', '공동체', '마을'과 같은 말들로 표현되는 사회적 관계들이 사라지고 있다. 도시인의 삶에서는 직장생활, 소비생활 등 서로 누구인지 잘 몰라도 성립할 수 있는 익명적 관계들이 우위를 차지한다.[92]

이렇듯 근대성의 표상인 '도시'와 전근대성을 상징하던 '공동체' 사이에는 개념적으로 적지 않은 긴장이 있다. 근대적 도시를 탄생시킨 도시화 과정은 (전통적) 공동체의 해체와 함께 일차적(자연적, 친족적) 관계를 이차적(공식적, 기능적) 관계로 대체해왔기 때문이다. 물론 도시화에 따른 관계 변화에 대한 평가는 공동체에 대한 인식의 차이만큼 다양하다.[93]

한국에서도 최근 도시재생, 마을기업 등 공동체를 살리기 위한 다양한 흐름이 있다. 사실 한국사회의 성장을 이끈 원동력은 공동체였는데, 도시화와 경제성장 속에서 공동체가 많이 무너진 것이 사실이다.[94] 따라서 공동체도시란 이러한 의미에서 우리 사회의 공동체 복원을 위해 가장 중요한 사람과 사람, 마을과 마을, 그리고 도시와 도시 간의 관계를 맺는 공간적 의미라고 볼 수 있다. 즉, 사람은 서로 부대끼며 살아가는 존재라는 것을 깨닫고, 자율과 자치를 통해 사람 사이의 신뢰를 회복하고 상호부조를 이루며, 도시의 전형적인 의존형 생활 형태에서 탈피해 자립적 생활터전을 만들어가고 소비와 생산이 함께 이루어지는 도시로 정의할 수 있다.[95]

3) 평화도시

평화도시란 평화개념을 정책의 상위목표로 설정하고 추진하는 도시를 의미한다. 즉, 평화도시는 소극적 평화를 포괄하는 적극적 평화의 구현 및 실천을 목표로 한다. 소극적인 평화(negative peace)는 일반적인 사전적 의미의 평화, 즉 전쟁이나 갈등이 없는 상태를 의미한다. 팍스 로마(Pax Romana), 팍스 아메리카(Pax Americana)가 여기에 해당한다. 반면에 적극적인 평화(positive peace)는 인권, 성평등, 민주적 참여, 관용 및 연대, 열린 소통, 국제안보를 기반으로 하며, 더 나아가 민주성, 투명성, 교육, 물질적 복지까지 포함한 개념이다.

대표적인 평화도시들은 전쟁·분쟁의 역사적 배경 또는 지정학적 특성을 가지고 있거나, 평화 관련 주요 국제회의 및 기구가 위치해 있는 것이 특징이다.[96] 국제기구는 평화적 기능뿐만 아니라 국제업무를 담당하는 인적·물적 기반을 바탕으로 각종 국제회의 등 국제협력 활동을 수행하는 고도의 서비스업 기능까지 아울러 예상된다. 그간 국제기구 유치를 위한 체계적인 접근이 부족했으나 GCF 유치 등에 따라 국제사회 인지도 상승으로 국제기구 유치 여건이 개선되고 있고 우리 경제의 지속적인 성장을 위한 내수·서비스업의 역할 확대를 위해 국제기구 유치를 전략적으로 활용할 필요성이 증대되고 있다. 특히 독일의 경우, 통일 후 수도 이전에 따라 구서독 수도로서의 기능을 상실한 본의 기능과 인프라를 활용하기 위해 국제기구를 유치, 도시의 지속적인 경제성장에 기여하고 있으며, 싱가포르와 태국과 같은 아시아 국가들도 국제기구 유치를 국가의 성장동력으로 보고 중앙정부 차원에서 체계적·종합적인 전략을 수립하여 국제기구 유치를 위한 비교우위를 마련하고 있다.[97)

4) 여성친화도시

과거 여성의 삶은 사회생활과 그에 따른 육아, 직장, 가정의 관리, 노모의 부양 등 근린공간에서 대부분의 시간을 할애하였다. 또한 근린환경은 여성의 가정생활 권역의 이동거리를 짧게 만들고 가정생활을 효율적으로 할 수 있게 도움을 주었다. 그러나 여성 사회진출의 증가로 주거전용 토지의 개발이 오히려 사회활동의 제약을 주는 공간 분리로 나타나게 되었다. 이는 사회참여에 따른 여성 활동이 도시공간에서 공간적 제약을 받고 있다고 이해할 수 있는 것이다. 따라서 도시 공간의 여성 친화성을 찾아서 사회 참여자로서의 여성을 받아들여야 하는 시점에 있으며, 도시의 경쟁력 향상 및 성장을 위해서 여성의 역할과 사회활동을 지원해줄 수 있는 도시 조성이 필요하다.[98)

여성친화도시는 지역정책과 발전과정에서 남녀가 동등하게 참여하고, 그 혜택이 모든 주민들에게 고루 돌아가면서, 여성의 성장과 안전이 구현되는 도시로 정의할 수 있다.[99) 여성친화도시에 관한 이슈는 여성의 삶의 질을 향상시키기 위한 국제적 노력에서 출발점을 찾을 수 있다. 여성친화도시는 단순히 도시 및 공간정책을 물리적 공간뿐 아니라 사회 문화적 공간의 측면에서 고려하는 것으로 공공정책과정 특히 도시와 지역의 계획 및 개발과정에서 여성의 참여를 촉진하고 도시정책의 기여자로서 역할을 확대하는 것을 의미한다. 여성친화도시에서 추구하는 가치는 다양성과 형평성, 참여와 소통이라고 할 수 있으며, 최근 다양화되어 가고 있는 가족형태의 다양성, 사회적 구성원으로서의 이주자 증가, 다문화가족 등이 한 지역에 어울려 살고 있고, 이들의 상호관계가 밀접하게 이루어지는 가운데 도시가 보다 더 균형 있고, 평등하게 살 수 있는 공간으로 발전해야 한다는 점을 강조하고 있다.[100]

3. 정의도시의 현재와 미래

정의도시는 앞서 언급한 바와 같이 여러 가지 개념들이 혼재된 채 사용되고 있어 향후 명확한 개념정의를 통한 명확한 이해가 필요하다. 결국 정의도시를 조성하기 위해서는 사회정의 실현과, 도시공동체 및 시민들이 자신들의 열망을 달성하도록 지원하고 장려하는 도시를 건설하기 위해 노력해야 한다. 이러한 노력이 특정도시의 환경, 경제 그리고 사회적 지속가능성을 선도하는, 역동적이고 혁신적인 도시의 비전을 달성하는 기반이 될 것이다. 즉, 우리 모두가 공정하고 포용력 있는 공동체, 즉 동등한 기회와 일부 개인 및 집단의 당면한 불이익을 인식하는 데 노력이 필요하다. 또한 권한위임, 화해, 안전하고 건강한 환경, 범죄예방, 경제발전 및 동반자관계를 통하여 도시의 공동체를 강화시킬 수 있다.[101]

즉, 개인의 자유 평등한 권리가 보다 존중되는 도시사회가 되면 될
수록 누구나 수긍할 수 있는 공정하고 투명한 행정 또는 정책절차 및
그 결과를 기대할 수 있는 구조가 되어야 한다. 따라서 시민공동체가
갈구하는 바람직한 미래목표를 설정하고 이를 실천해가기 위한 견실
한 장치가 존재하는 제도를 정착시킬 필요가 있다.102)

'정의란 무엇인가' 신드롬 현상

최근 한국사회의 주요 키워드를 꼽는다면 '정의(正義)'를 빼놓을 수 없다. 정의 열풍의
진원지는 바로 마이클 샌델의 저서 『정의란 무엇인가』였다. 서점가의 극심한 불황과 가
장 안 팔리는 인문분야라는 한계에도 불구하고 이 책은 100만 부 넘게 팔렸다. 당시 수
많은 명사들이 『정의란 무엇인가』에 대한 독후감을 공개하는 것은 물론이고 책에 등장
한 논란들에 직면해 정의를 이야기했고 국회도서관과 서울대, 연세대, 고려대 도서
관에서 가장 많이 대출된 책도 『정의란 무엇인가』였다.103)

이 같은 '정의'에 대한 신드롬은 바로 현재 우리
가 살아가는 도시에서 그 이유는 찾아낼 수 있
다. IMF 이후 신자유주의 가속화 속에서 소외
된 99%의 노동자들과 더욱더 부를 늘린 1%
의 자본가, 미국발 금융위기 속에서도 사상 최
대의 실적을 올리는 대기업과 일을 하면 할수록
적자가 나는 중소기업들, 카페·빵집·떡볶이 등
물불 안 가리고 막강한 자금력으로 골목상권을
장악해 나가는 대기업, 하늘을 찌를 듯 폭등하
던 집값, 비정규직, 정리해고, 입시전쟁, 시민의
안전문제 등 하나부터 열까지 불평등과 차별로
가득한 사회에서 정신적 스트레스에서 벗어날
수 없는 국민들은 가슴 깊숙한 곳에서 끓어오르
지만 설명하기는 힘든 그 무언가를 갈망하고
있었다.104) 그것이 바로 '정의'로 표출된 것
이다.

제5절 국제도시

우리 사회에서는 '국제화'와 관련된 논의가 많이 일고 있다. 그러나 이러한 논의는 그다지 새삼스러운 것은 아니다. 이미 지구촌 가족이라고 할 만큼 전 세계는 하나의 공동체가 되었으며 나라마다의 교류가 과거의 인류 역사상 어느 시기보다도 활발하기 때문이다. 따라서 이와 같은 추세 속에서 새삼 '국제화'가 문제로 부각되고 있다는 사실은 주목할 만한 것이다. 그렇다면 그 원인은 무엇인가? 그것은 우리 주변의 환경이 1990년대 이후 너무도 급격하게 변했기 때문일 것이다. 이러한 환경의 변화에는 국내외적인 정치·경제·사회·문화적인 급격한 변화가 모두 포함되어 있음은 이를 나위가 없다.105) 특히 21세기는 국가를 초월한 도시 간의 경쟁이 두드러질 것이라 예견되고 있으며, 지구촌 대도시들은 국제화, 세계화를 통해서 지역발전의 미래를 추구하고 있다는 것이 공통점이다.106)

1. 국제도시의 등장배경

1990년을 전후해 세계는 이데올로기의 대립에 의한 동서냉전체제가 무너짐에 따라 국제질서가 재편되었고, 정보기술의 발달에 따라 세계가 하나의 지구촌으로 연결되고 있으며, 국가 간의 장벽도 점점 낮아지고 있다. 세계는 2원적 대립체제로부터 다원·다핵체제로 재편되고 고속 정보네트워크를 통하여 정보와 메시지가 국경을 넘어 지구촌 구석구석까지 일시에 전파되고 있다. '개방화(openness)', '국제화(internationalization)' 또는 '세계화(globalization)'라 불리는 이러한 현상은 정치행정체계의 중요한 환경요인으로 작용하면서 국가와 지방자치단체의 역할 및 기능의 재조정을 요구하였다. 전통적으로 국가 간의 협약 등에 의해 국제 간 교류 및 거래의 주체역할을 하던 중앙정부는 외국의 국가, 지방, 민간이 다각적으로 접근해 오는 새로운 국제관계에 대응하지 않을 수 없게 되었고, 지방자치단체는 지방자치단체 나름대로 국제와에 다른 변화에 적극적으로 대응하지 않으면 안 되는 상황이 된 것이다.107)

특히 1980년대 초반부터 영국과 미국을 필두로 하여 전 세계적으로 확산된 신자유주의 경제철학과 정책은 규제완화와 정보통신기술의 발달, 그리고 금융기법의 체계화에 힘입어 다국적기업 위주로 펼쳐지게 되었다. 이것은 외국인 직접투자(Foreign Direct Investment)를 바탕으로 국경 없는 경제 전쟁 및 경제의 글로벌화를 초래하였다.108)

일반적으로 국제화를 외향적 국제화(external internalization)와 내향적 국제화(internal internalization)로 구분하여 볼 수 있다. 외향적 국제화(external internalization)란 지방자치단체가 다른 국가나 지방자치단체들 간의 상호작용을 통해 지방자치단체를 지구적이고 보편적인 수준으로 전환하는 것을 말한다. 즉, 외국의 지방자치단체나 지방정부와의 자매결연을 통해 지방자치단체를 지구적이고 보편적인 수준으로 전환하는 것을 말한다. 내향적 국제화(internal internalization)란 간단하게 말해 지방자치단체 내부를 국제화하는 것을 말한다. 지방자치단체 소속 공무원들의 의식이나 제도를 지구적이고 보편적인 수준으로 전환하고 동시에 지방자치단체의 수용능력이나 태도를 국제수준에 맞게 적응하는 것을 말한다. 외향적 국제화라는 것도 결국은 지방자치단체의 경쟁력 제고를 위한 하나의 수단이라는 점에서 보면 외향적 국제화, 그 자체가 목적은 결코 아니다. 그리고 동시에 내향적 국제화라는 것도 결국은 지방자치단체의 생존전략의 하나라는 점에서 보면 내향적 국제화도 그 자체가 목적은 아닌 것이다. 따라서 외향적 국제화와 내향적 국제화는 지방자치단체의 생존전략의 수단이며, 상호보완적인 관계가 있는 것이다. 외향적 국제화가 효율적으로 이루어지기 위해서는 내향적 국제화가 뒷받침되어야 하며, 동시에 내향적 국제화가 효과적으로 수행되기 위해서는 외향적 국제화가 원활하게 진행되는 것이 필요한 것이다.[109]

2. 국제도시의 개념 및 유형

국경의 의미가 점차 사라지는 21세기에 글로벌 기업들은 보다 자유롭고 시장중심의 경제원리가 적용되면서 동시에 교육, 문화, 금융 등에 있어 수요자 위주의 제도가 갖추어진 삶의 질이 윤택한 곳에 투자를 하게 된다. 국제도시란 아직까지 학문적으로 정의된 것은 없지만, '글로벌 기업들을 유치하고 주민의 삶의 질을 높이기 위해 제반 경제활동에 있어 규제를 최소화하여 사람, 상품, 자본 이동의 자유와 기업 활동에 대한 최대한의 편의를 보장하는 공간'을 말한다.[110]

일반적으로 국제화(Internationalization)란 한 나라가 경제·환경·정치·문화적으로 다른 여러 나라와 교류하는 것을 의미하며, 이러한 교류들이 원활히 일어날 수 있는 물리적 구조들이 형성되어 외국인의 왕래 또는 거주가 빈번히 일어나는 지역을 일컬어 국제도시(International City)라 한다.[111] 이처럼 기존의 도시와는 달리 국제화된 도시를 국제도시라고 명칭하는데 개념에 따른 정확한 명칭은 '국제자유도시'이다. 국제자유도시의 사전적 의미는 사람, 상품, 자본이동이 자유로운 이른바 국경 없는 도시를 말한다. 시사용어 사전에 따르면 사람은 물론 상품과 자본이 자유롭게 드나들 수 있는 특정 지역으로 특히 기업 활동에 최대한 편의를 보장하는 기능을 갖춘 도시로 무역과 생산, 국제금융, 주거나 관광 등 복합기능을 수행하는 자족형 도시를 말한다.112) 이에 앞서 언급한 바와 국제도시는 그 특성에 따라 '국제자유도시', '국제회의도시', '국제산업물류도시' 등으로 구분할 수 있다.

1) 국제자유도시

국제자유도시란 사람, 상품, 자본이동이 자유로운 이른바 '국경 없는 도시' 또는 사람은 물론 상품과 자본이 자유롭게 드나들 수 있는 특정 지역으로 특히 기업활동에 최대한 편의를 보장하는 기능을 갖춘 도시, 무역과 생산, 국제금융, 주거나 관광 등 복합기능을 수행하는 도시로 정의할 수 있으나113) 학문적으로나 이론적으로 확정된 개념을 가지고 있는 용어가 아니다. 실제에 있어서는 '자유무역지대', '투자자유지역' 또는 '경제자유구역'이라는 용어가 많이 사용되고 있다. 생각건대 국제자유도시(지역)의 개념은 자유무역지대, 투자자유지역 등의 개념을 포괄하는 보다 광범위한 외연(外緣)을 가지고 있다고 본다.114)

특히 국적을 불문하고 누구나 비자 없이 자유롭게 드나들면서 관광을 즐기고 기업활동을 하는가 하면 제한 없이 돈을 거래할 수 있는 특권이 주어지며 수입관세가 폐지 또는 감면되고 토지이용에도 별다른 장벽이 없는 것이 특징이다. 싱가포르, 홍콩, 두바이 등이 대표적이고, 최근 사례로는 말레이시아 라부안 섬이 있다. 이외에도 중국 상하이 푸둥과 하이난섬, 일본의 오키나와 등이 국제자유도시를 지향하고 있다.115)

2) 국제회의도시

국제회의 산업육성에 관한 법률 제2조 4항에 따르면, '국제회의도시'란 국제회의산업의 육성·진흥을 위하여 제14조에 따라 지정된 특별시·광역시 또는 시를 말한다. 국제회의도시는 지역진흥차원에서 미국, 프랑스, 독일, 싱가포르 등 상당수의 국가들이 컨벤션도시(Convention City) 개념을 활용하고 있다.116) 세계 각국은 MICE산업에 대한 중요성을 인식하고 국제회의와 전시산업을 국가전략산업으로서 경쟁적으로 집중 육성하고 있다.117) 전 세계 전시·컨벤션산업 시장 규모는 378조 원이며, 선진국에서 전시·컨벤션산업은 GDP의 1.5%를 차지하고 있으며, 연 5~10% 성장하는 신성장동력으로 자리매김하고 있다. 한국의 전시·컨벤션산업 또한 4조 1,150억 원 규모로 GDP의 0.45%를 차지하며 연간 15%정도 성장하고 있으며, 정부는 2009년 5월 신성장동력 세부실천계획을 통해 전시·컨벤션산업을 지식기반서비스산업의 하나로 집중적으로 육성하고 있다.118)

최근 특히 아시아를 대표하는 전시컨벤션도시로 발돋움한 부산광역시가 세계 10위권 국제회의 도시에 진입해 주목받고 있다. 부산시는 UIA(국제협회연합)가 주관한 '2013년 국제회의 개최도시 세계 순위' 통계 결과, 174개국 1,465개 도시 중 세계 9위, 아시아 4위를 차지했다. 벨기에에 본부를 두고 있는 UIA는 세계적으로 권위 있는 국제기구로 매년 세계 국제회의 개최도시 통계 순위를 발표하고 있다.

UIA가 인정하는 국제회의 기준은 국제기구가 주최하거나 후원하는 회의, 국내단체 또는 국제기구의 국내지부가 주최하는 국제적 성격이 강한 회의 중 참가국 5개국 이상, 외국인 참가자 비율 40% 이상, 회의 기간 2일 이상, 참가자 250명 이상인 경우다. 2013년 부산시에서 열린 국제회의는 A급 120건, B급 28건, C급 18건 등 모두 166건으로 집계됐다. A급은 국제기구가 주최하거나 후원하는 회의를 뜻하며, B와 C급은 국제기구가 주최하지 않더라도 국내단체 또는 국제기구 국내지부가 주최하는 국제적 성격이 강한 회의를 말한다.[119]

3) 국제산업물류도시

세계경제의 블록화와 글로벌화로 지역 간 화물의 대량유통이 유발되면서 물류산업이 급속히 성장하고 있다. 지역 간 화물의 증대는 해운·항공 시장의 급성장, 업체 간 경쟁심화, 국가 간 물류경쟁을 촉발하여 물류중심(허브)도시로의 성장은 국가·지역 차원에서 중요성이 갈수록 커지는 상황이다. 21세기에는 공항항만이 사람이나 화물·정보·금융의 집적지가 되고, 수송·통신·보험·전시·컨벤션 등의 관련 서비스 수요를 창출하는 중요한 역할을 한다. 세계 물류도시로 성장한 로테르담이나 싱가포르·두바이 등의 발전과정이 대표적 사례이다.[120]

국제산업물류도시의 성공적인 조성을 위해서는 국제공항과 대륙철도와 같은 물류인프라 개발과 함께 이들과의 효율적인 연계가 가능할 수 있어야 할 것이며, 항만과 공항, 대륙철도 간에는 보세운송과 셔틀서비스, 전용 물류망 등의 구축을 통해 효율적인 복합운송체계가 구축될 수 있는 계획이 필요하며, 이는 개발계획에서부터 반드시 반영되어야 한다. 특히 세계 최고의 물류거점으로 평가받고 있는 로테르담과는 다르게 싱가포르와 홍콩, 상하이 등의 물류거점은 항만과 공항이 유기적으로 결합되어 있지만 철도와의 연계성이 부족한 한계점을 가지고 있어 이와 같은 특징을 향후 고려해야 한다.121)

3. 국제도시의 현재와 미래

전 세계의 성공적인 세계도시들은 적게는 40여 년 이상, 많게는 백년 이상 변화를 거치면서 오늘을 이룩해온 점을 감안하면 한국에서 국제도시 조성은 이제 막 걸음마 단계라고 볼 수 있다. 따라서 과연 현 시점에서의 한국의 도시가 전 세계적으로 인정해줄 만한 '국제도시'로 나아갈 수 있는 전략을 기존의 틀에서 벗어나 냉정하게 진단해 볼 필요성이 있다.

'국제도시' 조성의 핵심은 바로 도시 자체에 있다. 즉, 그 지방특유의 여건 및 잠재력에 있다는 의미이다. 따라서 세계화, 국제화의 핵심인 지방화에 관심을 기울여야 한다. 지방화는 지방분권에 기초하고 있기 때문에 지방자치제도의 발전은 결국 국가발전을 통한 국제화의 초석이 된다. 따라서 성숙한 세계적 선진국으로의 발전을 위해서는 무엇보다도 지방자치제도의 발전과 정착이 관건이다.122) 1995년 30년 만에 어렵사리 부활된 한국의 지방자치는 우여곡절 끝에 현재에 이르고 있다. 현재 민선 6기 시대를 맞고 있으며, 그간에 있었던 많은 변화에 대한 진단과 평가는 입장과 시각에 따라 달라지겠지만 한국의 지방자치는 비교적 짧은 기간에 자리를 잡으며 크게 보아 발전적 방향으로 전개되어 왔다고 볼 수 있다. 하지만 최근 들어 지방자치의

전개상황에 대한 우려와 비판의 목소리가 커져가고 있는 것 또한 사실이다.123)

특히 지방자치시대 이후 무한경쟁으로 각 지방자치단체는 그 어느 때보다 경쟁력을 필요로 하고 있다. 그러나 기본적으로 중앙정부와 중앙의 계획가에 의해 전국적 차원에서 전국적 시각으로, 그리고 중앙집권적으로 형성·추진되어 왔기124) 때문에 특정 도시만의 고유의 자원을 가지고 특성화한 경험이 많지 않다. 따라서 지방자치시대의 문을 연지 20년 가까이 된 현 시점에서도 지방자치단체의 장기발전계획은 대동소이한 것이 특징이다. 모든 도시가 창조, 환경, 저탄소, 국제, 세계화 등을 외치고 있고, 제대로 특성화된 도시전략을 세우기보다는 다른 지방자치단체 성공사례를 그대로 옮겨오고 있다.

따라서 이를 해결하기 위해서는 시장만능주의의 지역개발정책을 타파하고, 도시민의 수요를 충분히 충족시켜나가는 형태의 새로운 공공공간의 형성과 지역서비스의 보장, 지역 특성을 지닌 자본의 축적을 기반으로 한 도시정책으로의 전환이 요구된다. 특히 산발적으로 흩어져 있고 숨겨져 있는 지역 자원의 가치를 재인식하고 재창조하는 것이 무엇보다 중요하다. 많은 지역이 자신이 가지고 있는 자원을 활용하기보다는 외부의 자원을 찾고 활용하는 방법을 고민하는 데만 집중하여 많은 문제점을 유발하고 있다. 대부분의 지역계획이나 발전전략에서 기업유치가 커다란 비중을 차지하는 것도 그 때문이다. 따라서 지역자원에 대한 인식의 증진과 그것이 가지는 의미와 가치의 중요성을 깨닫게 할 필요가 있다.125)

MICE 산업

MICE는 1990년대 중반에 산업적 용어로 창출된 개념으로 국제기관·협회 등이 정보교류 및 토론을 목적으로 하는 회의와 비즈니스를 주목적으로 하는 기업주최 회의를 포괄하는 용어이다.126) 일반적으로 회의(Meetings), 인센티브(Incentives), 컨벤션(Conventions), 전시회(Exhibitions) 등의 분야를 아우르는 개념으로, 1990년대 중반 아시아, 대양주 등 후발 대륙 국가들 사이에서 고부가가치산업 육성 차원에서 도입되었으며, 영국, 호주 등 일부 선진국에서는 이보다 포괄적인 개념으로 '비즈니스 이벤트(Business Event)'라는 용어를 사용한다.127)

- 기업회의(Meeting): 기업이 주최하는 다국적 회의로 대부분 국제회의 기준을 충족하지 못하는 경우가 많지만 글로벌 기업의 정기회의 등은 참가자 수가 국제회의를 상회하기도 함(예: 글로벌 기업의 임원회의, 해외 투자가 대상 세미나 등)
- 기업주관 보상여행(Incentive): 기업이 자사 임직원들에 대한 동기부여 차원에서 무료 또는 저렴한 비용으로 해외에서 실시하는 포상이나 연수 개념의 관광(예: 영업실적 우수자에 대한 해외 본사 표창식, 금융 선진국 탐방 교육 등)
- 국제회의(Convention): 국제기구, 학회, 협회가 주최하는 총회나 학술회의 등으로 UIA 등의 국제회의 기준 충족 필요(예: G20 정상회의, APEC 정상회의 등)
- 전시(Exhibition): 판매 및 홍보를 위해 특정 장소에 상품을 배치해 관람할 수 있도록 기획한 마케팅 활동의 한 방법(예: 세계 가전제품 박람회(CES), 부산국제영화제, 서울 모터쇼 등)128)

〈표 3-4〉 국제협회연합(UIA) 발표 주요국가/도시 국제회의 개최 건수 및 순위

순위	국가명	개최 건수		순위	도시명	개최 건수	
		2013년	2012년			2013년	2012년
1	싱가포르	994	952	1	싱가포르	994	952
2	미국	799	658	2	브뤼셀	436	547
3	대한민국	635	563	3	빈	318	326
4	일본	588	731	4	서울	242	253
5	벨기에	505	597	5	도쿄	228	225
5	스페인	505	449	6	바르셀로나	195	150
7	독일	428	373	7	파리	180	276
8	프랑스	408	494	8	마드리드	165	149
9	오스트리아	398	458	9	부산	148	50
10	영국	349	272	10	런던	144	119

출처: 문화체육관광부(2014: 2)

제6절 안전도시

　도시는 시민 대다수가 살아가는 삶의 터전이다. 1990년대 이후 국가정책과 사업이 도시편리성과 쾌적성에 치중되었다. 따라서 상대적으로 안전을 등한시하면서 안전사고가 증가하자 새로운 안전관리 패러다임의 인식이 대두됐다. 게다가 주기적으로 반복되는 태풍, 홍수 등 자연재해 또한 국민들의 안전을 위협하고 있다. 특히 산업화, 과학발달, 세계화, 그리고 기후변화 등으로 인하여 과거에는 일어날 가능성이 크지 않았던 위험들이 빈번하게 발생하고 있다.129) 도시의 방재·안전 문제는 인류가 영원히 고뇌해야 할 숙명적 과제이다. 잘사는 나라건 못 사는 나라건 이 문제를 제쳐두거나 피해갈 수는 없다. 좋은 나라, 살기 좋은 도시는 이 문제에 매우 신중하고 세련되게 대응하면서 끊임없이 고뇌한다.130)

　그러나 한국은 '사고공화국'이라는 오명을 남긴 1990년대 발생한 성수대교와 삼풍백화점 붕괴, 인천 호프집 화재사건과 2000년대 발생한 대구지하철 방화사건과 동해안 대형 산불 등의 인재와 태풍 루사와 매미로 대표되는 자연재해가 끊이지 않고 지속적으로 발생되고 있는 실정이다.131) 특히 구미 불산 누출사건(2012년 9월), 여수 GS칼텍스 기름 유출사건(2014년 1월) 등 2013년 87건이나 됐던 화학물질 사고와 대구 지하철 화재사고(2003년 2월), 삼각지역 철도차량 탈선사고(2014년 4월)와 서울 지하철 추돌사고(2014년 5월) 등 철도지하철 사고, 가동 이후 670건 이상의 고장 및 사고가 발생되어 멜트다운 가능성까지 우려되었던 각종 핵발전소 사고가 끊임없이 일어나고 있는 실정이다.132)

특히 2014년 4월 16일 대형 여객선 세월호가 진도 해상에서 침몰한 사고는 지난 50년간 대한민국을 지배해온 산업화와 성장제일주의가 빚어낸 대형 참사여서 더 큰 충격을 주고 있다.[133] 세월호 침몰사고뿐만 아니라 서울 지하철 추돌사고, 대구 케이블카사고(2014년 5월), 장성 요양병원 화재사고(2014년 5월) 등 각종 사고들이 겹치면서 '안전'에 대한 관심이 전 국민적으로 일어나고 있다.

안전은 생활의 질과 밀접하게 연관돼 있다. 지역사회 구성원이 위험에 노출돼 생명의 위협을 받거나, 잠재적 위험이라는 불안을 안고 살아간다면, 그 지역사회의 질적·양적인 지속적인 성장은 장담하기 어렵다. 행복한 삶을 누릴 수 있는 토대인 안전한 환경이 요구되고 있는 것이다.[134] 최근 세계 각국에서 손상예방과 안전증진이 국가 정책의 우선순위로 자리매김했다. 안전가치는 인간 삶의 주기와 영역에 밀접하게 관련된다. 그래서 안전성을 확보하고 유지하기 위한 프로그램과 체계도 복잡 다양한데, 세계의 도시들은 저마다 안전역량 강화를 위한 노력을 하고 있다.[135]

1. 안전도시의 등장배경

1960년대 이후 계속되어온 급격한 산업화 및 도시화로 인한 무차별적 개발은 지구적 차원의 기상이변(온난화, 엘리뇨 등)과 맞물리면서 자연재난(특히 수해)의 발생빈도 및 피해규모가 대형화, 다기화 그리고 일상화되고 있다. 재난발생의 대형화, 다기화 및 일상화는 피해지역 그리고 나아가 국가 및 지방자치단체의 지속가능한 발전을 저해하는 심각한 장애요인으로 작용하고 있다.[136] 21세기에 접어들면서 이러한 재난 또는 안전문제는 새로운 패러다임으로 등장하였다. 안전은 인간의 기본적인 권리로서 지역사회에서 적극적으로 대처해야 하는 부분이다. 기존의 손상예방은 개인이나 집단을 대상으로 수행되어 왔다. 그러나 최근의 안전증진 활동은 개인의 건강과 안전에 영향을 미치는 환경, 즉 개인, 조직, 지역사회, 인구집단 간의 서로 조화되는 노력이 기능할 때 더욱 효과적이며, 여러 방안들이 사회 규범과 분리되어서 생각될 수 없다는 점에서 사회환경적 영향에 대한 관심과 지역사회 및 인구집단 중심의 접근이 안전증진을 위한 대안으로 제시되고 있다.137) 또한 최근 들어 효율적 재난관리는 지역사회의 지속가능성 담보를 위해 도시정부와 시민사회를 포함하는 모든 구성원이 자율적으로 참여하고 실천해야 할 필수요건으로 대두되고 있는 것도 이러한 맥락에서 이해될 수 있을 것이다.138)

국제적 수준에서 안전도시 구현을 위한 노력은 1989년 9월 스웨덴 스톡홀름에서 UN산하 WHO(국제보건기구) 주최로 열린 '제1차 사고와 손상예방 세계학술대회'에서 공식적으로 제기됐다. 이를 계기로 모든 사람은 건강하고 안전한 삶을 누릴 동등한 권리를 가진다는 선언에 기초해 안전도시공인 사업이 전개되고 있다. 각국 도시들은 국제기구가 요구하는 안전프로그램 및 인프라 구축을 통해 각종 위험요소를 최소화하고, 전 세계에 누구나 안심하고 건강하게 살만한 도시로 각인시키는 데 주력하고 있다.

현대사회는 국민의 물질적·정신적 생활보장을 기본이념으로 국민의 기본욕구와 생활의 안전을 추구하고 있다. 하지만 이러한 의미는 단순히 인간다운 생활의 보장만을 추구하는 과거 지향적·소극적 복지체계를 의미하는 것이 아니라, 일상의 풍요로움을 추구하는 데 필수적인 안전을 중요시하는 현대의 흐름에 따라 건강과 안전은 국민의 기본 권리로서 현대 사회복지를 위한 필수적인 요건으로 대두되고 있다.139)

2. 안전도시의 개념 및 유형

모든 지역사회 구성원들이 사고로 인한 손상을 줄이기 위해 지속적이고 능동적으로 노력하는 도시를 의미한다. 안전도시의 개념은 1989년 9월 스웨덴 스톡홀름에서 열린 제1회 사고(accident)와 손상(injury)예방 학술대회의 "모든 사람은 건강하고 안전한 삶을 누릴 동등한 권리를 가진다"는 선언에 기초하고 있으며, WHO에서 지역사회 손상예방 및 안전증진사업으로 권고하고 있다.

안전(safety)은 포괄적인 개념이며, 안전증진(safety promotion)의 기본개념은 지역사회와 지역사회 내 개개인이 안전의 개념을 이해하고 어떤 수단들이 행해져야 하는지를 인식하게 하는 것이다. 즉, 모든 개개인이나 조직 또는 지역사회가 궁극적인 목표를 이루기 위한 모든 계획된 노력을 의미하는 것으로, 태도와 행동뿐 아니라 구조적인 변화들을 통해 안전을 충분히 제공할 수 있는 환경을 만드는 데 그 목적이 있다. 이러한 활동들이 지역사회에서 이루어지는 안전증진사업(Community Safety Promotion)을 안전도시(Safe Community)라 하며, 안전한 상태를 지속시키고 발전시키기 위해 개인, 지역사회, 정부 및 기업, 비정부기구들에 의해 지역적, 국가적, 국제적 수준에 적용되는 다수준 및 다차원적인 과정이다.140)

WHO는 안전도시를 "그 지역사회가 이미 완전하게 안전하다는 의미가 아니라, 시민들의 안전의식 향상을 위해 노력하는 도시"로 정의하고 있다. 안전도시를 추진하고 있는 국내 다수의 도시들은 한국형 안전도시 모델을 구축하고, 민·관 협력 네트워크를 통해 지역 주민의 삶의 질 향상과 국민이 안심하며 살 수 있는 안전 한국을 만들어 나가고자 노력하고 있다.[141) 또한 안전도시의 도시를 뜻하는 'Community'는 도시로 번역하여 사용되고 있지만, 본래 의미는 공동체라는 의미가 강하여 단순히 도시 자체를 뜻하기보다는 지역사회 전반에 걸친 구성원과 조직 전체의 협력을 의미한다 할 것이다. 따라서 'Safe Community', 즉 안전도시는 지역사회 구성원들이 사고로 인한 손상을 줄이고 안전을 증진시키기 위해 끊임없이 자발적으로 노력하는 도시를 의미하며, 이것은 그 지역사회가 이미 사고나 손상으로부터 완전히 안전함을 요구하는 것이 아니라 안전을 증진시키고 유지할 수 있는 노력이 지속적으로 이루어지는 것을 요구하는 것이라 정의내릴 수 있다.[142)

WHO 안전도시 모델은 지역사회 수준에서 손상을 예방하고 안전을 증진시키는 데 가장 효과적이며 장기적으로 볼 때 이익이 되는 접근방법으로서, 안전도시는 그 지역공동체가 이미 사고로부터 완전히 안전하다는 것을 의미하는 것이 아니며, 지역공동체 구성원들이 사고로 인한 손상을 줄이기 위해 지속적이고 능동적으로 노력하는 도시를 의미한다. 구미 선진국에서는 이미 1970년대 이후부터 사고 및 손상을 감소시키기 위해 국가 공중보건정책의 우선순위로 손상문제를 설정하여 체계적인 노력을 해 왔으며, 최근에는 지역공동체 주민들의 자발적인 참여를 유도하고 안전한 지역공동체를 만들어 나가기 위하여 지역공동체 특성에 맞는 손상예방 및 안전증진 활동이 활발하게 전개되고 있다.[143)

한국에서는 안전도시사업 운영설명서에서 한국형 안전도시의 개념을 제시하고 있다. 운영설명에 따르면 한국형 안전도시란, "안심하고 살 수 있는 안전하고 안정된 지역을 만들기 위해 지역사회 구성원들이 합심·노력하여 안전공동체(safe community)를 형성하고 안전사고와 재난 예방을 위해 환경을 개선해가는 지역·도시"로 정의하고 있다. 또한 다음과 같은 기준을 통해 안전도시 유형을 구분하고 있다.

① 위해요인과 취약집단을 기준으로 안전도시 모델을 구성

② 농촌, 도시, 공단 등 지역 특성을 고려

③ 안전도시가 특정 위해요인 혹은 특정 취약집단만을 대상으로 할 필요는 없으며, 다양한 위해요인 및 취약집단의 결합을 통한 융합형/통합형 안전도시 모델도 가능

④ 기본사업은 필수 사업이나, 특화사업은 선택사항으로 지자체 자율적으로 선택함

위해요인별 안전도시 모델은 교통, 범죄, 재난(화재 및 풍수해), 산업재해, 보건(자살, 전염병, 식중독) 안전 등 위해요인을 자체적으로 발굴하고, 지자체의 특성을 고려하여 상향식의 안전도시 모델 구성하고 있다. 또한 특정 위해요인을 대상으로 하되 취약집단은 포괄적으로 구성하는 안전도시 모델을 구상 중에 있다. 취약집단별 안전도시 모델은 어린이, 여성, 노인, 장애인, 외국인 등 취약집단을 중심으로 지자체의 특성을 고려하여 상향식의 안전도시 모델 구성로 구성되며 특정취약집단을 대상으로 하되, 위해요인은 다양하게 다루는 안전도시 모델이다. 융합형 안전도시 모델은 특정위해요인과 특정취약집단을 융합하여 안전도시사업의 대상 및 목표를 매우 구체화한 안전도시 모델이며, 마지막으로 통합형 안전도시 모델은 다양한 위해요인과 취약집단을 포괄적인 대상으로 하는 것으로 '안전도시'로 명칭하는 것이 특징이다.

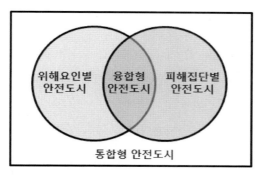

출처: 행정안전부(2010: 11)

〈그림 3-14〉 한국형 안전도시 개념적 모델

〈표 3-5〉 안전도시의 유형

기준	모델명	위해요인	취약집단	지역특성
위해요인	교통안전도시	교통사고	주민	도시/농촌
	범죄안전도시	5대강력범죄+성폭력	주민	도시
	화재안전도시	화재	주민	도시
	자연재해안전도시	풍수해	주민	농촌
	산업재해안전도시	산업재해	근로자	공단
	보건안전도시	전염병, 식중독	주민	도시
취약집단	어린이안전도시	교통사고/성폭력 범죄/식품사고	어린이	도시
	노인안전도시	교통사고/낙상	노인	농촌/도시
	여성안전도시	성폭력/가정폭력/범죄/전기안전	여성	도시/농촌
	장애인안전도시	교통사고/범죄/낙상	장애인	도시
	다문화안전도시	가정폭력/실업	외국인	농촌/공단
융합형	어린이교통안전도시	교통사고	어린이	도시
	노인교통안전도시	교통사고	노인	농촌
	여성범죄안전도시	성폭력	여성	도시
	어린이범죄안전도시	성폭력	어린이	도시
통합형	안전도시	다양한 위해요인	다양한 취약집단	도시/농촌/ 공단

출처: 행정안전부(2010: 10)

3. 안전도시의 현재와 미래

1989년 이후 31개국 276개 도시가 세계보건기구로부터 안전도시로 공인을 받았다. 한국의 국제안전도시는 2014년 4월 현재 9개 도시가 국제안전도시로 공인받았다. 그러나 안전도시로 공인받았다는 의미는 한국의 지방자치단체가 완벽하게 이미 안전한 도시라는 의미는 결코 아니다. 공인의 의미는 다양하게 평가할 수 있지만 최소한 안전 분야에서 Global Standard를 준수하고 있다는 것으로 해석될 수 있다. 그러므로 한국의 지방자치단체가 안전해지기 위한 인프라가 구축되었다는 의미가 될 뿐만 아니라 안전한 도시가 되도록 본격적으로 노력한다는 의미를 내포하고 있다.[144]

〈표 3-6〉 국제안전도시 공인 현황

(2014. 3월 현재)

대륙별	국가수	도시수	주요 국가
계	31개	276개	
아시아	9개	143개	한국 9, 중국 78(홍콩 9), 이란 13, 대만 19 베트남 10, 일본 9, 태국 3, 이스라엘 1, 터키 1
유럽	13개	53개	노르웨이 20, 스웨덴 14, 에스토니아 4, 체코 3 오스트리아 1, 세르비아 2, 보스니아 2, 독일 2, 핀란드 1, 덴마크 1, 폴란드 1, 영국 1, 크로아티아 1
아메리카	6개	41개	미국 23, 캐나다 6, 멕시코 5, 칠레 1, 페루 5, 우루과이 1
오세아니아	2개	37개	호주 15, 뉴질랜드 22
아프리카	1개	2개	남아공 2

출처: 부산시(2014)

WHO 국제안전도시

국제안전도시는 1989년 스웨덴 제1회 사고손상 예방 학술대회에서 태동된 개념으로서, 지역사회(Community) 모든 구성원들이 사고손상 예방과 안전증진을 위해 자발적으로 노력하는 도시를 의미한다. 안전도시 태동은 1989년 9월 스웨덴 스톡홀름에서 열린 제1회 사고와 손상 예방 학술대회에서 "모든 인류는 건강하고 안전한 삶을 누리는 권리를 가진다"는 성명이 공식적으로 채택되면서 시작되었다.

1. 지역공동체에서 안전증진에 책임이 있는 각계각층이 상호 협력하는 기반이 마련되어야 한다.
(An infrastructure based on partnership and collaborations, governed by across-sectional group that is responsible for safety promotion in their community)

2. 남성과 여성, 모든 연령, 모든 환경, 모든 상황에 대한 장기적이고 지속적인 프로그램이 있어야 한다.
(Long-term, sustainable programs covering both genders and all ages, environments and situations)

3. 고위험 연령과 고위험 환경 및 고위험 계층의 안전을 증진시킴을 목적으로 하는 프로그램이 있어야 한다.
(Programs that target high-risk groups and environments, and programs that promote safety for vulnerable groups)

4. 손상의 빈도나 원인을 규명할 수 있는 프로그램이 있어야 한다.
(Programs that document the frequency and causes of injuries)

5. 손상예방 및 안전증진을 위한 프로그램의 효과를 평가할 수 있어야 한다.
(Evaluation measures to assess their programs, processes and the effects of change)

6. 국내외적으로 안전도시 네트워크에 지속적으로 참여할 수 있어야 한다.
(Ongoing participation in national and international Safe Community networks)

또한 안전도시는 국가 및 지역사회가 완전히 안전한 도시를 의미하는 것이 아니라 구성원 모두의 지속적인 노력으로 이룩하는 안전한 도시를 의미한다. 이에 따라 지역마다 지역여건에 맞는 안전도시 모델을 구축할 때에도 지역적 특성을 고려하여 담당기관뿐만 아니라 유관기관과의 협조를 통해 정보공유를 활성화하여 사고손상에 대한 분석 및 대처능력, 예방대책, 사후관리 등이 수립 및 추진될 수 있도록 하는 것이 중요하다.[145] 특히 지방자치단체마다 재난 및 사고위험, 도시안전에 미치는 각종 여건이 상이하기 때문에 그간의 도시안전관리체계 및 정책기조, 해외대도시의 사례 등에 기초하여 한국의 도시안전에 대한 주요정책과제를 도출하여 전략을 세워야 할 때이다.[146]

모든 도시는 자연재해나 재난사고 등으로부터 자유롭지 못하다. 해마다 찾아오는 태풍과 잇따른 자연재해와 노래방, 지하철 등 불의의 인적재난으로 인해 안전에 대한 관심이 높아지고 있다. 시민들이 요구하는 재난재해관리 서비스의 눈높이 수준 역시 갈수록 높아지고 있다. 인간의 최고가치인 행복실현은 안전보장 없이 불가능하다. 이에 도시민의 행복과 도시의 경쟁력, 그리고 세계도시로의 도약을 위해 안전도시의 역량을 갖추어야 한다.[147]

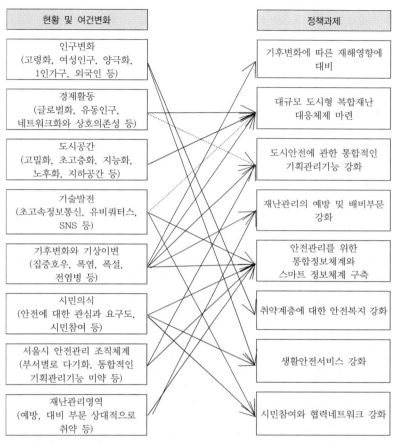

현황 및 여건변화	정책과제
인구변화 (고령화, 여성인구, 양극화, 1인가구, 외국인 등)	기후변화에 따른 재해영향에 대비
경제활동 (글로벌화, 유동인구, 네트워크화와 상호의존성 등)	대규모 도시형 복합재난 대응체제 마련
도시공간 (고밀화, 초고층화, 지능화, 노후화, 지하공간 등)	도시안전에 관한 통합적인 기획관리기능 강화
기술발전 (초고속정보통신, 유비쿼터스, SNS 등)	재난관리의 예방 및 배비부문 강화
기후변화와 기상이변 (집중호우, 폭염, 폭설, 전염병 등)	안전관리를 위한 통합정보체계와 스마트 정보체계 구축
시민의식 (안전에 대한 관심과 요구도, 시민참여 등)	취약계층에 대한 안전복지 강화
서울시 안전관리 조직체계 (부서별로 다기화, 동합적인 기획관리기능 미약 등)	생활안전서비스 강화
재난관리영역 (예방, 대비 부문 상대적으로 취약 등)	시민참여와 협력네트워크 강화

출처: 신상영 외(2011: 33)

〈그림 3-15〉 현황 및 여건변화에 따른 주요 정책과제 도출 예시를
위한 중장기 정책방향

하인리히(Heinrich) 법칙

미국 보험회사 트래블러스에서 일하던 H.W. 하인리히가 1931년 저서에서 처음 밝힌 법칙이다. 그는 약 5,000건의 산업재해 분석에 근거해 1건의 대형사고 이전에 29건의 소규모 사고가 발생했고 그 이전에 300건의 징후가 있었다는 사실을 밝혀냈다. '1:29:300법칙'이라고도 부르며, 대형사고가 발생하기 전에 그와 관련된 소규모 사고와 징후들이 반드시 앞서 나타난다는 의미이다.

삼풍백화점과 참사 이후 약 20년이 지났지만 우리 사회는 여전히 하인리히의 경고를 무시해온 사실이 2014년 4월 16일 발생한 세월호 침몰 사고에서 속속 확인되고 있다. 짙은 안개 속에 출항한 세월호는 화물 적재 기준을 묵살했다. 과적 때문에 복원력에 문제가 생겼는데도 평형수(平衡水)를 제대로 채우지 않았다. 선장과 선원들은 안전훈련도 받지 않았고, 구명보트는 제대로 작동하지 않았는 데도 한국선급은 지난 2월 안전검사에서 문제없다고 판정했다.

국내에서 발생한 대형 참사는 이처럼 예외 없이 판박이 닮은꼴이다. 수십 년째 일상적 안전불감증 → 규정 무시 → 안전검사와 검증 미비 → 참사 → 늑장 대응 → 재난 컨트롤타워 부재 → 요란한 처벌 → 뒷북 대책 발표 → 망각 → 일상 안전불감증으로 이어졌다. '재난의 뫼비우스 띠' 안에 갇혀 맴돌고 있는 것이다.[148]

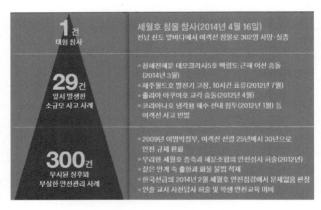

출처: 중앙일보 2014년 5월 7일자

〈그림 3-16〉 하인리히(Heinrich) 법칙 관점에서 본 세월호 참사

세계도시 사례

창조도시

제1절 일본 가나자와(金澤): 전통문화의 보존에서
새로운 문화의 창조로

1. 도시소개

일본 가나자와(金澤)는 혼슈(本州)의 중앙부에 위치하고 있다. 시가지의 동남쪽은 산지이고 북서부는 일본 해에 면하여 자리해 있다. 시가지의 중심에는 가나자와 성 공원과 겐로쿠엔(일본 3대 정원의 하나)이 자리하고 있다. 가나자와는 2013년 현재 국토면적 467.77㎢, 인구 약 46만 명으로 교토(京都)와 나란히 일본의 대표적인 역사문화의 도시 중 하나이다. 가나자와는 이시카와 현(石川縣)뿐만 아니라 호쿠리쿠 지방(도야마 현, 이시카와 현)의 경제와 문화의 중심적 역할을 담당하고 있다.

가나자와는 17세기부터 19세기 후반에 걸쳐 국내 굴지의 실력자들이 지배하는 대규모 조카마치(城下町: 성을 중심으로 형성된 상공업 중심지)였으며, 일본에서도 손꼽히는 관광도시이다. 가나자와는 오늘에까지 전쟁이나 대규모 천재를 겪지 않았기 때문에 시내에는 역사적인 거리가 많이 남아 있으며, 많은 전통공예와 전통예술도 이어져 내려오고 있다. 2014년 호쿠리쿠 신칸센(도쿄~가나자와)의 개통을 앞두고 더욱 높은 경제발전과 관광객 유치가 기대되고 있다.[1]

출처: http://www.kanazawa-tourism.com/korean

〈그림 4-1〉 일본 가나자와의 전경

가나자와는 전통적으로 구타니야끼(九谷焼), 가가유젠(加賀友禪), 가나자와칠기(金沢漆器), 가나자와박(金沢箔) 등 정통공예품은 물론 직물, 간장, 술 등의 재래산업이 발달되어 있다.[2] 가나자와는 이시카와현(石川縣)의 현청소재지이며, 도시인근의 빼어난 자연경관과 에도시대부터 이어진 풍부한 전통문화로 인하여 매년 약 700만 명의 관광객을 유치하고 있는 일본 유수의 관광도시이다.[3] 가나자와는 전통문화를 지키는 데 있어서 일본에서도 선구적인 도시이다. 에도(江戸)시대 이후 전쟁을 벌이는 대신 학문과 예술을 장려한 봉건영주에 의해 전통공예와 다도 등 격조 높은 문화를 형성하였다. 또한 전통공예와 관련된 생활문화 기반의 문화산업이 발전하면서 평범한 지방도시에서 이제는 일본을 대표하는 창조도시로 주목을 받고 있다.[4]

<표 4-1> 일본 가자나와의 개요

가나자와 현황	과거의 가나자와	현재의 가나자와
○ 위치: 일본 이시카와 현 ○ 면적: 467.77㎢ ○ 인구: 약 46만 명 　(2013년 기준)	○ 17세기부터 19세기 후반 도쿄에 이은 제2의 도시 ○ 대규모 조카마치(城下町)가 만들어져 성을 중심으로 형성된 상공업 중심지 ○ 공예, 미술, 자기 염색, 칠기 등의 전통문화가 발달	○ 여성들이 여행하고 싶은 일본 도시 중 1위인 도시 ○ 작은 교토(京都)라고 불리고 있음 ○ 일본에서 3대 정원이라고 불리는 겐로쿠엔(兼六園)과 가나자와성(金沢城) ○ 다양한 과거의 문화를 보존하고 있음

2. 핵심내용

1) 가나자와 전통문화산업의 계승

일본의 기초자치단체 중 교토에 이어 전통적 공예품 산업이 많이 계승되어 있는 가나자와는 지역에서 지정하고 있는 전통산업이 26종에 이른다. 전통산업 관련 제조업의 사업소 개수는 약 800여 개 사업소, 종사자 수는 약 3,000여 명에 달한다. 이것은 가나자와 지역의 전체 사업소 중 약 24%를 차지하며, 종사자 수는 약 8.2%를 차지하는 수치이다. 따라서 가나자와에서의 전통문화산업은 가장 중요한 기간산업 중 하나이며, 이 가운데 법률로 지정되어 있는 업종만도 6종류가 해당된다. 특히 가나자와박(金沢箔)은 18세기부터 가나자와지역에서 처음으로 제품을 생산하기 시작하였다.[5]

가나자와에서 박(箔)공예가 발달하게 된 요인으로는 이 지역의 기후, 기온 및 수질 등이 박(箔)공예를 생산하기에 적합하다는 자연이나 환경조건 이외에도 박공예의 생산기계를 개량함으로써 전통과 최첨단 기술의 융합이 이루어졌다는 부분을 들 수 있다. 예를 들면, 1970

년대 오일쇼크, 엔고(円高) 위기를 겪으면서 박(箔)공예 제품에 대한 수요가 감소하자 한 박(箔)공예 생산기업에서 금박기술을 기계화하도록 추진한다. 이로 인하여 금박을 이용한 미술공예 및 디자인 제품을 가공하는 등의 대량생산화에 성공하면서 새로운 수요자를 창출하게 되었다.[6]

가나자와는 일본 전체 생산량의 99%를 차지하는 금박공예를 비롯하여 지역의 독특한 기모노 염색법인 가가유젠, 칠기, 도자기 등이 고루 발달한 '전통공예의 왕국'이다. 유네스코가 지정한 '공예 창의도시'이기도 하다. 공예 전문 인력 양성소인 우타쓰야마 공예공방은 공예도시 가나자와를 대변하는 곳이기도 하다. 1989년에 가관된 이곳은 각종 도예, 칠예, 염색, 금속공예, 유리공예 등의 5개 분야에서 31명의 연수생들이 3년 동안 공부하는 소수 정예의 교육기관이다. 이렇게 일본 전역과 해외에서 몰려온 다양한 분야의 공예 전문가들이 한곳에 모여 있기 때문에 아이디어 교환이나 협업 등이 가능하며, 전시의 기회도 꾸준히 주어지게 된다. 또한 이곳 출신 작가의 절반가량이 가나자와에 남아서 창작활공을 하게 된다. 그 이유는 이곳의 작업 환경이 좋을 뿐만 아니라 공예에 대한 이해도가 높은 시민들이 있어서 작품의 판매율이 높기 때문인 것이다.[7]

〈표 4-2〉 가나자와의 전통공예품

전통산업	전산법 지정	주요제품	산지의 실태		생산액(백만엔)	
			사업소수	종업자수(인)	1997년	1998년
1. 구타니야끼(九谷焼)	○	화병, 찻잔, 술잔	425	2,000	15,000	15,000
2. 오오히야끼(大樋焼)		차도구	10	23	100	100
3. 가가유젠(加賀友禅)	○	전통복	342	1,112	18,000	11,500
4. 가나자와칠기	○	차도구, 생활용품	46	60	450	350
5. 가나자와 금박	○	금박, 은박	172	786	6,570	5,850
6. 가가상감(加賀象嵌)		화병, 장식품 등	26	26		
7. 차 전용주전자(茶の湯釜)		차주전자	1	2		
8. 가나자와불단	○	불단	59	235	1,010	1,000
9. 오동나무공예(桐工芸)		화로, 꽃병, 재떨이 등	9	30		
10. 향토완구		인형, 사자머리	11	20		
11. 제물낚시공예(加賀毛針)		제물낚시	3	12		
12. 가가낚시대(加賀竿)		옻칠 낚시대	2	2		
13. 죽공예		꽃꽂이용 죽공품 공예용지, 금박지	2	3		
14. 전통종이(二俣和紙)		장식끈, 끈으로 만든	6	11		
15. 장식끈(水引)		인형	4	23		
16. 징(銅羅)		징	1	3		
17. 전통과자목관(菓子木型)		목판	2	2		
18. 전통우산(和傘)		전통우산	1	1		
19. 초롱(提灯)		초롱	1	1		
20. 북(太鼓)		각종 북	1	10		
21. 가야금(琴)		이쿠다류(生田流) 가야	1	2		
22. 전통악기(三弦)		금	1	2		
23. 자수(加賀繡)	○	전통악기	5	20		
24. 전통머리가발		자수 허리띠 등	1	3		
25. 가가표구(加賀表具)		전통머리가발	15	20		
26. 염색(手捺染型彫刻)		병풍, 족자 무늬염색	1	1		

출처: 강형기(2008: 52~53)

2) 가나자와 시민예술촌

가나자와 시민예술촌 설립에는 지역주민의 문화적 욕구와 이를 제대로 수용하게 된 가나자와 행정(시장)의 깨어 있는 사고가 큰 기여를 하게 되었다. 20여 년간 가나자와의 장을 연임한 이와데 시장은 '문화에 투자하지 않은 지역에서는 미래가 없으며, 문화정책이 바로 도시정책'이라는 사고를 가지고 있었다. 이러한 생각을 가지는 시장을 중심으로 가나자와 행정당국은 가나자와의 도시정체성과 지역경제의 특성을 고려한 문화정책을 시행하였다. 1980년대 후반 가나자와의 근간산업인 섬유산업이 쇠퇴하면서 야마토방적(大和紡績)을 이전하게 되었다. 가나자와는 이전 부지를 사들여 시민들이 원하는 방향으로 지역주민을 위한 문화공간으로 설립하였다. 이 과정에서 근대산업의 유산에 해당되는 공장건물의 외부형상을 최대한 그대로 유지하면서 건물의 내부를 리모델링하게 되었다. 이러한 과정을 통해 가나자와 시민예술촌은 복합문화공간으로 탈바꿈하게 되었다. 가나자와는 가나자와 시민예술촌 개관을 위해서 부지와 건물 리모델링 비용으로 약 120억 엔을 투자하였다.8)

가나자와 시민예술촌은 1996년에 설립되었는데, '과거의 실을 짜는 공정에서 현재는 창작의 꿈을 만드는 공방'으로 변모하게 되었다. 이 지역은 약 97,000㎡의 부지에 위치한 공장, 창고 등은 음악, 연극, 미술 등 창작활동을 위한 연습과 발표의 공간으로 변모되었다. 이러한 시민예술촌은 365일 24시간 동안 개방하는 것을 원칙으로 하였다. 가나자와시(金澤市)는 이곳을 시민들에게 공개하여 드라마 공방, 뮤직 공방, 에코라이프 공방, 아크 공방 등으로 구성하면서 지역시민이 직접 참여하는 문화시설로 발전시켰다. 근대산업에서 생산적 역할을 담당하던 방직공장을 '예술창조'의 공간으로 전환하였다. 뿐만 아니라 가나자와시 외곽의 온천지역에 자리한 '창작의 숲'은 가나자와시가 시민들을 위하여 운영하는 문화공간으로서, 메이지 시대에 지어진 주택들을 보존해 놓은 사립박물관이 현재는 시민들이 판화, 염색, 직조 등을 체험하는 공간으로 변화하였다.9) 가나자와 시민예술촌은 구 방적공장의 붉은 벽돌 창고군의 특색을 살린 건물을 중심으로, 시민들을 위한 예술 활동의 장으로 이용한다. 드라마 공방, 뮤직 공방, 아트 공방 등의 각 공간은 음악과 연극, 미술 등의 연습과 발표의 장으로 24시간 연중무휴로 이용할 수 있으며, 레스토랑도 함께 운영된다.10)

출처: http://www.kanazawa-tourism.com/korean

〈그림 4-2〉 방적공장을 리모델링한 가나자와 시민예술촌의 모습

이러한 과정에서 가나자와 시민들은 지역의 전통예술에 대한 자부심뿐만 아니라, 새로운 예술을 발전시켜 나가야 한다는 책임감을 동시에 가지게 되었다. 그리고 지역 내 문화공간의 하나하나를 모두 시민 스스로의 것이라고 인식하면서 이들을 지켜나가게 되었다. 여기서 가나자와의 문화예술정책을 지원하고 직접적으로 수행 및 담당하는

문화인력을 양성하는 가나자와 시립미술공예대학은 가나자와시를 문화예술의 면모를 갖추는 창조도시로 발전하도록 하는 데 크게 기여하고 있다.[11]

3) 가나자와 21세기 현대미술관

가나자와의 또 다른 명소인 21세기 현대미술관은 전통적인 이미지가 강한 도시에 활기를 불어넣고 있다. 2010년 건축계 최고의 영예인 프리츠커상을 수상한 세지마 가즈요와 니시자와 류에의 설계를 통해서 2004년에 설립되었는데, 주변 환경과의 조화를 이루는 건축물로 유명하다. 일본의 3대 전통 정원 중 하나인 겐로쿠엔(兼六園)에 인접한 21세기 현대미술관의 콘셉트 '정원처럼 들어가기 쉬운 미술관'이다. 미술관은 단층의 투명한 원형 건물로 정원이 따로 없는 것이 매우 인상적이다. 동서남북으로 개방되어 있는 4곳의 출입구를 통해서 자유롭게 미술관에 드나들 수 있으며, 120개의 통유리로 이루어진 외형은 안팎의 경계를 모호하게 하기도 한다. 그리고 미술관 외부로의 지형과 미술관 내부의 높이에 차이가 없기 때문에 계단이 하나도 없지만 미술관 내부를 구경할 수 있다.[12]

가나자와 21세기 미술관은 종전의 이미지와는 다른 새로운 스타일의 미술관으로 일본 국내에서 각광을 받고 있으며, 2004년 10월 개관 이래 입장객은 300만 명을 돌파하였다. 건물은 UFO가 내려앉은 듯한 원형이고, 벽면은 전체가 유리로 되어 있으며, 출입구는 모두 5군데로 도시를 향해 열린 공원 같은 미술관이다. 전시품은 만져 보거나 앉아 보기도 할 수 있는 체험형 현대 미술작품들이 많고, 무료로 입장할 수 있는 존도 있으며, 어른이나 아이들 모두 가슴 설레는 체험을 즐길 수 있다. 수영장 바닥에 비치는 감각을 체험할 수 있는 작품과 가나자와 근교에서 채집한 화초로 장식된 벽면, 천장 일부를 잘라낸 부분을 통해 하늘의 변화를 관찰할 수 있는 방 등, 건물 일체형 작품(Commissioned Works)도 볼거리이다. 또 2010년 3월에는 올라퍼 엘리아슨(Olafur Eliasson)의 작품도 광장에 설치되어 있다. 박물관 숍에는 미술관을 이미지로 한 독창적인 액세서리와 소품 등을 갖추고 있다.[13)

출처: http://www.kanazawa-tourism.com/korean

〈그림 4-3〉 가나자와 21세기 현대미술관 전경

21세기 현대미술관의 건축적 특성은 독특하게 설계된 미술관과 미술관 용도의 이원화된 기능에 있다. 21세기 현대미술관 건축물은 하드웨어(hardware) 부문인 건축물과 소프트웨어(software) 부문인 운영 매뉴얼이 내장된 독특한 구조로 설계되었다. 미술관을 자세히 들여다 보면, 원형으로 지어진 미술관의 내부는 세 개의 동심원으로 구성되며, 바깥에서 동심원의 내부로 진입하는 형태로 설계되어 있다. 미술관 안으로 들어가면 원형의 외주(外周)부분이 나오는데, 이곳은 전시실이 아니라 '교류관'으로 누구든지 무료로 입장할 수 있는 열린 공간으로 사용된다. 이 외주부분에서 다시 안으로 들어가면 내부의 내주(內周)부분이 나오게 된다. 이 지역은 유료로 운영되는 '전시 공간'으로 현대미술관의 주요 기능을 여기서 담당하게 된다. 이곳에서 다시 안으로 들어가면 사방이 확 트여서 통풍이 잘 되는 광장이 나오는데, 이곳 역시 '전시관 기능'을 담당하고 있다.14)

　21세기 현대미술관은 다가가기 쉽고 재미있기 때문에 부담 없이 미술관에 들어가 설치된 작품과 어울리다 보면 어느새 미술관 안에서 즐길 수 있는 재미에 빠져들게 된다. 21세기 미술관의 대표적인 소장품들은 관람객들이 부담 없이 즐길 수 있는 체험형 작품들로 구성돼 있어서 미술에 대해 잘 모르는 사람들도 작품에 대해 쉽게 흥미를 가질 수 있다. 최근 미술관 잔디밭에 설치된 덴마크 출신의 세계적인 미술가 올라퍼 엘리아슨의 작품이 대표적이다. 가운데 전등을 두고 녹색, 빨간색, 파란색 세 종류의 유리벽이 세워져 있는 이 작품 속에 들어가면 겹쳐지는 면에 따라 각기 다른 색깔을 만들어 내는 유리벽을 통해 주변 환경을 새롭게 체험할 수 있다.15)

3. 시사점

　도시발전에 있어서 내부주체의 힘으로 외부변화에 대응할 수 있는 내부경쟁력을 증대시키는 것은 매우 긍정적인 창조도시 사례라 할 것이다.16) 일본 가나자와는 전통산업인 전통공예품, 기모노 염색법인 가가유젠, 칠기, 도자기 등과 같은 문화산업을 계승하여 전통문화산업으로 도시의 경쟁력을 증대시키고 있다. 가나자와는 이러한 전통산업이 쇠퇴하자 1996년에 가나자와 시민예술촌을 건립함으로써, 일본의 전통적인 문화예술 산업을 보존하면서 계승시키고 있다. 가나자와 시민예술촌은 전통산업의 변화에 대응하여 문화공간으로 재탄생시킨 창조적 공간으로서 가나자와의 전통산업이 다른 도시와의 경쟁에서 경쟁력을 확보할 수 있는 내부경쟁력을 증대시키는 중요한 원동력으로 작용하고 있다. 2004년에는 가나자와 시청사 건물이 교외로 이전하면서 도심부에 가나자와 21세기 현대미술관을 개관함으로써, 세계적인 현대미술 작품 등을 수집하여 전시하고 있다. 또한 21세기 현대미술관은 세계적인 예술가들을 초청하고 예술작품을 구상하는 과정에서 전통공예와 현대예술 등의 종합하고 융합시키고 있다. 가나자와에서는 이러한 문화예술 공간을 적극적으로 활용하면서 창조적 문화예술 활동을 실천하고 있다.

21세기의 국가 경쟁력을 좌우하는 것은 기술이 아니라 문화라고 이야기하고 있다.17) 세계도시들은 산업구조의 시대적 변화에 따라서 공업사회에서 지식사회로 사회적 변화를 경험하고 있다. 도시화에 따른 도시성장에 따라 증대되는 문화와 예술의 가치는 중요한 세계도시의 자원으로 이미 부각되었다. 그리고 그 과정에서 문화와 예술을 기반으로 한 문화적 창조도시를 달성하려는 많은 노력들이 많은 도시에서 일어나고 있다. 이러한 차원에서 전통산업과 현대문화를 접목해서 새로운 창조적 문화예술로 재창조해 나가고 있는 가나자와 사례는 우리들에게 시사하는 바가 크다 할 것이다. 왜냐하면 가나자와는 시대적 변화에 따른 전통산업의 공간을 자연스럽게 현대적 창조 공간으로 변화시키면서도 전통산업이 지속될 수 있도록 정부가 다양한 정책을 만들고 있다.

또한 가나자와 시는 도시발전을 위하여 하드웨어 부문보다는 소프트웨어 부문을 우선시하며, 지역 내 시민참여를 유도함으로써 이들을 지원할 수 있는 문화 사업에 집중하고 있다. 이를 실천하고자 가나자와는 전통적인 도시경관을 보존하면서 전통문화를 통한 지역주민들의 삶의 질 향상과 지역경제의 활성화에 노력하고 있음을 알 수 있다. 이처럼 창조도시로서 가나자와는 문화적 전통을 기반으로 한 일상 속에서 자연스럽게 예술과의 만남을 즐길 수 있는 시민이 중심이 되어 더욱 성장 가능한 창조도시로의 면모를 보여준다.

제2절 파리(Paris) 베르시(Bercy) 지구: 쇠퇴지역의 창조적 공간재생

1. 도시소개

프랑스 파리(paris)의 베르시(Bercy) 지구는 파리 동쪽 12구, 세느 강 우안에 위치하고 있다. 대상지 북쪽으로는 철도가 지나가고 있으며, 철도는 파리에서 6번째로 큰 Gare de Lyon역까지 향한다. 대상지 남쪽에는 세느 강을 따라 강변 고속화도로가 나 있으며 맞은편 지역과 두 개의 다리와 한 개의 인도교로 연결되어 있다. 베르시 지구는 17세기부터 수백 년 동안 프랑스 각 지방에서 올라온 포도주를 보관하던 창고와 일부 포도주 생산시설이 자리하던 곳이며, 와인을 팔고 사는 역의 중심지로 이름을 떨치던 곳이다.18)

출처: https://maps.google.co.kr

〈그림 4-4〉 파리 베르시 지구의 위치도

1960년대 말에 세느 강변을 따라 도시고속도로가 생기면서 포도주 집하 및 도매장소로서의 기능을 잃게 되었고 포도주 창고들은 파리 외곽으로 이전하게 되었다. 이 지역은 주변에 재무성과 베르시 체육관, 프랭크 게리의 미국센터가 이 지역의 인지도를 부각시키게 되었는데, 세느 강변에 면하여 공원이 위치하고 공원의 다음 블록에 주거 및 업무시설이 건설된다. 베르시역은 이탈리아에서 들어오는 기차가 정차하는 역이지만 많은 사람들이 단순히 통과 교통지로서만 주로 사용된 장소이다.[19] 하지만 과거에 포도주 창고를 활용하여 장소성을 부여함으로써 공원, 주거지뿐 아니라 여러 즐길거리를 만들어서 새로움을 추구하는 파리 시민들에게 쇼핑과 문화의 다양한 통합적인 공간으로 인기가 상승하고 있다.

〈표 4-3〉 베르시 지구의 도시계획 추진배경

파리의 와인 공급지		이탈리아-프랑스 통과교통		ZAC de Bercy		파리지앵의 숨은 아지트
매력성 및 전국과의 접근성↑	→	와인산업↓ 매력성↓ 유입인구↓	→	파리 속 숨은 진주 쇼퍼테인먼트	→	휴식, 관광, 쇼핑

2. 핵심내용

1) 베르시 공원(Parc de Bercy)

베르시 공원(Parc de Bercy)은 1995년에 개장되었는데, 그 규모가 14만 2천㎢의 면적에 달하고 있다. 이 공원은 세느 강가의 포도주 창고 부지에[20] 계획되었는데 과거 와인산업이 활성화되던 시기에 계획되었던 도로나 창고 등의 모습들이 현재까지 보존되어 있다. 베르시 공원은 포도주 집하 및 도매시장 장소로서의 기능을 잃게 되었던 베르시 지구에 자리하여 와인을 관리하기 위해 사용되던 건축물들의 외관을 원형대로 보존하면서 자리하도록 계획되었다. 베르시 공원의 특징은 모든 방향에서 접근하는 것이 매우 용이하다는 점이다. 또한 기존의 수목과 도시의 가로를 설계안에 적극 반영하여 계획되어 있기 때문에 기존의 가로체계를 존중하면서도 주변지역의 주거단지나 역으로부터의 접근을 향상시키기 위한 가로로 계획되어 있다. 공원에 대한 특별한 경계가 없기 때문에 베르시 공원은 주변에 위치한 베르시역, 주거단지의 정원과 연결되어 있다는 착각 속으로 빠져들게 만든다.[21]

출처: http://www.gardenvisit.com/garden/parc_de_bercy

〈그림 4-5〉 파리 베르시 공원의 모습

한편에서는 세느 강으로의 접근성도 제고되어 있어서 베르시 공원은 이 일대를 어우르는 역할도 하고 있다. 이러한 베르시 공원의 도시계획을 통해서 주변지역에 위치하고 있는 아파트단지는 녹음이 우거진 공원 너머로 아늑하게 자리 잡은 아름다운 파리의 모습을 유감없이 감상할 수 있다. 베르시 공원의 우측은 다목적 운동경기장이 위치하여 피라미드 형태의 건물 외벽이 푸른 잔디로 덮여져 인상적이다.[22]

2) 프롱 드 파크(Front de parc) 주거단지

프롱 드 파크(Front de parc) 주거단지는 베르시 거리와 포마르드 거리 사이의 대지에 위치하고 있는데 공원을 따라 길게 연속되는 방식으로 형성되어 있다. 이 구역의 도시적 요소들과 주거단지의 도시블록에 대한 도시계획의 조건들은 지구개발계획에서 명시된 도로체계에서부터 자연스럽게 조화를 이루고 있다. 직사각형 방식으로 크기가 비슷한 네 개의 도시블록으로 구성되어 있다.[23]

출처: http://www.bercyvillage.com

〈그림 4-6〉 베르시 빌리지의 최근 모습

프롱 드 파크 주거단지는 주거라는 일상적 개념과 공원이라는 관계를 고려한 기념비성이라는 양면적 표현을 잘 담아내고 있다. 이를 위하여 주거적이면서도 상징적인 서로 완전히 다른 특성, 그리고 스케일 변화의 긴장과 모순이 프롱 드 파크 주거단지 안에 통합되어 있다. 네 가지 형태적 구성요소인 판상현대(refends), 틀(cadre), 파빌리언(Pavillons), 연결(liens) 등으로 이루어진 프롱 드 파크 주거단지의 전체적인 배치개념에 이어서 필지분할 원칙에 대해서는 다음과 같은 세 가지의 가정이 제기되었다. 첫째는 각 필지에 대해 같은 면적의 건축실행단위를 형성하도록 도시블록의 한가운데를 나누면서 공원방향에 수직적으로 자르는 도시공간의 분할이다. 둘째는 한쪽방향은 공원방향으로 향하고 또 다른 한쪽방향은 반대편의 가로를 향하도록 함으로써 건축형태의 일관성을 부여한 것이다. 셋째는 일자형 건물과 타워형 독립건물 사이를 나누면서 대지를 가로지르는 분할이 계획적 차원에서 실행되고 있다.[24]

과거에 존재하던 건축물을 활용하여 도시개발을 시도하게 된 베르시 빌리지는 2001년 완공된 이후 파리 시민과 관광객이 끊이지 않고 있다. 이곳은 대형영화관과 의류, 화장품, 여행용품점, 어린이서점, 식당가 등 라이프스타일을 아우르는 상점들이 모여 있어 젊은이들뿐 아니라 가족 손님이 많이 드나든다. 또한 베르시의 역사적 특색을 잘 활용해서 이 지역의 경제발전에 커다란 기여를 한 상가 및 식당거리이다. 1880년경부터 프랑스 전역에서 들여온 와인을 파리와 인근 지역에 공급하는 저장 및 운반 창고로 쓰인 전통적인 흔적을 남기기 위해서 당시 건축물의 일부를 지금까지 보존해 오고 있다. 전시용으로 군데군데 심어진 포도 넝쿨하며 '니콜라' 등의 와인 전문 숍에서는

시음용 와인 잔을 바깥에 내놓은 모습에서 이 지역의 역사적인 일부분을 경험할 수 있다.[25]

3) 보행환경과 보차분리

보행환경이 매력적이기 위해서는 무엇보다 재미가 있어야 한다. 그 속에 다양함이 존재하고 그 속에 스토리텔링이 존재해야만 매력적인 보행환경이 탄생하게 된다. 아무리 좋은 공간이라도 넓기만 한다면 매력적이지 못한 공간으로 전락하게 되는 것이다. 그런 측면에서 베르시 공원은 주변 환경과 조화로우면서도 보행환경에서 재미와 다양함을 제공하고 있다. 이를 위한 소재는 옛 와인 공장이었던 장소성을 구현하려는 접근방식을 활용하면서 이용자들에게는 스토리텔링을 유도한다는 점에서 이곳을 방문하는 사람들에게 흥미를 유발시킨다.

출처: http://www.parisinfo.com

〈그림 4-7〉 베르시 빌리지와 La Cinémathèque française 모습

베르시 공원은 대상지가 가지고 있던 와인 창고로 쓰이던 과거의 역사를 재현함으로써 이 지역만의 스토리를 제공하고 있다는 점이 매우 독창적이다. 과거에 이곳은 포도주를 운반하기 위한 레일이 있었는데, 이것을 그대로 보존하고 바닥포장 정도로 베르시 공원을 설계하게 되었다. 그렇기 때문에 베르시 공원은 아직도 연기를 내뿜을 것만 같은 과거의 포도주 공장 굴뚝이 그대로 남겨져 있다. 또한 옛 포도주 창고 건축물 등을 보존하고 작은 과수원을 조성함으로써, 베르시 공원을 방문하는 사람들에게 재미를 제공한다.[26]

공원 안으로 들어가 보면 화단이 보이는데 조그맣게 구획된 아홉 개의 공간에 주제 정원과 사계절 정원 등이 나타난다. 이 정원은 방문객에게 활동성을 부여할 뿐만 아니라, 다양함을 제공하기 때문에 보행환경을 매력적으로 유도하고 있다. 이처럼 베르시 공원은 산책로를 통해 공원내부로 진입하면서 공간이 전이되고 다양한 경험을 할 수 있도록 배려하고 있으며 공간의 장소성을 공원디자인에 적극 활용하고 있다. 또한 공원 곳곳에 각기 주제가 다른 다양한 작은 정원을 설치하고 있어 주민참여를 유도하는 장미정원과 같은 각종 정원과 텃밭, 어린이놀이터 등이 있다.[27]

베르시 역을 포함한 베르시 내부의 모든 장소는 베르시 공원을 통해서 접근이 가능하게 된다. 세느 강 주변의 대로는 건축물과 수목으로 보차분리가 이루어져 있어서 차량과 마주칠 위험성이 전혀 존재하지 않는다. 유일하게 차량을 마주치는 공간은 중앙의 도로를 건널 때이지만 이때마저도 차량은 보행다리의 아래 부분으로 지나가게 되어 있어서 입체적으로 보도와 차도가 분리되어 있다. 베르시 공원을 비롯한 베르시 빌리지 역시 보행전용 공간으로 계획되어서 보차분리가 확실하게 이루어지고 있다. 또한 차량은 도로에 인접한 공용주차장을 이용하게 함으로써 쾌적하고 안전한 보행환경을 조성하려는 부분은 인상적이다.

3. 시사점

프랑스 파리 베르시 지구는 위치적 특징 때문에 포도주 저장창고 및 도매의 중심지로서 입지를 확고히 할 수 있었다. 하지만 이 지역에 고속도로가 개통되면서 포도주 저장창고로 활용되던 전통적 지역산업에서 변화와 창조적 도시계획이 필요하게 된 것이다. 이렇게 문화적, 경제적, 사회적으로 낙후되어 있던 베르시 지구는 전면 재개발이 아닌 기존의 물리적 자산을 활용하여 지역에 장소성을 부여하는 창조적 도시계획을 구상하게 된다. 베르시 지구의 창조적 도시계획에서 얻을 수 있는 특징은 다음의 세 가지로 살펴볼 수 있다. 첫째는 기존에 지역에서 가지고 있던 전통자산을 활용했다는 것이며, 둘째는 도시공간에서 부족한 녹지공간을 충분히 확보하려는 부분이며, 셋째는 지역주민이 자유롭게 이용할 수 있는 여가·문화시설 공간을 확보하고 있다.

프랑스 파리 베르시 지구 사례는 고층, 고밀의 상업시설이 밀집하기 쉬운 도심지에 초고층 건축물을 계획하지 않고 있다는 부분은 우리들에게 시사하는 바가 크다고 할 것이다. 특히 베르시 공원은 건축물과 수목 등을 보존하려는 원칙하에서 와인산업이 활성화되던 시기에 계획된 도로, 철도, 창고 등이 현재까지 원형으로 보존하는 등 기존의 건축물을 활용한 오픈스페이스를 지역주민에게 충분히 제공하고 있다. 이러한 방식으로 프랑스 파리 베르시 지구는 지역주민에게 도시의 쾌적한 환경을 제공하기 위하여 재미있는 요소들을 제공함으로써 관광객을 증대시키고 있다. 또한 그와 함께 이곳을 이용하는 사람들의 보행환경을 보다 쾌적하고 안전하게 설계되어 있다는 점에서 의의가 큰 창조적 도시계획의 사례지역이라 할 수 있다.

문화도시

제1절 이탈리아 베네치아(Venezia): 물의 도시에서 낭만을 외치다

1. 도시소개

베네치아(Venezia)는 세계적으로 잘 알려진 이탈리아 북동부의 도시로 아드리아 해에 접해 있다. 베네치아는 베네치아 만 내에 400여개의 다리로 연결된 118개의 섬들의 집합이며 이런 도시의 특성에 따라 수로가 주 교통로가 되어 도시 전체를 관통하는 S자 모양의 '카날 그란데'라고 불리는 거대한 운하가 발달되어 있다. 베니스 영화제나 베니스 비엔날레와 같은 세계적인 축제가 열리는 도시이기도 하며, 도시의 특성을 살려 관광도시로도 유명하다. 베네치아의 인구는 2011년 기준 약 26만 4천 명이고 도시면적은 414.57km² 정도이다.[1)

베네치아는 문화적으로도 매우 유서 깊은 도시이다. 베네치아는 베니스의 상인과 같은 유명한 소설의 배경이 되기도 했으며, 지오반니 카사노바와 유명한 '사계'의 비발디의 출생지이기도 하다. 세계적인 문호 괴테나 멜빌 등도 베네치아의 모습을 '이탈리아 여행', '이탈리아 일기'에 담았다. 산마르코 광장, 산마르코 대성당, 두칼레 궁전과 같은 유적들도 베네치아에 위치한다. 베네치아는 567년 훈족에게 쫓겨 살 곳을 찾던 베네토 지역의 사람들에 의해서 만들어졌다.[2] 그 당시 베네치아는 지금과 달리 일반적인 섬과 갯벌이 있는 인간이 살기 좋지 않은 환경이었다.

출처: http://www.venice-carnival-italy.com

〈그림 5-1〉 이탈리아 베네치아의 전경

베네치아는 800년대에 프랑크 왕국의 침략도 견뎌내며 독자성을 유지하는 데 성공하며 본격적인 성장을 시작하게 되었다. 이후 베네치아는 지리적 위치의 이점을 이용한 중개무역으로 성장하였고 십자군 전쟁 당시 자신들의 무역의 영역을 동방세계로 넓히며 큰 세력을 가지게 되었다.[3] 13세기에는 페라라지역을 점령하면서 이탈리아 내륙으로도 자신들의 세력을 뻗쳐나가기 시작하였다. 물의 도시 베네치아가 급속도로 성장하면서 베네치아의 반대편에 있는 이탈리아 북서부 해안에 위치한 제노바공국과 큰 대립이 발생하게 된다. 이들은 13세기부터 14세기에 걸쳐서 여러 차례의 전쟁을 경험하게 되었다. 베네치아는 이 전쟁에서 여기서 많은 자원을 소비하게 되지만 결과적으로는 승리를 거두게 된다. 따라서 베네치아는 지중해의 해상무역을 장악하게 되었으며, 경제적으로는 큰 전성기를 누리게 된다.4)

경제적인 측면 이외에도 베네치아는 이 시기에 공화국의 모습을 갖추게 된다. 또한 베네치아는 9세기부터 12세기에 인공지반을 확충하는 등 도시기반사업을 추진하면서 경제발전의 토대를 마련하게 된다. 16세기에는 오스만제국이 성장하여 베네치아의 식민지 등을 빼앗게 되었고 베네치아는 지중해 패권과 동방무역의 중심지 역할을 빼앗기게 된다. 그 후 17세기 들어 네덜란드가 세계적으로 해양무역의 중심지로 급부상하면서 베네치아 발전의 핵심인 해상무역은 조금씩 그 중요성을 상실하기에 이른다.5)

2. 핵심내용

1) 베네치아의 카니발 축제

베네치아는 오랫동안 강력하고 영향력이 큰 도시국가로 지중해를 지배해 왔다. 베네치아는 이탈리아의 한 도시에 불과하지만 문화적으로는 크게 발전하였기에 현재 베네치아는 그 산물들이 축제나 유적지 등의 형태로 많이 남아 있다. 베네치아는 물론 문화나 관광 혹은 전통적인 유적이나 건축물을 제외하고도 해상도시나 상업도시로서의 면모도 역시 보여주고 있다. 베네치아의 가장 대표적이면서도 전통 문화적인 축제를 논의하는 데에 있어서 빠지기 어려운 축제로는 카니발 축제를 들을 수 있다. 카니발 축제는 역사적 사건과 종교적인 행사가 문화적 관행으로 굳어진 한 사례로서, 축제 기간 동안 사람들이 착용하는 독특한 가면과 의상은 재미와 흥미를 불러일으키는 것으로 유명하다. 카니발 축제는 가면 축제라는 별칭으로 불리기도 하는데, 그 기원은 종교적인 행사에서 그 유래를 찾을 수 있다.[6)]

카니발은 흔히 크리스트교에서 그리스도가 40일 동안 광야에서 고난을 겪은 것을 기념하여 신도들이 40일간 단식하는 사순절이 다가오기 전에 먹고, 마시고, 즐기는 데에서 유래했다고 한다. 카니발의 어원에 대해서는 세 가지 설명이 존재하는데, 첫 번째는 카니발이 '배 마차'를 뜻하는 라틴어인 'carrus navalis'에서 왔다는 것이며, 두 번째는 '고기를 포기하다'라는 의미의 라틴어인 'carnem levare'에서 유래했다는 것이다. 마지막 세 번째는 caros(고기)와 valens(잔뜩 배불리다)의 합성어이다. 베네치아에서 카니발 축제는 매년 진행되고 있으며 1094년에 베네치아의 한 총독이 즉위하던 사순절이 시작되기 2주 전쯤 대중들이 향연을 즐겼던 것과 관련이 있다고 한다. 카니발이 진행되던 동안에는 베네치아 사람들이 자신들의 직업, 신분, 계층에서 모두 벗어나 가면을 쓰고 민속 오락이나 곡예사의 묘기, 폭죽놀이 등을 즐겼다고 한다. 신분사회였던 베네치아에서 카니발 축제는 모두가 평등하게 오락을 즐길 수 있는 유일한 기회이다.[7)]

카니발 축제의 행사로는 전쟁을 의미하는 불꽃놀이, 심판을 뜻하는 '황소 목 자르기', 평화를 상징하는 '천사의 비행', 인간 탑 쌓기 등의 다양한 볼거리와 즐길 거리가 제공되고 있다. 카니발 축제에서 단연 모든 이들의 이목을 사로잡는 것은 바로 가면이다. 가면은 1204년에 베네치아의 총독이 제7차 십자군 원정에서 점령한 콘스탄티노플의 베일 쓴 무슬림 여성들을 데려오면서 등장하게 되었다고 한다. 가면들은 그 종류가 매우 다양하고 가면마다 유래와 용도 및 명칭이 다르다. 카니발 축제 관광객들은 가면이 카니발 축제를 꾸준히 사랑받게 하는 최고의 관광 상품이라고 이야기하고 있다.[8] 또한 베네치아에서는 카니발 축제 기간 동안 사용되는 가면을 통해서 사람들의 신분과 성별이나 계층 등의 차별에서 일시적으로 벗어나서, 축제 기간 동안 진행되는 무도회나 오락에 누구든지 자유롭게 참여할 수 있는 지역행사이다.[9]

〈그림 5-2〉 베네치아 카니발 축제의 모습

베네치아의 카니발 축제는 베네치아가 잠시 오스트리아나 프랑스에게 지배를 받게 되면서 쇠퇴하는 측면도 있었으나 1970년대 말에 베네치아 시민 개개인들과 시민단체들이 힘을 통합하여 과거와 현재가 공존하는 카니발을 부활시키기 위해 끊임없는 노력을 하게 된다. 그 결과 현재까지 베네치아에서는 카니발 축제가 계속해서 이어지고 있다. 1979년 이래로 카니발 축제는 베네치아뿐만 아니라 전 세계인이 즐기는 축제로 발전하게 되었다. 베네치아의 카니발 축제는 대중매체의 광고와 많은 스폰서들의 지원으로 규모가 커졌지만 이제는 전 세계인이 카니발 축제의 주인공으로 참여하고 있다.[10] 최근 베네치아는 카니발 축제를 통해서 지역주민과 베네치아를 찾은 세계의 유수한 관광객들을 만족시키기 위하여 음악회, 미술 관람회, 연극, 가면 및 의상 대회 등 다양한 문화행사를 제공한다. 그중에서도 가면과 의상과 관련된 대회는 카니발의 하이라이트로도 여겨지고 있다. 즉, 과거의 전통적인 의상이나 가면과 새로 제작된 가면과 의상이 함께 그곳을 방문한 대중에게 공개되면서 베네치아는 과거와 현재의 문화적인 교류가 동시에 이루어진다.

2) 베네치아의 레가타 축제

카니발 축제가 종교적인 의의를 지닌 축제라면 일상적이고 유희적인 목적에서 생겨난 축제도 있기 마련이다. 카니발 축제와 함께 베네치아에서 축제의 쌍벽을 이루는 또 다른 축제가 바로 레가타 축제이다. 레가타 축제는 해상도시에서 생활하는 베네치아인이 자신들의 교통수단인 배를 이용하여 한곳에서 다른 곳으로 이동할 때 가고자 하는 목적지에 누가 먼저 도착하는지를 두고 시합을 벌인 데서 유래되었다고 한다.[11] 인간의 본성 중에는 경쟁에서 승리하고자 하는 욕구가 있는데, 레가타 축제는 바로 누구나 한번쯤 이기고 싶고 경쟁하고 싶은 마음에서 우러나온 축제, 즉 자연적으로 발생한 유희적인 축제에 해당한다. 이러한 지역주민을 배려한 베네치아 시정부는 배를 소유하지 못한 사람들을 위해서 노가 있는 배들을 시민에게 제공하고 노 젓기 시합을 주최하게 된다. 레가타 축제는 시합 전 공정한 경쟁을 위하여 커다란 배들을 일렬로 세워 놓았던 것에서 유래하였다고 한다. 처음에는 그 지역주민들이 서로 내기를 하는 수준에서 시작하였지만, 점차 조직적인 규모로 확대되면서 결국에는 스포츠의 한 형태인 조정으로 굳혀지게 되었다.[12]

레가타 축제 중에서도 가장 유명한 것은 '레가타 스토리카'인데 이것은 '역사적인 레가타'라는 의미라고 한다. 이처럼 레가타 축제는 오락과 스포츠 그리고 역사를 한 데로 묶어주는 역할을 실천하고 있다. 레가타의 승리자들은 곤돌라 사공들 사이에서 존경의 대상이 되며, 1등부터 4등까지는 승리자들에게 수여되는 깃발과 상금 및 상품들이 주어진다. 오늘날 레가타 축제는 매년 9월 첫 번째 주 일요일 오후에 전통적으로 내려오는 규정에 따라 진행하게 되며, '가장 베네치아적인 축제'라는 칭호로 일컬어진다.[13]

3) '라 페니체' 오페라 극장과 베니스 영화제

오페라의 종주국이라 할 수 있는 이탈리아엔 도시마다 대표하는 오페라 극장이 있다. 그중 이탈리아를 대표하는 3대 오페라 극장이 로마의 오페라 극장, 밀라노의 라 스칼라 극장, 베네치아의 라 페니체 극장이다. 라 페니체(La Fenice)의 'La'는 여성명사 앞에 붙는 정관사이며 'Fenice'는 문학, 예술부분에서의 불멸의 상징을 뜻하며 일반적으로 '불사조'라는 의미를 갖는다. 라 페니체 극장(La Fenice)은 1790년 6월에 착공하여 1792년 5월에 완공되었다. 그러다가 1836년 12월에 화재로 소실되었으나 재건 공사에 착수하여 1837년 12월 26일에 다시 개관하였다. 1996년 1월 29일에 방화로 의심되는 화재가 발생하여 극장이 소실되었으나 2001년에 재건축 공사를 통하여 복원하게 된다. 페니체 극장에서는 잘 알려진 베르디의 opera '리골레토', '라 트라비아타' 등이 이 극장에서 공연되고 있다. 그 외에도 로시니의 '탄 크레디' 등도 공연되고 있다.[14]

1932년 5월에 창설된 영화제로 가장 오랜 역사를 보이는 국제 영화제이다. 세계 3대 영화제(베니스, 칸, 베를린) 중 하나로, 매년 8월 말부터 9월 초에 개최되었다. 이탈리아의 베니스에서 매년 개최되며 그랑프리는 '산마르코 황금사자상'(Golden Lion for Best Film)이라 불리었다. 개최 당시 파시스트 정권인 무솔리니 정부가 이탈리아 문화 정책을 선전하기 위해 문을 열었기 때문에 정치적인 성격이 강하였으나, 2차 대전 직후 '영화 품격을 격상시키자'는 목소리가 제기된 뒤 영화제 본래의 목적을 되찾았게 되었다. 베니스 영화제는 비상업적 예술 영화만을 선택해 시상하는 전통을 가지고 있었다. 동양에서는 일본의 구로자와 아키라가 <나생문>(51년)으로 황금사자상을 받아 일본영화를 세계에 알렸다. 한국은 87년 여우주연상(강수연)을 받았으며, 2002년 <오아시스>로 감독상(이창동)과 신인 배우상(문소리)을 수상하였다.

3. 시사점

사람들은 "베네치아 하면 떠오르는 것"이라는 질문을 받았을 때 '물의 도시' 혹은 '낭만의 도시'라고 답한다. 실제로 베네치아는 석호 내에 위치한 120여 개의 섬들 위에 자리 잡은 해상도시이다. 이러한 지리적 배경 때문에 베네치아는 줄곧 수변도시로서의 면모를 강하게 보이고 있다. 예로부터 선박들과 상인들의 집결지로서, 또한 상업도시의 메카로서 그 위치를 떨치고 있는 베네치아는 지금도 그 모습을 간직하고 있다. 베네치아는 누구나 한 번쯤은 접해봤을 만한 셰익스피어의 '베니스의 상인'의 배경지이며 많은 영화와 소설들의 배경이 된 곳이기도 하다. 왜 이렇게 사람들이 베네치아에 매료되고 낭만을 느끼고 있는가? 과거부터 해상, 무역도시의 역할을 했던 베네치아는 상공업이 활성화됨에 따라 경제적 기반을 다져 왔다. 이로 인해 베네치아는 자연스럽게 문화와 관광요소를 발전시키게 되었다. 세계적으로 유명한 베니스의 국제 영화제, 가면 축제 등을 시작으로 화려한 카니발 등 관광요소와 지금까지 보전되고 있는 역사적 건축물 등의 문화적 요소는 베네치아를 관광과 문화의 도시로, 그리고 전통과 낭만의 도시로 만들고 있다.

베네치아는 세계에서 가장 낭만적인 도시로 꼽히는 이유로는 베네치아의 축제나 문화적인 측면이 그들의 역사와 전통 그리고 문화를 축제라는 틀에 담아서 발전하고 있다. 베네치아는 문화적으로 가치 있는 것을 잘 보전하고 지켜왔기 때문에 세계 각국의 관광객들이 베네치아의 관광요소로서 문화적인 축제를 내세우게 되었다. 베네치아에서는 도시의 전통과 문화를 세계화시키기 위하여 전통 축제인 카니발 축제를 대중적인 예술로 승화시키고 있다. 이를 전파하고 더 나아가서는 상업화시킴으로써 성공적인 문화도시의 대표적인 사례에 해당한다. 카니발 축제나 레가타 축제 등의 흥미로운 지역축제를 통해 문화적으로 가치 있는 베네치아의 여러 면모를 계승시키고 있다. 또한 전통을 기반으로 하여 쇠퇴하고 있는 축제를 재생시킴으로써 새로운 축제와 문화, 나아가 관광학적 측면의 발전을 베네치아에서는 만들고 있다. 이것을 더욱 발전시키려는 베네치아 도시의 노력과 헌신은 오늘날 베네치아가 많은 사람들에게 낭만과 즐거움의 도시로 인상을 가지게 되는 이유가 될 수 있을 것이며, 이러한 측면에서 베네치아는 우리에게 시사하는 바가 큰 문화도시 사례지역이다.

제2절 독일 뮌헨(Munich): 축제로 하나 되는 도시

1. 도시소개

독일 뮌헨(munich)은 바이에른(Bayern) 주의 주도이며, 310.43㎢의 면적에 2009년 현재 약 133만 명의 인구가 거주하는 도시이다. 뮌헨은 독일에서 세 번째로 면적이 큰 도시이며, 금융·상업·공업·통신·문화의 중심지 역할을 하고 있다. 특히 정밀광학기기, 전기제품, 맥주 등의 제조업이 잘 발달되어 있는 도시이다. 특히 매년 뮌헨에서 열리는 맥주축제인 옥토버페스트(Oktoberfest)는 뮌헨의 상징이라 할 정도로 대표적인 지역축제이다. 뮌헨을 대표하는 동시에 독일을 대표하는 축제 옥토버페스트는 세계 3대 축제로 유명한 독일 맥주뿐 아니라 독일의 전통 공연, 퍼레이드, 음악공연, 그리고 각종 놀이기구까지 즐길 수 있는 축제이다. 옥토버페스트는 뮌헨에서 매년 10월에 독일 바이에른 주 뮌헨에서 9월 말부터 10월 초까지 2주 동안 열리는 축제이다.15)

출처: http://www.muenchen.de

〈그림 5-3〉 독일 뮌헨의 전경

옥토버페스트는 처음에 결혼식을 축하하기 위한 잔치로 10월에 시작하였다. 1810년 바이에른 황태자 루트비히 왕자가 폰 작셀 힐드부르크하우젠가의 테레제 공주를 왕비로 맞아들이는 결혼 축하연이 있었다. 결혼식을 축하하기 위해 뮌헨의 넓은 풀밭에서 기병대는 말경주를 하고 주민들은 왕의 천막을 세우고 충성과 존경을 표하게 되었다. 또한 전 왕국의 백성들이 각 고을마다 만든 고유의 맥주를 마차에 싣고 몰려들게 되었다. 이에 대한 답례를 하고자 왕은 5일 동안 음악제를 곁들인 지역축제를 개최하게 되었다. 그 이후에 영원히 테레제 공주를 기억한다는 취지에서 축하연이 열렸던 장소를 신부의 이름으로 칭하게 된다. 루드비히 황태자는 고대 그리스 문화에 심취하고 있었으며, 신하 중 한 사람이 옥토버페스트 축제를 고대 올림픽 경기처럼 추진하는 것으로 제안하였다. 이 제안이 받아들여져 최초로 옥토버페스트 축제가 스포츠 경기를 중심으로 개최된다. 시민들은 이 축제를 매우 좋아하게 되었으며 다음 해에도 같은 시간에 축제가 시작되어 현재까지 이어지고 있다.[16]

이렇게 시작된 옥토버페스트 축제는 19세기 후반 무렵에 그 규모가 점점 커지면서 세계적으로 널리 알려진 민속축제로 발전하게 되었다. 옥토버페스트 축제는 행사기간을 날씨가 무척 따뜻하고 청명한 9월로 앞당기게 되면서 행사기간이 길어지게 되었으며, 이에 따라 옥토버페스트 축제는 10월 첫 번째 주까지 진행되게 되었다. 1880년부터는 뮌헨 시당국이 맥주판매를 허용하기 시작했으며, 1881년에는 처음으로 튀긴 소시지를 파는 Hendlbraterei가 개장을 하면서 축제의 재미가 증대되기에 이른다. 옥토버페스트 축제에 사용되는 전등은 400여 개의 텐트를 밝히게 되었으며, 더 많은 방문객들이 음악을 들으며

술을 마실 수 있도록 양조장에서 거대한 맥주홀을 만들어 사용하기
도 하였다. 1910년에 옥토버페스트는 100주년을 맞이하게 되었으며,
이 시기에 소비된 맥주만 하더라도 120만 리터가 소비되었다. 그러나
1914년부터 1918년까지는 1차 세계대전으로 인하여 옥토버페스트 축
제를 열지 못하였으며, 1919년과 1920년에도 대규모 축제로는 진행하
지 못하고 소규모 가을축제로 개최하기도 하였다.[17]

출처: http://www.oktoberfest.de/en

〈그림 5-4〉 옥토버페스트 축제의 현장모습

2. 핵심내용

1) 옥토버페스트 축제의 개요

축제의 이름인 옥토버페스트를 번역하면 '10월 축제'라는 뜻이다. 이 시기 뮌헨 지역의 날씨가 안 좋기 때문에 날짜를 조금 앞당겨 매년 9월 셋째 토요일에 개막하여 10월 첫 번째 일요일에 폐막을 하게 된다. 축제기간을 이렇게 정할 경우 16일 동안 토요일과 일요일을 각각 3번씩 포함하게 된다. 한정된 기간 내에 휴일을 최대한 포함시켜 많은 사람들이 참여하고 즐길 수 있도록 한 것이다. 축제행사장의 텐트에서 맥주 주문 가능 시간은 주중에는 10시부터 22시 30분, 주말에는 9시부터 20시까지이다. 텐트영업 종료시간은 13시 30분까지이며 텐트에 따라 새벽 1시까지 영업하는 곳도 있다. 축제의 행사장은 12만 평 규모의 관활한 부지에 조성되었다.[18]

뮌헨에 있는 6개 유명 맥주회사를 비롯한 여러 맥주회사의 대형텐트가 주요 행사장이며 이 대형텐트 주위로 각종 음식점, 기념품점, 각종 놀이시설, 편의시설 등 약 700여 개의 시설물이 들어선다. 축제장은 평소엔 잔디만 심어진 넓은 땅이지만 전기, 가스, 하수배출 시설 등이 준비되어 있다. 축제 첫날에는 사람들이 다양한 전통의상을 입고 행진한다. 행진이 끝나고 광장에서 축제의 시작을 알리는 구호를 외치면 본격적인 옥토버페스트(Oktoberfest)가 시작된다. 맥주 행사의 경우 뮌헨의 6대 양조장인 호프브로이(Hofbräu), 뢰벤브로이(Löwenbräu), 아우구스티너(Augustiner), 하커프쇼르(Hacker-Pschorr), 슈파텐브로이(Spatenbräu), 파울라너(Paulaner)가 지은 천막들이 곳곳에 있고, 맥주를 마실 수 있다. 이렇듯 옥토버페스트(Oktoberfest)는 단순히 먹고 마

시는 축제가 아니라 다양한 이벤트가 함께하는 먹고 마시고 즐기는
축제이다.19)

2) 옥토버페스트 맥주축제

옥토버페스트(Oktoberfest)의 주인공은 당연히 맥주이다. 광장 곳곳에 거
대한 축제천막(Festzelt)을 치고 손님을 끌어 모으는 뮌헨의 6대 양조장이
있다. 6대 양조장, 즉 호프브로이, 뢰벤브로이, 아우구스티너, 하커프쇼르,
슈파텐브로이, 그리고 파울라너의 천막은 하나씩이 아니라 저마다 2개 이
상씩 곳곳에 자리 잡는다. 이들은 축제를 위해 따로 양조한 맥주와 독일
전통요리를 아낌없이 판매한다.20)

출처: http://www.oktoberfest.de/en

〈그림 5-5〉 옥토버페스트 축제장소 전경

축제의 행사에서 사용되는 천막은 실제 천막이 아니라 가건물 수
준으로 거대하고 튼튼하게 올린 천막들이 축제 장식을 달고 있다. 모
든 양조장에는 마스(Maß)라고 불리는 1리터를 기본으로 맥주를 판다.
물론 1리터 이하도 판매하지만 이 경우에는 따로 제조된 500㎖ 병맥
주를 가져다준다. 맥주의 가격은 팁까지 감안했을 때 마스잔이 10유

로 정도이다. 뮌헨 시내 양조장에서 먹는 것보다는 약간 비싸지만, 세계 3대 축제라는 것을 생각하면 그리 비싸지는 않다. 축제 기간 중에는 거의 종일 사람이 붐빈다고 보면 되는데, 특히 주말이나 저녁에는 엄청나게 붐빈다. 화장실은 각 천막마다 자체적으로 마련해놓고 따로 비용도 받지 않는다.21)

3) 옥토버페스트 퍼레이드 행사

퍼레이드 행사에는 뮌헨 사람들이 그들만의 전통의상을 입고 춤을 추며 행진을 한다. 독일 문화로는 이 전통의상이 촌스럽고 입기 부끄러운 것이라 한다. 또한 군인처럼 행진하기도 하며 악기를 다루기도 한다. 맥주통이 가득 담긴 마차에 타 맥주를 마시며 축제를 즐기기도 한다. 이 행진은 뮌헨의 시청을 통과하여 7km나 진행된다. 행진이 끝나고 광장에서 축제의 시작을 알리는 구호를 외치면 본격적인 옥토버페스트(Oktoberfest)를 시작하게 된다.22) 옥토버페스트는 전통의상 퍼레이드, 군인 퍼레이드, 맥주마차 퍼레이드 등의 행사를 진행하고 있다.

출처: 옥토버페스트 영문 홈페이지 http://www.oktoberfest.de/en

〈그림 5-6〉 전통의상 퍼레이드와 맥주마차 퍼레이드의 모습

전통의상 퍼레이드는 매년 일요일에 시작하고 있다. 이 퍼레이드는 1950년부터 시작되었으며, 퍼레이드에서 행진하는 무리들, 춤과 노래 클럽들이 모두 전통의상을 입고 뮌헨의 시청을 통과하여 7km 정도를 행진하게 된다. 전통의상 퍼레이드의 축제 첫날에는 사람들이 다양한 전통의상을 입고 행진하면서 시작하게 된다. 군인 퍼레이드는 소년 소녀들이 군인 전통의상을 입고 트럼펫을 부르며 행진하는 행사이다. 이 퍼레이드는 전통의상 퍼레이드와 마찬가지로 뮌헨의 시청을 가로질러 7km 정도를 행진하게 된다. 마지막으로 맥주마차 퍼레이드는 장식을 단 말들이 마차를 끌면서 진행된다. 맥주마차 퍼레이드는 맥주 축제답게 마차에는 맥주통이 가득 담겨 있으며, 좌측의 사진에서는 기수만 보이지만 마차 안에 사람들이 타고 있다. 그들은 맥주를 마시며 축제를 즐기면서 전통의상 퍼레이드와 마찬가지로 뮌헨의 시청을 가로질러 7km 정도를 행진하게 된다.

4) 경제적 효과 및 성공요인

옥토버페스트는 매년 10월에 독일 뮌헨에서 개최되는 맥주를 소재로 한 축제이다. 축제광장에는 뮌헨을 근거지로 하는 6대 메이저급 맥주회사가 약 3,000~4,000명을 수용할 수 있는 대형텐트를 설치하여 세계 각국의 관광객들을 맞이하고 있다.[23] 2011년 기록에 따르면 옥토버페스트에는 690만 명의 방문객이 찾고 있으며, 그 방문자의 수는 매년 늘고 있다. 옥토버페스트 방문객 수는 뮌헨 인구의 3배인 점을 볼 때 그 규모가 엄청난 수의 방문객이 아닐 수 없을 것이다. 이들 방문객 중에 독일인이 아닌 외국인의 수는 15% 정도에 해당하고 있으며, 이탈리아, 미국, 일본, 호주인 등이 그중에서 다수를 차지하고 있는 것으로 나타났다. 옥토버페스트는 16일간의 행사를 통해 9억 5천5백만 유로가 사용되는데, 원단위로 보면 약 1조 3천억 정도의 자본이 투입되고 있는 것이다. 또한 12,000명의 고용 창출을 발생시킨다는 점에서 이 도시의 지역경제에 미치는 파급효과는 매우 큰 것임을 보여주고 있다. 옥토버페스트의 16일간의 축제기간동안 소비된 맥주는 750만 리터이고 안주로 사용된 소는 118마리, 송아지는 53마리이며 닭은 60만 마리인 것으로 나타났다. 이러한 수치들은 옥토버페스트가 세계적인 축제라는 이름에 걸맞게 경제적으로도 매우 큰 효과를 창출하고 있음을 보여준다.24)

아름다운 문화유산을 보유하고 있는 뮌헨은 문화관광의 거리를 조성하고 있으며, 언제나 다양한 문화행사를 곳곳에서 개최하고 있다. 따라서 뮌헨은 축제행사 기간이 아닌 경우에도 문화관광객과 문화애호가들이 즐겨 찾는 관광도시 중 하나이다. 뮌헨은 문화예술 도시라는 이미지로 도시 자체가 축제를 성공리에 개최하기 위한 기반이 다져져 있다고 말할 수 있을 것이다. 그러나 옥토버페스트가 세계의 3대 축제의 하나로 자리하기까지는 다음과 같은 성공요인이 있음을 알 수 있다. 첫째, 옥토버페스트만을 담당하는 6명의 전문인이 축제를 총지휘함으로써 저비용 고효율의 축제로 만든다. 둘째, 축제와 관련된 대부분의 업무를 축제장에 입주한 개별 회사에게 자율적으로 맡기고 그 일에 대한 책임지도록 책임감을 부여한다. 셋째, 축제의 원활한 운영을 위하여 일 년 동안 충분한 시간을 가지고 축제를 기획하고 준비한다. 넷째, 가능한 휴일기간이 많이 포함될 수 있도록 축제행사 기간을 조정한다. 다섯째, 축제장의 임대료를 낮추는 대신에 축제로고 사용료 등의 휘장사업을 통하여 행사재원을 확보한다. 여섯째,

관람하는 축제가 되기보다는 축제장을 찾는 방문객이 직접 참여하는 축제로 기획하고 있다.25)

3. 시사점

지역문화축제는 말 그대로 지역의 역사와 전통과의 연관성 속에서 공감대를 형성하도록 함으로써 지역주민과 함께 호흡할 수 있는 계기의 장이 마련될 수 있기 때문에 지역에서 대단히 중요한 의미를 지닌다고 할 수 있다. 특히 최근에는 지역의 재원을 확보하기 위하여 지역축제가 강화되고 있으며, 지역문화는 지역의 문화가 종합되고 상징화되는 행사로서 한 지역을 관광 상품화하기에 중요한 재원으로 마련되고 있다.26) 이러한 측면에서 독일 뮌헨의 옥토버페스트 축제는 우리에게 시사하는 바가 큰 문화도시의 한 사례지역이라고 할 수 있을 것이다. 세계적의 많은 도시들 중 맥주가 없는 나라는 거의 없을 것이다. 같은 한 국가에 있다고 하더라도 도시 및 지역에 따라서 맥주의 맛과 향은 판이하게 달라질 수 있다. 그 이유는 그만큼 맥주의 종류가 셀 수 없을 정도로 다양하기 때문이다. 맥주는 세계의 많은 도시에 있는 그 어떤 술보다도 우리에게 익숙하고 편하다. 맥주를 마셔본 사람이라면 한 번쯤은 '다른 나라의 맥주도 마셔보고 싶다'는 생각을 하게 되는 것이다. 전 세계인이 인정하는 '맥주의 본고장인 독일, 독일에서도 뮌헨'이라는 공식에서도 알 수 있듯이, 맥주를 통해서 독일 뮌헨은 그들만의 특별한 이미지가 형성되어 있다. 이처럼 독일 뮌헨이 가지게 된 특별한 도시 이미지의 중심에는 맥주를 사랑하는 독일 사람들과 옥토버페스트가 있었으며, 독일 제3의 도시에서 세계적인 관광도시로 거듭나고 있다.

미국 경영컨설팅업체 A.T. Kearney에서 선정한 2012년 세계도시 순위 31위(유럽 14위)인 뮌헨은 순위만 놓고 본다면 세계도시 순위 8위인 서울보다 한참이나 아래를 차지하고 있다. 그러나 '서울이 뮌헨보다 더 세계적인 도시'라고 말하기는 어려울 것이다. 왜냐하면 뮌헨은 도시가 가지고 있는 특별한 매력인 다양한 맛의 맥주와 독창적인 옥토버페스트(Oktoberfest)를 통해서 계속적으로 발전하고 있기 때문이다. 여기에 뮌헨은 음식관광의 열기가 더해진다면 그 성장 가능성이 더욱 증대되고 있다. 주로 역사적인 관광지를 둘러보던 과거의 관광행태와 다르게 오늘날의 관광은 보는 것만큼이나 먹는 것도 중요하다. 세계적인 관광지로 거듭난 영국의 도시 콘월처럼 음식을 먹고 즐기기 위한 음식관광이 독일 뮌헨에서도 하나의 관광요소로서 중요하게 자리하고 있다.

환경도시

제1절 스웨덴 예테보리(Göteborg): 산업도시에서 환경도시로

1. 도시소개

예테보리(Göteborg)에 사람이 살던 자취는 8천 년 전으로 거슬러 올라간다. 오래전 해상교통이 중심일 때, 예테보리의 관문에 해당하는 괴타 앨브 강 하구는 바이킹들이 자주 이용한 통로로 12세기부터 무역의 거점으로 이용되었다. 12세기 이후에는 외침으로부터 안전을 보장받기 위해 점점 상류에 시가지가 형성되기 시작하였다. 1603년 칼(Karl) 6세가 이곳을 국제교역의 중심지로 만들기 위해 통행료와 세금을 20여 년간 면제하기도 하였으며, 자체적으로 쓸 수 있는 화폐를 주조하기도 하였다. 특히 외국인의 상업 활동을 장려하였는데 이로써 네덜란드 상인들이 정착하게 되었다. 예테보리의 광역인구는 약 90만 명이며, 이 중 20% 정도는 이민자들이다. 이들은 대개 전 유고 공화국, 핀란드, 이란, 이라크 등에서 왔다. 예테보리는 스웨덴 말이며, 영어식 표현은 고텐부르크(Gothenburg)라고 한다.[1]

출처: http://maps.google.co.kr   출처: 조남건(2009: 67)

〈그림 6-1〉 예테보리의 위치   〈그림 6-2〉 예테보리의 전경

예테보리는 과거 조선업의 중심지였다. 1900년에만 해도 3,500명의 종업원들이 조선소에서 일을 했다. 제2차 세계대전 후 대형선박의 수요가 많아 새로운 건조방법을 들여오고, 부지를 확장하며 대규모 신규투자를 하여 1963년 새로운 조선소가 완공되기도 하였으나, 1974년 오일쇼크로 인해 조선업이 큰 타격을 입어 도산하기도 하였다.[2]

현재 스칸디나비아 반도에서 가장 큰 항구를 가진 도시인 예테보리는 인구 50만 명 규모로 스톡홀름에 이어 스웨덴의 두 번째로 큰 도시이다. 항만을 중심으로 대규모 공장들이 즐비하게 늘어서 있지만, 외견상으로는 전형적인 공업도시 이미지와는 달리 매우 쾌적하고 아름답다. 이는 예테보리는 다음 세대를 생각하는 '지속가능한 발전'에 관심이 많은 도시이기 때문이다.[3] 예테보리에서 쾌적하고 여유롭게 살 수 있도록 지금부터 노력하자는 이 슬로건은 환경뿐 아니라 인구·교육·소비·교통·주택·산업·여가 생활 등에도 관심을 갖고 있다. 특히 작은 도시 예테보리는 '예테보리 2050'이라는 프로젝트를 실시하고 있기도 하다.

2. 핵심내용

1) 예테보리 2050 프로젝트

　북유럽 국가들은 자연환경용량이 풍부하면서도 세계적으로 환경에 대한 인식과 실천에 있어서 가장 앞서는 지역이다. 우리나라가 한창 공업화에 열을 올리고 있는 1972년 지구 전체의 환경악화 문제를 논의했던 세계인간환경회의가 개최된 곳이 스웨덴이었던 것은 결코 우연이 아니다. 스웨덴은 풍부한 산림자원에 따른 방대한 바이오매스 원료를 보유하고 있어 바이오에너지 비중이 매우 높다. 바이오에너지의 비중이 총 1차 에너지 대비 18%, 신재생에너지 대비 64%에 이르고 있다. 한국의 바이오에너지 비중은 총 1차 에너지 대비 0.2%, 신재생에너지 대비 6.5%이다. 또한 생산된 바이오가스의 부가가치를 높이는 정제기술이 잘 발달되어 있어 열·전기 생산 외에 자동차 연료용으로도 활용된다. 바이오가스 자동차가 생산되고 있고 바이오가스 충전소가 설치되어 있으며, 바이오가스 자동차는 스위치 하나로 휘발유 또는 바이오가스 중 하나를 연료로 선택해 쓸 수 있는 '듀얼시스템'을 갖추고 있다.[4]

출처: GR(2012: 15)　　　　　　　출처: GR(2012: 24)

〈그림 6-3〉 예테보리의 신재생에너지　　〈그림 6-4〉 예테보리의 바이오가스 버스

환경선진국인 스웨덴 제2의 도시, 예테보리는 인구 50만 명에 불과하지만 해운업, 자동차, 정유 등의 중화학공업이 들어선 스칸디나비아반도 최대의 산업도시이다. 산업화의 고도 성장기였던 1960~1970년대의 예테보리는 대기오염의 도시로 악명이 높았지만, 지금은 환경이 가장 잘 보전된 환경선진도시 중의 하나이다.[5)]

예테보리시의 목표는 유럽과 전 세계에서 환경적으로 가장 선진적인 도시가 되는 것이다. 예테보리 환경정책의 기조는 "환경 분야에 대한 고려가 모든 지역의 일상에서 자연스러운 일부분으로 포함되는 것"에 두고 있다.[6)] 특히 '예테보리 2050'이라고 불리는 이 프로젝트는 2050년까지 재생가능에너지로 대체한다는 계획이다. 현재 에너지 수요의 20%를 재생가능에너지로 공급하고 있다.[7)]

〈표 6-1〉 한·스웨덴 바이오가스 협력 협약

○ 2009년 5월: 가스공사-스웨덴 가스센터 간 기술협력 실무협의
○ 서명권자: 한국가스공사-예테보리지역 사업공사(BRG)
○ 바이오가스 공동연구 협약 내용
  - 양 기관 간 천연가스 및 바이오가스 생산·이용분야 공동 기술개발
  - 양 기관에 이익이 되는 것으로 판단되는 제3국에서의 공동 사업 발굴 협력
  - 상호간 인적 교류 및 연구결과물 정보 교류 추진
    ※ 예테보리지역 사업공사(Business Region Göteborg): 예테보리시에서 출자된 공기업으로 예테보리 지역 내 기업활동, 투자 등 지원
○ 기대효과
  - 바이오가스 관련 기술 국내 이전 및 사업화를 통한 청정에너지 보급 확대
  - 국내 기업들의 우수한 시공 능력과 인적 자원을 결합하여 제3국 공동 진출 가능

출처: 舊 지식경제부(2009년 7월 보도자료)

2) 예테보리의 지역난방시스템

예테보리 전 가구의 60% 정도인 16만여 가구에 값싸고 편리한 지역난방을 공급해 주는데, 지역난방 공급을 살펴보면 스웨덴에서 가장 앞서가는 도시이다. 도시지역 난방에 필요한 에너지의 4분의 3이 쓰레기 소각장에서 나오는 폐열과 공장에서 나오는 폐열, 그리고 하수 처리장에서 작업하는 열펌프에서 나오는 에너지이다.[8]

폐열회수의 경우 시민들에게 발생하는 열과 전기기구 및 조명기구 등에서 발생하는 열을 버리지 않고 특정한 장치를 통해 모은 후 이를 난방열로 바꾸는 형태로 진행된다. 즉, 완벽한 열 밀폐장치와 절연장치로 이 열을 모으게 되는데, 실내의 공기가 일정한 습도를 넘으면 전기로 작동되는 환기장치가 켜져 신선한 공기가 안으로 흘러들어오게 되고 실내 공기는 바깥으로 빠져나가 불필요한 에너지 소비를 최대한 방지할 수 있다.[9]

그동안 예테보리는 에너지공사를 통해 지역난방시스템을 구축했는데, 이는 민간회사에서 생산한 에너지를 공사가 사들여 지역난방용으로 공급하는 방식이다. 지역난방에 쓰이는 천연가스는 주로 수입에 의존하지만, 자체적으로 생산하는 바이오가스도 15% 안팎 들어 있다. 예컨대 폐수를 이용할 경우 메탄으로 분리한 뒤, 메탄을 프로테인으로 전환해 천연가스에 혼합하는 식으로 만든 것이다. 이 과정에서 이산화탄소 같은 오염물질이 걸러지기에 온실가스 배출을 줄일 수 있다.[10] 특히 예테보리의 지역난방 보급 성과는 다른 지자체를 압도한다. 예테보리는 난방용 석유 사용량이 1%도 되지 않는다. 산화질소 배출량을 90% 가까이 줄인 셈이다. 예테보리는 목재로 바이오가스를 생산해 연료와 난방 등에 이용하는데, 예테보리에너지공사는 민간 지역난방 회사에서 생산한 에너지를 빌딩과 주택 등지에 공급한다.[11]

출처: http://www.greengothenburg.se   출처: http://gobigas.goteborgenergi.se

〈그림 6-5〉 예터보리 지역난방   〈그림 6-6〉 예터보리 지역난방

3) 예테보리의 에너지 절감 건축물

건축분야에서 에너지 고효율 건설에 힘을 쏟고 있는데, 그런 노력의 하나로 탄생한 주택이 바로 난방시스템이 필요 없는 주택이다. 이 주택의 비밀은 열교환기에 있다. 거주자들에게서 나오는 열, 전기기구와 조명기구 등에서 나오는 열을 버리지 않고 장치를 통해 모은 후 이를 난방열로 바꿔주는 것이다. 이러한 주택을 만들기 위해서는 두 가지 중요한 요소가 있다. 첫째는 보온병 원리인데 난방용 에너지가 이음새나 균열 또는 틈새가 있는 창문을 통해 새어 나가지 않도록 집의 벽면 등을 잘 처리하는 것이다. 둘째 원리는 공기를 통하게 하는 것인데, 실내 공기가 일정 습도를 넘으면 전기로 작동되는 환기장치가 켜져 신선한 공기가 안으로 흘러 들어오며 실내공기는 바깥으로 빠져나가 불필요한 에너지 소비를 막는다. 열 교환기를 통해 들어오는 신선한 공기는 빠져나가는 따뜻한 공기에 의해 가열되게 한다.12)

출처: GR(2012: 15)

출처: GR(2012: 15)

〈그림 6-7〉 에너지절감 공동주택   〈그림 6-8〉 에너지절감 장치

　지속가능한 발전은 주민들의 삶과 밀접하게 연관된 개념이라고 할
수 있으며, 주택과 관련한 좋은 사례로 예테보리 북쪽에 있는 영세민
을 위한 임대아파트가 있다. 우리나라의 저소득층 임대아파트도 그러
하듯이, 우중충한 분위기에 어둡고 칙칙하기 짝이 없었던 이 아파트
를 리모델링하면서 예테보리시는 자연 채광이 많이 되도록 하는 한
편 가능한 한 천연자재를 쓰고 주민들이 직접 가꿀 수 있는 녹지 공
간을 확보했다. 북유럽의 장기 실업으로 삶의 의욕을 잃고 있던 대부
분의 임대아파트 주민들은 햇빛과 화단 가꾸기를 통해 삶의 활기를
되찾아갔다. 온실 안에서 이웃 간 자연스러운 대화 시간도 늘어났다.
공동 녹지공간을 통해 커뮤니티에 대한 공감대도 넓어졌다고 하니
도시정부의 친환경적 리모델링 사업은 영세민들의 삶의 질을 한 단
계 끌어올린 것이다.[13]

　한편 2001년 6월 8일 문을 연 스웨덴 국립과학센터인 유니버세움

(Universeum)은 예테보리의 한 단계 높은 환경건축을 잘 보여주는 바로미터이다. 1만 평방미터가 넘는 이 건물에는 아쿠아리움, 실험실, 전시공간, IT 교육 체험실 등이 있어 겉으로는 세계 여느 과학센터와 다를 바 없이 보인다. 하지만 이 건물은 Gert Wingardh라는 건축가가 나무, 유리, 콘크리트 등 세 가지 자재를 주재료로 설계한 이 건물은 건물을 허물어야 할 때를 염두에 두고 지었다는 점에서 독특하다. 이 건물은 허물어야 할 어떤 불가피한 상황이 오면 쉽게 허물어지도록 설계됐고, 세 가지 주 건물 자재는 각각 분리돼 재활용될 수 있도록 돼 있다. 지을 때 이미 허물어야 할 때를 고려해 설계한 이 건물은 다음 세대까지를 생각하는 '착한 도시' 의식 수준을 잘 보여주고 있다.14)

출처: http://www.universeum.se

〈그림 6-9〉 유니버세움의 전경

4) 베리푼 지구

예테보리의 중심부에서 트림으로 15분 정도 북동쪽으로 가면 베리

푼 지구가 나온다. 베리푼 지구는 주민의 약 60%가 소말리아와 보스
니아에서 온 이민자들이며, 지역주민들과 대립이 끊이지 않아 범죄와
실업으로 오랫동안 고민거리가 되어 왔다.[15]

그러던 중 1993년 자치구는 21개 지구에 지방의제21(Local Agenda
21)의 코디네이터를 배치하여 각 지구의 형편에 맞는 나무심기 활동
과 보육원, 재활용센터 등을 설치하였다. 이러한 노력이 성공함으로
써 환경이 가장 열악한 지구에서 환경지구로 다시 태어나게 되었다.
환경지구로 다시 태어난 베리푼 지구에서는 이민자와 지역주민들 사
이에서 일어나는 대립이나 범죄가 줄어들고 다른 지구로 이사한 사
람 수도 줄어들었다.[16]

출처: 설은영(2009)

〈그림 6-10〉 지역 아젠다21

출처: 설은영(2009)

〈그림 6-11〉 베리푼 지구의 변화

베리푼 지구는 이제 더 이상 낙후된 빈민지역이 아니다. 예테보리 중심가로 몰리는 관광객들은 다시 전차를 타고 베리푼으로 간다. 베리푼의 달라진 환경은 곧 베리푼 변화의 역사이기도 하다. 쓰레기더미 가득했던 공터는 대부분 녹지나 가족농장으로 바뀌었다. 한때 거리의 흉물이었던 무채색 건물들은 산뜻한 외투로 갈아입는 '비주얼 혁신'을 이뤄냈다. 베리푼 지구 주민들의 행복지수는 예테보리 중심부와 비슷해졌으며 범죄율 또한 눈에 띄게 줄었다.[17]

베리푼의 성공은 예테보리 안에서만 머물지 않았다. 스웨덴 전역의 빈민가가 이를 벤치마킹하기 시작했다. 지역에 따라 큰 실적을 거두지 못한 곳도 있지만 전반적으로 보면 평균 이상의 성적을 거두었다. 이것이 스웨덴을 환경선진국으로 발돋움하는 데 주요한 몫을 했다. 흥미로운 사실은 성공하지 못한 지역들은 대부분 지역주민들과의 소통문제를 해결하지 못했다는 것이다.[18]

현재 시정부는 낡은 주택지를 수리·복구하거나 교통기관을 정비하거나 해서 각 지구의 주민들의 요구에 부응하고 있다. 쓰레기대책도 지방의제21에서 시민들이 해결을 촉구한 중요한 과제였다. 1997년부터 시작한 쓰레기 관리계획으로 시내 300군데에 재활용센터를 설치하여 9종류(색유리, 흰 유리, 신문, 잡지, 금속, 플라스틱, 의류, 건전지, 음식물쓰레기)를 수거하여 재활용하고 있기도 하다.[19]

5) 환경상품 구매제도의 정착

예테보리는 약 6만 명을 고용하고 있는 스웨덴에서 가장 큰 고용지역이다. 자치단체 산하에는 다양한 위원회와 30여 개에 이르는 공기업이 존재하고 있다. 이들의 연간 구매력은 약 6억 달러에 이르고 있어 녹색조달을 위한 선도적 역할을 수행할 수 있다.

예테보리는 거래처를 선택할 때에 상대기업의 환경항목을 점검하여 환경활동에 힘을 쏟는 기업을 대상으로 녹색조달을 추진하고 있다.20) 시 정부에 물품을 공급하는 사업자는 특정한 기준을 만족시키는 상품에 대해 제안서를 제출하면서 반드시 환경적 측면에서 많은 노력을 하겠다는 내용을 담은 환경선언을 제출토록 규정하고 있다. 장기적으로 프로젝트 참여사는 계약이 완료된 시점에서 환경적으로 더욱 질이 높은 상품을 제안해야 하며, 이러한 방식으로 지역 내 화학제품 생산 공장들이 지구 온난화 물질의 배출량을 감소시키도록 유도하고 있다.21) 예를 들면, 종이를 구매할 경우 공급자는 환경적으로 적정해야 하며, 종이에 염소가 사용되지 않아야 한다.22)

이러한 녹색조달이 정착된 배경에는 환경운동이 내재되어 있다. 1980년대 후반부터 환경을 해치는 상품은 불매운동을 펼치는 등 환경교육이 있었다. 1990년에는 환경핸드북을 나눠주어 시민들에게 환경에 이로운 상품이나 서비스를 선택하도록 호소했다. 환경핸드북은 예테보리 지방의제21의 출발점이 되기도 하였다. 예테보리의 녹색소비자 운동은 환경을 해치는 세제는 사용하지 말도록 하는 등 시민생활과 밀접한 상품에 대해 선택적으로 구매할 것을 호소하는 일부터 시작했다. 이 때문에 슈퍼마켓에서는 식품에서 세제에 이르기까지 'KRAV'라든가 '노르딕스완' 또는 'Good Environmental Choice' 등의 환경라벨이 붙은 상품이 진열되고 있다.23)

2009년 한국환경산업기술원은 노르딕환경라벨링위원회와 양국의 환경라벨링(환경표지, 노르딕스완)에 대한 상호인정협정을 체결하였다. 이로써 국내기업은 한국환경산업기술원을 통해 쉽게 '노르딕스완' 인증을 취득할 수 있게 되어 시간과 비용을 절약할 뿐만 아니라 현지정보를 보다 빠르게 활용할 수 있게 되었다. 노르딕환경라벨링(노르딕스완) 제도는 북유럽 5개국(스웨덴, 노르웨이, 덴마크, 핀란드, 아이슬란드)의 공동 환경라벨링제도로 1989년 노르딕각료회의에서 도입이 결정된 이후 북유럽국가의 녹색생산 및 소비 큰 역할을 하고 있으며, 북유럽 지역에서의 국민 인지도 95%, 신뢰도 80%를 확보하고 있는 선진화된 환경라벨링 제도다.24)

3. 시사점

예테보리에는 항만을 중심으로 대규모 공장들이 분포해 있지만, 우리에게 지속가능한 환경도시로 이해된다. 이는 전형적인 산업도시의 이미지를 벗으려는 정부와 주민의 의지가 있기 때문이며, 예테보리 2050프로젝트는 이를 위한 다양한 실천방안을 담고 있다.

특히 예테보리의 지역난방시스템은 매우 모범적이다. 예테보리 에너지공사는 민간회사가 생산한 에너지를 사들여 지역난방용을 공급하고 있으며, 에너지원은 주로 쓰레기 소각장이나 공장으로부터 나오는 폐열을 이용하고 있다. 예테보리 전 가구의 약 60%가 이를 통해 저렴한 가격에 지역난방을 공급받고 있다. 예테보리는 건축분야에서도 에너지절감 노력을 하고 있다. 그런 노력의 하나가 난방시스템이 필요 없는 주택이다. 이러한 난방시스템은 불필요한 에너지의 소비를 막을 뿐만 아니라, 거주자들에게 에너지 의식을 심어주는 역할을 수행한다. 에너지의 절감의 문제는 기술과 주민의 의식이 동시에 이루어질 때 해결될 수 있기 때문이다. 이러한 의미에서 주민을 중심으로 한 지방의제21은 매우 중요한 의미를 지닌다. 베리푼 지구에서 볼 수 있듯이, 환경지구로의 새로운 탄생을 위해서는 자치구의 정치적 리더십과 주민 스스로의 노력이 맞물려 작동되어야 한다.

이미 예테보리는 에너지 수요의 20% 이상을 재생가능 에너지로 충당하고 있으며, 신재생에너지를 이용한 지역난방시스템과 친환경 공동주택의 건설, 그리고 에너지 절감형 건축을 통해 지속성을 담보하고 있다. 예테보리의 주거와 교통 등의 도시환경은 이전보다 나아졌으며, 이로써 주민의 삶의 질도 향상되었다. 이러한 예테보리의 성공신화는 세계적인 환경도시를 정치적 의지와 주민의 환경의식이 잠재하고 있는 한 지속될 것이다.

제2절 덴마크 코펜하겐(Copenhagen): 기후변화에 대응하는 환경도시

1. 도시소개

상인의 항구라는 뜻을 지닌 코펜하겐(Copenhagen)은 145년부터 덴마크의 수도였다. 코펜하겐시의 인구는 약 50만 명이나, 대코펜하겐 또는 수도권(주변 25개구를 포함한 행정구역)의 인구는 약 140만 명이다. 이러한 코펜하겐은 스칸디나비아반도와 유럽 대륙을 연결하는 관문도시로서 '북구의 파리' 또는 '북유럽 하늘 입구'라고 표현되기도 한다.[25)]

코펜하겐은 북유럽에서 인구밀도가 가장 높고 세계에서 각종 흥미로운 국제회의와 학회가 활발하게 열리는 도시이다. 코펜하겐은 편리한 교통망을 갖출 수 있는 유리한 지리적 조건을 갖고 있다.[26)]

최근 코펜하겐은 EC(European Commission)가 주관하는 '2014 유럽 녹색 수도 시상'에서 영국의 브리스톨과 독일의 프랑크푸르트 등 17개 유럽 도시들을 제치고 최우수 도시로 선정되었다. 친환경 도시계획과 관리를 통해 도시 삶의 질을 높이기 위한 취지로 제정된 이 수상식은 유럽위원회와 유럽환경관리국 등의 7개 조직 대표들이 추천된 도시들을 기후변화, 녹색교통시스템, 녹색토지이용, 생태계보존, 대기오염, 소음공해, 물 소비, 쓰레기 처리와 관리, 물 관리, 재생에너지사용, 녹색혁신, 고용창출 등의 12개 항목으로 평가하여 시상한다. 특히 코펜하겐은 '녹색혁신'과 '녹색교통시스템' 부분에서 탁월한 성과를 나타냈으며 지속적인 녹색경쟁력을 갖추기 위해 기업과 대학 그리고 시민 단체와 적극적으로 협력하는 등 친환경 도시의 모델을

제시해 주었다고 평가를 받았다.[27]

출처: http://maps.google.co.kr   출처: http://www.kk.dk

〈그림 6-12〉 코펜하겐 위치   〈그림 6-13〉 코펜하겐 도심 전경

코펜하겐은 1970년대부터 일찍이 '저탄소 도시' 프로젝트를 추진
하여 전 세계 그린도시의 성공 모델로 일컬어져 왔으며, 2007년에는
세계 최초로 '2025 탄소중립도시 계획' 수립(Copenhagen Carbon
Neutral by 2025)하여 궁극적으로 추진하는 2025년 세계 최초의 탄소
중립도시로 진입에 더욱 탄력을 받을 것으로 보인다.[28]

코펜하겐 시내는 많은 공원과 중세의 구리 지붕으로 이루어져 흔
히 'green city'로 불린다. 또한 아름답고 깨끗한 거리로 유명하며 궁
전을 비롯한 많은 역사적인 건물, 미술관, 박물관 등이 많다. 번화가,
식당가, 호텔가, 학생가, 서점가, 상점가, 주택가 등이 확실하게 구분
되어 있으며 각 거리마다 독특한 개성을 지니고 있다. 또한 중세의
거리엔 차가 다니지 못하기 때문에 더욱 매력적이다.[29]

2. 핵심내용

1) 코펜하겐 2025 기후계획(CPH 2025 Climate Plan)

덴마크의 수도 코펜하겐이 세계에서 가장 앞서 나가는 탄소중심 수도의 꿈을 꾸고 있다. 코펜하겐 시의회(2012년 8월)는 2025년까지 탄소중립(제로)을 목표로 하는 코펜하겐 2025 기후계획(CPH 2025 Climate Plan)을 통과시켰다.[30] 이러한 코펜하겐 2025 기후계획은 전력 설비를 석탄에서 우드칩(목질계 바이오매스)과 짚으로 전환하고 대형 해상풍력터빈 100기를 건설한다는 내용을 담고 있다. 또한 지열 발전과 도시폐기물을 활용한 플라스틱 생산, 유기폐기물로부터 바이오가스 생산 등을 활성화한다는 계획이다. 물론 건물의 단열 개선과 함께 28만㎡ 규모(축구경기장 40개 크기)의 태양광 패널도 설치된다.

코펜하겐시는 신형 풍력터빈만으로도 2025년까지 약 65만 톤의 CO_2(2011년 코펜하겐 총 배출량의 1/3)를 감축할 것으로 기대하고 있다. 코펜하겐 2025 기후계획은 다음 4가지 중점 분야를 설정하고 있다.

첫째, 에너지 공급부문이다. 탄소중립을 달성하기 위한 핵심 과제는 화석연료에서 바이오매스 및 풍력발전으로 전환하는 일이다. 코펜하겐 시의 주요 전력 설비는 화석연료에서 우드칩 및 짚으로 전환된다. 100기의 해상 풍력터빈은 2025년까지 65만 톤의 CO_2를 감축할 것으로 기대된다. 도시폐기물을 이용한 플라스틱 재활용과 유기폐기물로부터 바이오가스 생산 역시 CO_2 감축에 상당 한 기여를 하게 될 것이다. 기후 계획이 차질 없이 시행된다면, 코펜하겐 시민들은 해마다 4,000덴마크크로네(약 80만 원)의 전기요금과 난방비를 절약할 수 있다. 둘째, 에너지 소비부문이다. 코펜하겐은 2025년까지 모든 건물의 난방에너지를 25% 감축하고 전력 소비량도 20% 삭감한다는 계획이다. 이러한 목표 달성을 위해 에너지 진단과 건물 에너지 효율개선이 이루어지고, 고성능 단열 창호, LED조명, 태양광 패널 등이 설치된다. 또한 모든 신축 건물은 최저에너지등급(2020년 등급=20kWh/㎡·yr 이하)을 충족시켜야 한다. 코펜하겐은 전력 총 소비량의 1%에 해당하는 28만㎡ 규모의 태양광 설비도 설치할 계획이다. 셋째, 녹색 이동성(모빌리티) 부문이다. 코펜하겐은 자전거 도시로 유명하다. 350km 이상의 자전거 도로가 있으며, 통근 또는 통학하는 시민의 36%가 자전거를 이용하고 있다. 코펜하겐 기후계획에 따르면 2025년 통근과 통학 길에 자전거를 이용하는 시민의 수는 50%까지 증가하게 된다. '슈퍼 자전거 통행로(super biking lanes)'라 불리는 새로운 300km 도로망은 교외 주거지역을 시내 중심부까지 연결해 줄 것이다. 코펜하겐시는 전기자동차를 20~30%까지 늘리고, 트럭 등 대형 차량 30~40%의 연료를 디젤에서 바이오가스로 전환할 계획이다. 넷째, 녹색 지자체이다. 지자체는 학교, 기관, 관공서와 같은 건물의 에너지 소비를 45%까지 줄이게 된다. LED 기술을 적용한 도로 조명 교체는 에너지 소비를 절반으로 줄이고, 5만 명에 달하는 도시 노동자들은 캠페인과 교육을 통해 기후친화적인 의식을 갖추게 될 것이다.

출처: 최도현(2012)   출처: 환경부(2008: 24)

〈그림 6-14〉 코펜하겐 2025   〈그림 6-15〉 코펜하겐 해안 풍력단지
　　　　　기후계획

코펜하겐의 해안에는 풍력 단지시스템을 갖추고 있다. 세계에서 2
번째로 큰 풍력단지는 전국 150,000가구의 전력을 공급하기에 충분한
에너지를 생산할 수 있다. 이는 국가의 총 전력 소비량의 약 2%에 달
한다. 해안의 터빈은 육지 위의 터빈에 비해 150%의 전기를 더 생산
할 수 있는 특징을 지니고 있다.[31]

한편 코펜하겐의 지역난방시스템은 세계에서 가장 규모가 크고 오
래되었으며, 가장 성공적인 시스템으로 평가받고 있다. 설제로 코펜
하겐의 97%에 해당하는 가구에 깨끗하고 안정된 난방서비스를 저렴
하고 공급하고 있다. 이 시스템은 1984년 5개 시(코펜하겐, 페드릭베
르크, 겐토프트, 글라드삭스, 탄비)의 시장들이 모여 만들었으며, 바
다로 방출되는 폐열을 각 가정에 공급하는 방식이다. 연간 지역난방
수요의 30% 정도가 폐기물 소각의 폐열에서 공급되고 있으며, 나머
지는 지열에너지와 목재칩, 천연가스 등으로 조달되고 있다.[32]

2) 시티바이크 프로젝트

코펜하겐은 네덜란드의 그로닝겐, 독일의 뮌스터와 함께 세계적인 자전거 도시로 꼽힌다. 코펜하겐은 친환경적이고 건강한 교통수단으로 자전거를 새롭게 인식하고 1990년대부터 자전거에 대한 장려정책을 펼쳐왔다. '그린 웨이브'(Green Wave)라는 교통정책을 도입하는 등 자전거의 도시 코펜하겐에서는 자동차는 자전거에 밀려 열세 분위기다.[33]

코펜하겐 내에는 390km의 자전거 도로가 조성되어 있다. 자동차보다 자전거를 위한 도로가 더 많을 정도인데, 2007년 세계자전거연합으로부터 세계 첫 번째 자전거 도시로 지정되기도 했다. 코펜하겐 시민들 가운데 35%가 자동차 대신 자전거를 선택하고 있다.[34]

출처: http://www.kk.dk   출처: http://www.kk.dk

〈그림 6-16〉 코펜하겐의 자전거 이용   〈그림 6-17〉 자전거 이용 캠페인

코펜하겐은 자전거 우선 정책과 함께 180%나 되는 차량 취득세, 주차료 같은 자동차 억제 정책을 통해 자전거 인구를 늘려왔다. 코펜하겐 시민들은 출퇴근 시 자전거를 이용하는 비율은 37%에 달한다.

편리하고 안전한 교통수단이 자전거라는 사회 인식이 자연스럽게 희망의 탄소 중립국가로 발돋움하게 되었다. 휴가를 각료들과 함께 코펜하겐에서 파리까지 자전거로 여행했다는 라스무슨 덴마크 총리의 자전거 예찬도 유명한 일화이다.[35]

한편 MIT 연구팀은 제동력을 전기 에너지로 변환하는 바이크 휠을 개발했다. 이 스마트 자전거는 전력을 생산할 뿐만 아니라 운동량, 매연량을 추적할 수 있는 새로운 개념의 자전거 휠 개발 프로젝트인 바로 코펜하겐 휠 프로젝트(Copenhagen Wheel Project)를 제안하였다. 코펜하겐 휠 프로젝트의 특징은 브레이크가 동작할 때마다 운동에너지가 전기모터에 의해 전기에너지로 변환되면서 이와 동시에 배터리에 저장된다. 또한 이 자전거는 부가적으로 다양한 기능이 숨겨져 있다. 바퀴에 있는 센서와 애플 '아이폰'을 연결한 뒤 애플리케이션을 사용해 속도, 방향 여행거리 등을 확인할 수 있다. 또한 자전거의 여행거리뿐만 아니라 대기오염 정보수집 및 근처 라이더의 정보를 수집할 수 있어 깨끗한 도시 만들기와 더불어 지역사회 커뮤니티 형성 도모도 기대된다.[36]

3) 랠고스 강 복원 계획

1960년대 도시가 팽창하면서 교외지역이었던 현재 코펜하겐 북부를 관통하는 도로를 만들게 되었는데, 그 과정에서 랠고스 강을 덮게 되었다. 하지만 편의와 개발이 중심 과제이던 시대에서 환경과 자연이 강조되는 시대로 바뀌면서 복개되었던 강을 열고 다시 자연 중심의 샛강으로 복구하는 프로젝트가 활발하게 논의되고 있다. 랠고스 강 복원 계획은 서울시민들에게는 낯설게 들리지 않을 것이다. 바로 서울의 청계천 복원 계획과 유사한 점이 많기 때문이다. 단순히 강의 복원이라는 점뿐만 아니라 복원 계획을 둘러싼 논의에서도 유사한 점이 많다. 물론 논의의 중심에 있는 교통편의 대 자연과 환경이라는 주제는 나라와 문화와 상관없는 우리 세대가 당면한 주요 과제 중에 하나라고 할 수 있지만 다른 면에서는 샛강 복구 프로젝트가 나오게 된 정치적 배경에서도 흥미로운 유사점이 있다. 덴마크에서는 올해 말 지방선거가 예정되어 있는데 현재 집권당인 사회민주당에서는 수도인 코펜하겐에서 상징적인 승리를 거두기 위해 샛강 개발 프로젝트를 주요 공약으로 선정하고 집중적으로 지원하고 있다.[37]

출처: KIDP(2013)

〈그림 6-18〉 랠고스강 위 도로

출처: KIDP(2013)

〈그림 6-19〉 랠고스강의 옛날 모습

샛강 복원은 이전에도 논의된 적이 있었지만, 교통문제에 대한 대안을 마련할 수 없었기 때문에 더 이상 진전되지 못했다. 그러던 중 지난 2~3년간 코펜하겐에 8~9월경에 집중호우가 내리면서 도심 침수 문제가 새로운 과제로 떠올랐다. 이러한 문제에 대한 해법을 모색하던 중 발견한 예가 말레이시아 쿠알라룸푸르의 스마트 프로젝트였다. 도심에 지하터널을 뚫고 평소에는 지하도로로 이용하다가 홍수가 나면 도로의 자동차를 통제하고 그곳을 임시 물 저장소로 활용하도록 하고 있는데 열대성 폭우가 많은 말레이시아에 적합한 성공적인 프로젝트로 평가받고 있다. 이에 따라 코펜하겐에서도 도로를 다시 강으로 복원했을 경우 지하도로를 만들어서 교통과 홍수문제를 동시에 해결하는 방법으로 채택되었다.38)

현재는 프로젝트를 위한 여론 조성이 중심이 되고 있는데 전반적인 여론은 강 복원 사업에 호의적인 편이다. 강 복원 사업의 기본 디자인은 청색과 녹색의 코펜하겐이라는 커다란 디자인 구상에 바탕을 두고 있다. 청색은 물의 색이고 녹색은 식물의 색으로 전체 도심 공간에서 청색과 녹색 공간을 늘림으로써 홍수에 대비하고 삶의 질을 높이는 것을 목표로 하고 있는데 샛강 복원 사업은 그러한 정신에 가장 잘 맞는 프로젝트로 평가받고 있다.

청계천 복원 사업의 경우 복원과 관련하여 논란되었던 것이 청계천이 건천이기 때문에 장마철을 제외하고는 물이 제대로 흐르지 않는 강이라는 것이었다. 따라서 나머지 기간에는 인공적으로 물을 흘려줘야 하는데 이에 대한 비용이 문제가 되었다. 코펜하겐의 랠고스 강의 경우에도 강의 수량이 그다지 많지 않다는 비슷한 문제가 있다. 이러한 문제를 해결하기 위한 해법으로 강변의 아파트와 빌딩 등에 빗물 저장고를 마련하고 이러한 빗물을 강으로 흘리고 도심의 분수대 등에서 사용한 물 등을 복원된 강으로 흘러가도록 함으로써 수량을 확보할 수 있도록 하는 방법이 제시되었다. 또한 우기에 물이 불어났을 때는 그 물을 세차나 청소 난방 등 주변 건물들에서 사용할 수 있도록 함으로써 하수도에 과부하가 걸리지 않도록 계획하고 있다. 폭우로 홍수가 났을 때는 물론 지하차도로 물을 내려 보내고 그

물을 바다로 내보냄으로써 홍수피해를 방지할 수 있게 된다.

디자인 면에서는 복원된 강의 디자인 안은 강변을 계단식으로 처리해서 수량에 따라 강에 대한 접근성을 확보할 수 있도록 방법이 제안되었다. 그렇지만 세부 디자인 계획은 아직 마련되지 않았는데, 이러한 세부 계획은 지방 선거 결과와 그에 따른 예산 확보 문제가 확정된 이후에 이루어질 것으로 보인다. 이러한 도전적인 과제에서 디자인이 여러 환경문제와 교통문제 등의 문제에 어떻게 효율적인 해법을 제시할지 주목된다. 청계천 복원이라는 사업을 지켜본 입장에서는 다른 도시, 나라 대륙에 있지만 비슷한 배경을 가지고 있는 코펜하겐의 샛강 복원작업이 디자인 면에서 어떤 유사점과 차이점을 낳을지 지켜보는 것도 흥미로울 것이다.

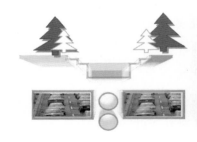

출처: KIDP(2013)   출처: KIDP(2013)

〈그림 6-20〉 지하도로와 터널계획   〈그림 6-21〉 랠고스 강 복원 이미지

4) 코펜하겐과 말뫼의 초국경 협력: 외레스타드 프로젝트

코펜하겐 항(덴마크)과 말뫼 항(스웨덴)의 통합관리는 성공적인 초국경 협력의 모범사례이다. 코펜하겐-말뫼 항만청은 코펜하겐 항만과 도시정부가 후원하며 2011년부터 관리해 왔다. 코펜하겐과 말뫼는 통

합관리 전략을 수립하고, 항만의 확대 운영을 통해 국제적인 인정을 받고 효율적인 투자를 확보하기 위해 노력하고 있다.[39]

사실 코펜하겐은 덴마크의 수도임에도 불구하고 1980년대 말까지 국내외에서 중심도시로서의 입지를 확보하지 못했다. 그러나 1980년대 말 독일이 통일되면서 유럽의 정치지형이 변화했고, 외레순지역의 개발 잠재력이 부각되면서 코펜하겐이 국내외에서 주목받기 시작했다. 이를 계기로 1990년 코펜하겐 의회와 기업대표로 구성된 위원회에서 코펜하겐의 경쟁력 강화 방안을 제시하였다. 여기에는 덴마크와 스웨덴을 연결하는 대교(외레순대교) 및 터널 건설, Kastrup 국제공항 확장, 그리고 철도 개선 등이 포함되었다.

외레스타드는 코펜하겐 도심과 외레순지역 최대의 국제공항인 Kastrup 공항 사이에 개발 중인 310ha 규모의 신지구이다. 외레스타드는 외레순 대교를 거쳐 30분 내외로 말뫼까지 접근할 수 있다. 외레스타드는 코펜하겐 도심으로 연결되는 메트로(metro) 노선을 따라 개발지구가 형성되어 남북으로 긴 띠 형태를 띤다. 1997년부터 개발이 본격화되었으며, 2030년 완료를 목표로 개발이 진행 중에 있다.

외레스타드의 특징은 상징적·미적으로 뛰어난 도시경관 창출이다. 외레스타트는 수(水)공간을 적극 활용한 친환경 도시계획을 수립하였다. 단지 내 동맥이라고 할 수 있는 메트로와 함께 뻗어 있는 수로(커널)는 단지 내 기업 종사자 및 거주자들에게 쉼터와 만남의 장소를 자리 잡았다.[40] 외레스타드는 기업, 대학, 첨단기술의 연구개발이 함께 만드는 소통하고 융합하는 도시를 비전으로 하는 지식기반 경제활동지구로 매력적인 주거시설과 도시 비즈니스 관련 시설이 함께 자리하고 있다.

출처: 서연미(2012: 116)

〈그림 6-22〉 외레스타드의 업무지구

출처: 서연미(2012: 116)

〈그림 6-23〉 외레스타드의 메트로역

출처: 서연미(2012: 116)

〈그림 6-24〉 외레스타드

3. 시사점

코펜하겐은 우리에게 환경도시로의 이미지를 강하게 전달한다. 이는 1970년부터 저탄소도시 프로젝트를 추진하는 등 다방면의 노력이 있었기 때문이다. 그동안 코펜하겐은 녹색혁신과 녹색교통시스템 부문에서 탁월한 성과를 나타낸 것으로 평가되고 있으며, 지속적인 녹색 경쟁력을 갖추기 위해 기업과 대학 그리고 시민단체와 적극적으로 협력하고 있다. 또한 이에 머물지 않고 2007년 세계 최초로 2025 탄소중립도시 계획을 수립하기도 하였다. 코펜하겐 2025는 에너지 공급과 소비 녹색 이동성(교통), 그리고 녹색 지자체에 대한 비전을 담고 있다.

이 중에서도 녹색 지자체는 기술발전에 머무는 것이 아니라 학교, 기관, 관공서 등이 함께 에너지 절감에 동참하고, 주민과 기업, 그리고 근로자 모두가 기후친화적인 의식을 갖추어야 함을 강조하고 있다. 이러한 강조는 산업부문에서의 신재생에너지 이용뿐만 아니라 지역사회에서부터의 환경의식 전환이 요구되기 때문이다.

우리는 도시의 미래에 대해 어떤 상상을 하고 있는가? 매캐한 오염물질이 섞인 비가 며칠째 내려 오전인지 오후인지도 분간하기 어려운 도심지에서 극심한 정체를 빚고 있는 도로 한복판에 오도 가도 못한 채 갇혀 있는 모습을 상상하는가, 아니면 녹색이 가득한 집 앞 도시공원에서 쾌청한 하늘을 바라보며 점심식사 후 담소를 나누는 사람들의 모습을 상상하는가. 30년 뒤 어느 봄날 오후의 한국도시의 단상은 현재 기후변화에 대응하는 구체적인 도시정책의 모색 및 범국가적 차원의 적극적인 실천을 통해 달라질 수 있을 것이다.[41]

정의도시

제1절 캐나다 몬트리올(Montreal): 정의로운 도시로 가는 길

1. 도시소개

몬트리올(Montreal)은 캐나다 동쪽의 퀘벡 주에 속해 있다. 몬트리올은 미국의 오대호(Great Lakes) 중 온타리오 호(Lake Ontario)에서 시작되는 세인트로렌스(St. Lawrence) 강과 북서쪽에서 흘러오는 오타와(Ottawa) 강이 만나는 섬으로 이루어져 있다.[1]

몬트리올은 1535년 프랑스인 Jacques Cartier에 의해 발견된 도시로서 1611년 Samuel de Champlain에 의해 프랑스 식민지로 정책되었다. 1642년에는 Maisonneuve가 구몬트리올(old Montreal)을 개발하였다. 몬트리올은 1701년 평화조약 이후 모피교류센터로서 비약적인 발전을 하였다.[2]

몬트리올은 산업혁명을 거치면서 큰 변화가 나타나기 시작하였는데, 세인트로렌스 강에 최초의 증기선이 1809년에 취항하고 이어 몬트리올 서남쪽에 라신 운하(Lachine Canal)가 준공되면서(1825~1844

년) 온타리오 호에서 대서양으로 통하는 해운시대가 열리게 되었다. 19세기 말까지 몬트리올은 북미에서 뉴욕 다음 가는 항구도시로 발전하였다. 비록 1년 중 5개월은 얼음 때문에 항구의 기능을 상실하지만, 1914년 한 해의 물동량은 900만 톤에 달하였다. 쇄빙선이 도입된 1962년 이후에는 일 년 내내 항구로서의 기능을 회복하였으며, 1982년에는 물동량이 2천만 톤으로 늘어났다. 기선에 이은 철도의 건설은 도시발전의 새로운 기폭제로 작용하기 시작했다. 세계 최초로 1836년에 영국의 리버풀과 맨체스터 간에 철도가 부설되었고 영국의 식민지 중 최초로 몬트리올에 철도가 건설되었다. 해상 및 철도교통의 발달과 함께 부존자원, 인적자원, 그리고 넉넉한 투자재원 등은 19세기 후반 몬트리올의 급격한 산업화에 결정적인 역할을 담당하게 된다. 대규모의 제분공장을 비롯하여 제당, 주정, 섬유와 의복, 그리고 정유공장 등이 들어서기 시작하였다.3)

출처: http://maps.google.co.kr   출처: http://www.ville.montreal.qc.ca

〈그림 7-1〉 몬트리올의 위치   〈그림 7-2〉 예술광장(place of arts)

지금은 1인당 GRP가 3만 3천 달러에 달하는 세계에서 가장 소득수준이 높은 대도시 중 하나가 되었으며, 21세기의 화두인 최첨단 통신

산업, 우주항공산업, 유전공학산업의 발전과 더불어 국제비즈니스센터, 국제금융센터, 국제기구 등이 자리하고 있는 활기가 넘치는 도시로 발돋움하였다. 1970년대 시작한 퀘벡 독립운동으로 많은 기업들이 타 도시로 이전하여 한때 지역경제가 침체상태에 빠지기도 했으나, 북미자유무역협정(NAFTA)을 계기로 경기가 되살아나 지금은 북미에서 가장 역동적인 도시 중 하나로 손꼽히고 있다.[4] 캐나다 정부는 광역도시 개념을 채택하고 있는데, 몬트리올 광역도시(RMR, Regional Metropolitaned de Recensement)의 면적은 4,025㎢나 되며 인구는 340만 명 정도다(퀘벡 주 인구의 약 50%), 몬트리올 RMR 안에는 111개의 자치도시가 있고 5개의 군이 있다.

2. 주요내용

1) Lefebvre의 도시에 대한 권리

도시에 대한 권리라는 개념을 처음으로 알린 사람은 프랑스의 마르크스주의 사회학자이자 철학자였던 Henry Lefebvre이다. 도시에 대한 권리는 과거와 같은 고대 도시에 대한 권리가 아니라 도시 생활에 대한 권리, 부활된 도시 중심성에 대한 권리, 만남과 교환의 장소에 대한 권리, 생활 리듬과 시간 사용에 대한 권리, 완전하고 완벽한 시간과 장소의 사용을 가능하게 하는 권리 등을 포함한다.[5]

도시에 대한 권리는 위에 있는 누군가로부터 각 개인에게 아래로 분배되는 권리가 아니라, 도시거주자들이 능동적이고 집합적으로 도시정치에 관여하면서 스스로 규정해 나가는 것이다. 즉, 정치투쟁을 통해 쟁취하는 권리이다. 이런 측면에서 도시에 대한 권리는 도시공간에 대한 권리일 뿐만 아니라 정치적 공간으로서의 도시를 구성하는 정치공간에 대한 권리이기도 하다. 정치적 투쟁을 통해 얻어진 도시 시민의 권리는 단지 법적 지위만이 아니라 정치적 일체감, 즉 도시에 대한 소속감을 느끼는 것이다.6)

Lefebvre는 젊었을 때는 주로 농촌과 일상성에 관한 많은 글을 썼지만, 60세 이후 도시연구에 몰두해 도시에 관한 많은 역작을 남겼다. Lefebvre는 마르크스의 자본론 초판 출간연도인 1967년부터 100주년이 되는 것을 기념하는 의미에서 1967년『도시에 대한 권리(The Right to the City)』라는 제목의 책을 쓰기 시작했는데, 이 책은 1년 후인 1968년 출간되었다. 이후 1970년『도시혁명』, 1973년『공간과 정치』를 잇따라 집필했고, 1974년 도시와 공간에 관련된 그의 기념비적인 저서『공간의 생산』을 완성한다.7)

2) Lefebvre의 이상도시 파리코민(La Commune de Paris)

1871년 파리코뮌(La Commune de Paris)은 Lefebvre가 도시와 관련하여 선호했던 모든 것들, 예를 들어 축제와 혁명적 정치 같은 것들이 구현되었던 공간이었다. Lefebvre는 코뮌을 유사 이래 유일한 혁명적 도시주의의 실현이라고 여겼다. 코뮌선언은 이러한 것들의 기록이다. Lefebvre에 따르면 파리 코뮌에서 가장 결정적인 것은 변두로와 주변부로 쫓겨난 노동자들이 도시 중심으로 돌아오고자 했던 힘과 자신들이 도시와 자신들이 빼앗겼던 작품을 재반환했다는 사실이다. 코뮌 지지자들은 그때까지의 문화 외 일상에 대해 반기를 들었고, 자유와 자결을 요구했으며, 부르주아 권력과 권위의 상징들을 파괴했다. Lefebvre는 코뮌이 도시 자체를 인간 현실의 표준과 규범으로 만

들고자 한 거대하고 매우 훌륭한 시도였다고 생각했다.8)

올해 파리코뮌은 140주년을 맞는다. 나폴레옹 3세가 통치하는 제2
제정의 암흑기 속의 프랑스. 1870년 프로이센과 벌인 전쟁 탓에 시민
들은 극심한 기아와 굴욕을 견뎌야 했다. 황제는 달아나고 임시의회
가 프로이센과 굴욕적인 협약을 체결하자 이에 반발한 파리시민들은
세계 최초의 사회주의 자치정부를 수립했다. 임시정부의 수장이던 티
에리와 부르주아들은 구체제의 상징인 베르사유로 달아났고, 파리시
에는 시민들이 남아 직접선거를 통해 92명의 의원으로 구성된 시민
의회를 만든다. 노동자 30%, 수공업자, 상인, 언론인, 예술가, 의사 등
으로 구성된 의회는 시시각각으로 시민들과 토론하며 스스로의 권리
를 규정하고 현재와 미래를 만들어 갔다.9)

출처: 경향신문(1997년 2월 3일자)　　　출처: http://en.wikipedia.org

〈그림 7-3〉 1871년 파리코뮌 가담자 처형　　〈그림 7-4〉 1871년 The Bloody Week

"시민들이여, 스스로를 통치하라", "우리의 삶을 규정하는 모든 원
칙들이 매순간 토의되고, 그것이 실천되는 방법을 지켜보는 모두의
눈이 있을 때에만 공화국의 꿈은 질식하지 않는다"고 그들은 외쳤다.

이 꿈 같은 시절 속엔 민주적인 정치적 실천만 있던 것이 아니라 시민들의 문화적인 삶 또한 활짝 피었다. "모든 수업은 개방됐고, 우린 학교에서 예술, 과학, 문학, 민중의 삶을 배웠다. 모두 저 낡은 세상으로부터 어서 빨리 달아나고 싶은 마음에 들떠 있었다." 파리코뮌의 여성그룹을 대표하는 루이즈 미셸은 당시를 이렇게 묘사했다. 코뮌은 도서관·박물관·공연장을 개방했고 튈르리공원에서 열리는 콘서트는 시민들로 가득했다. 시민들의 끓어오르는 문화적 열망을 만개시키는 임무는 당시 쿠르베, 도미에 등으로 구성된 예술가 연합에 맡겨졌다.10)

무상교육, 남녀임금평등, 야간노동폐지, 정·교분리, 노동자자치기업, 외국인들에게 시민권 부여……. 이 놀랍도록 진보적이고 이상적인 생각들은 1871년 3월 18일부터 파리에서 72일 동안 유지됐던 파리코뮌에서 실천됐던 일들이다.11)

3) 몬트리올 권리와 책임 헌장의 주요 내용

개별도시 차원에서 도시권을 담은 헌장을 제정한 가장 대표적인 곳은 캐나다 몬트리올이다. 「몬트리올 권리와 책임 헌장(The Montreal Charter of Rights and Responsibilities)」이라는 이름을 가진 이 헌장은 몬트리올의 시민사회와 도시 행정부가 서로 협력하면서 협정을 제정한 대표적인 모범사례로서 2002년부터 준비에 들어가 2005년 시의회에서 승인되고 2006년부터 발효되었다.12)

2002년 당시 몬트리올 회담에서 도시에서 시민들이 가지고 있는 권리들을 정의함은 물론, 시민들의 통합과 참여에 기여하는 가치들을 강조하게 될 「몬트리올 권리와 책임 헌장」에 찬성하였다. 시민들은 몬트리올 시와 함께 안전, 이웃 간의 정, 사회적 환경에 대한 존중, 그리고 자연 환경의 존중과 보존을 촉진하는 시민적 가치를 고무할 책임을 공유하였다. 「몬트리올 권리와 책임 헌장」은 이러한 시민들의 일상생활에서 시민들의 권리와 책임의 실현을 고취하기 위한 원천으로 제공된 최초의 수단이라고 할 수 있다.

전문
제1부 원칙과 가치
제2부 권리와 책임, 실행 약속
    제1장. 민주주의
    제2장. 경제와 사회생활
    제3장. 문화생활
    제4장. 여가·육체 활동과 스포츠
    제5장. 환경과 지속가능한 발전
    제6장. 안전
    제7장. 도시 서비스
제3부 범위, 해석, 이행
제4부 최종 규정

출처: http://www.ville.montreal.qc.ca 강현수(2009: 69)

〈그림 7-5〉 몬트리올 권리와 책임 헌장

몬트리올 시는 이 「몬트리올 권리와 책임 헌장」을 통해 시민들과 함께 권리와 책임을 구축하고, 그리고 그 적용을 보장하기 위해 헌신을 다할 것을 약속하였고, 시민들은 몬트리올 시, 준 공공기관, 시 산하 조직들, 시 공무원이나 직원, 기타 시를 위해 일하는 다른 어떤 단체의 결정이나 행동 또는 태만으로 인하여 시민들이 무엇이 잘못되

었다고 느낀다면 옴부즈맨에게 이를 호소할 수 있게 되었다.[13]

이 헌장은 제3부로 구성되며, 제1부에는 원칙과 가치, 제2부에는 권리와 책임, 그리고 실행 약속, 제3부에는 범위, 해석, 이행 등의 내용으로 구성되어 있다. 특히 제1조에는 "도시는 삶의 공간이며, 도시 안에서 시민의 모든 가치가 증진되어야 한다."고 규정하고 있다.[14]

몬트리올 권리와 책임헌장(제1부:원칙과 가치)

몬트리올 권리와 책임헌장 제1조의 원칙과 주요 가치 관련 핵심 내용은 다음과 같다[15]

1. 도시는 인간의 존엄성, 관용, 평화, 포용 및 평등의 가치가 모든 시민들 사이에서 장려되어야 하는 영토이자 생활공간이다.
2. 인간의 존엄성은 빈곤과 모든 형태의 차별, 특히 민족이나 국적, 인종, 나이, 사회적 지위, 혼인 여부, 언어, 종교, 성별, 성적 성향 또는 장애에 근거한 것들에 대한 지속적인 투쟁의 일부로서 보존될 수 있을 뿐이다.
3. 존중과 정의, 공평은 몬트리올의 지위를 민주적이고 단합된 포용적 도시로 고양시키려는 집합적 욕망을 발생시키는 가치이다.
4. 투명한 시정 운영은 시민의 민주적 권리 촉진에 기여한다.
5. 시민의 시정 참여는 민주주의 제도에 대한 신뢰 형성과 도시에 대한 소속감 발달 및 능동적 시민의식 고취에 기여한다.
6. 시민의 발전은 커뮤니티를 보호하고 강화하는 물리적, 문화적, 사회적 환경 내에서 전개되어야 한다.
7. 환경 보호와 지속가능한 발전은 경제적, 문화적, 사회적 발전에 긍정적인 영향을 주며 현 세대와 미래 세대의 복지에 공헌한다.
8. 우리의 유산에 대한 인식, 보호, 공개는 삶의 질의 유지와 향상 그리고 몬트리올의 명성에 공헌한다.
9. 문화는 몬트리올의 정체성과 역사, 사회적 화합의 핵심 요소이며 도시의 발전과 활력에 본질적인 원동력으로서 기여한다.
10. 서비스 공급은 시민의 다양한 요구를 고려하여 공평하게 공급한다.
11. 여가와 신체 활동 및 스포츠는 삶의 질 측면에서 전인적인 발달과 문화적·사회적 통합에 기여한다.
12. 몬트리올의 다양성이란 커뮤니티와 모든 출신의 개인들 사이에서 포용과 조화로운 관계를 조성함으로써 한층 강화되는 위대한 자원을 의미한다.
13. 몬트리올은 프랑스어를 사용하는 도시이며, 또한 법에 따라 영어로 시민들에게 서비스가 제공된다.
14. 시민은 타인의 권리를 침해하는 식으로 행동하면 안 된다.

---

4) 도시에서의 인권보호를 위한 유럽 헌장과 도시권 세계 헌장

개별 도시차원을 넘어서 여러 도시가 공동으로 도시권을 보장할 것을 다짐하는 헌장을 제정하기도 하였다. 가장 대표적인 사례가 유럽연합 차원에서 진행된 「도시에서 인권보호를 위한 유럽 헌장(The European Charter for the Safeguarding of Human Rights in the City)」이다. 이 헌장은 바르셀로나 시가 주관한 1998년 유엔인권선언 50주년 기념회의에서 처음 발의된 것으로, 여기에 관심 있는 도시들과 시민단체, 전문가들이 모여 준비 작업을 거쳐 2000년 최종 확정되었다. 현재 유럽의 350개 이상 도시들이 비준하고 있다. 이 헌장의 제1조는 '도시에 대한 권리'를 정의하고 있다.[16)]

한편 전 세계 차원에서 도시권 헌장을 제정하려는 노력이 진행되고 있다. 가장 대표적인 것이 「도시권 세계 헌장(The World Charter of the Right to the City)」를 제정하려는 운동인데, 이는 브라질의 시민단체들이 전 세계를 대상으로 제안하면서 시작되었다. 이 헌장의 추진 배경은 지금까지의 권리 선언이나 협약 제정이 중요한 의의를 지니고 있지만 이것만으로는 충분하지 못하다는 문제의식이다. 따라서 목표는 도시권의 내용을 보장하는 효과적인 법적 수단을 세계적 차원에서 확립하자는 것이다. 이 헌장에 구체적으로 담고자 하는 내용은 도시에서 기존에 인정된 인권을 지키는 것뿐만 아니라, 이를 넘어서 도시에 대한 권리, 즉 지속가능성, 민주주의, 평등, 사회정의 원칙 속에서 도시의 평등한 이용권을 정의되는 새로운 권리를 요구하자는 것이다.[17)]

Proceedings of
The Third Conference for the European Charter for the Safeguarding of Human Rights in the City

Immigration and Human Rights in the City
Rights of the residents, Rights of the immigrants:
the inclusion, the policies on human rights,
the Convention on Europe's future

The European Charter for
the Safeguarding of Human Rights
in the City — Third Conference

제1부 일반 조항
　제1조 도시에 대한 권리
　제2조 도시에 대한 권리의 원칙과 전략적 기초
　　1. 도시의 시민권과 민주적 관리의 완전한 실행
　　2. 도시와 도시 토지의 사회적 기능
　　3. 평등과 차별금지
　　4. 취약한 상황에 놓인 사람과 집단에 대한 특별 보호
　　5. 민간 부문의 사회적 의무
　　6. 연대 경제(Solidary Economy) 및 누진세 정책 촉진

제2부 권리와 책임, 실행 약속
　제3조 도시의 계획과 권리
　제4조 거주의 사회적 생산
　제5조 평등하고 지속가능한 도시개발
　제6조 공공 정보에 대한 권리
　제7조 자유와 고결
　제8조 정치적 참여
　제9조 결사, 집회, 표현 및 도시 공공 공간의 민주적 이용에
　　　 대한 권리
　제10조 정의에 대한 권리
　제11조 공공 안전 및 평화, 연대, 다문화 공존에 대한 권리

출처: http://search.comune.venezia.it 강현수(2009: 69)

〈그림 7-6〉 유럽 헌장

Edward Soja의 공간정의(spatial justice)

정치·사회철학과 사회이론의 '공간적 선회(spatial turn)'를 주창한 에드워드 소자(Edward. W. Soja)는, 최근에 이를 더 구체적으로 발전시켜 '공간정의(spatial justice)' 개념과 비전을 제시한다. 그에게 '공간정의'란 단순히 정의(正義)의 부분집합이 아니며, 공간 안에서의 정의로 한정되는 것도 아니고, 공간과 정의의 공통집합에 그치는 것도 아니다. 오히려 그는 정의가 태생적으로 공간적인 특성을 가지며 또 그래야 한다고 주장한다. 물론 이때의 공간은 물리적 공간이 아니라 사회적 공간이며, 사회적 공간 중에서도 특히 도시공간이 중요하다. 고대 그리스의 폴리스와 로마의 도시(civitas)에서도 도시공간은 사회정의 논의의 모태였을 뿐만 아니라 사회정의 자체가 도시국가의 정치, 사회, 문화, 종교 및 경제활동에 평등하게 참여할 권리로 설정되었다. 나아가 그는 오늘날에도 도시공간은 자본주의적인 부정의와 정의가 겹쳐지는 대표적인 공간이라고 주장한다. 이처럼 '정의'의 공간적인 태생에 대한 강조는, 공간이 사회에 의해 형성되지만 동시에 사회형성에 중대한 역할을 한다는 소자 자신의 '공간적 선회(spatial turn)' 개념과 맞물려 있다.[18]

3. 시사점

도시는 인간의 존엄성, 관용, 평화, 포용 및 평등의 가치가 모든 시민들 사이에서 장려되어야 하는 영토이자 생활공간이다. 이러한 도시에 대한 권리는 위에 있는 누군가로부터 각 개인에게 아래로 분배되는 권리가 아니라, 도시거주자들이 능동적이고 집합적으로 도시정치에 관여하면서 스스로 규정해 나가는 것이다.

이런 측면에서 도시에 대한 권리는 도시공간에 대한 권리일 뿐만 아니라 정치적 공간으로서의 도시를 구성하는 정치공간에 대한 권리이기도 하다. 이러한 정의와 권리에 대한 문제는 비단 다른 나라의 이야기만은 아니다. 근래에 들어 우리 사회는 정의와 관련한 많은 사건을 겪었다. 용산 참사, 총리실 민간인 불법사찰, 양천경찰서 고문, 촛불시위 탄압, 국가인권위원회 파행, 무상급식 논쟁 등은 우리나라의 전반적 정의는 퇴보하고 있는지도 모른다.

데이비드 하비의 주장처럼, 우리가 어떠한 도시를 원하는가는 우리가 어떤 사람이 되기를 원하는가의 문제와 분리될 수 없으며, 우리가 원하는 대로 우리의 도시와 우리의 삶을 만들 수 있는 것은 우리의 가장 소중한 권리 중 하나이다. 우리가 원하는 대로 정의가 실현되고 권리가 확장되는 그런 도시를 만들 수 있다면 우리의 삶도 그만큼 풍요로워질 것이다. 그렇지만 우리의 노력 없이는 절대로 저절로 이루어지지 않는다.[19]

제2절 네덜란드 로테르담(Rotterdam): 산업도시에서 여성도시로

1. 도시개요

14세기 로테르담은 Rotte 강 유역에 위치한 어촌에 불과하였으나, 6세기 뒤 유럽의 가장 중요한 항구로 자리하고 있다.[20] 로테르담은 네덜란드 남서부인 조인트 홀란트(Zuid-Holland) 주에 위치하고 있으며, 라인 강과 마스(Maas) 강이 합쳐지는 하구에 발달한 도시다. 면적은 약 425㎢이며, 지역인구(Rotterdam Region)는 약 120만 명이다. 현재 암스테르담 다음 가는 제2의 도시로 유럽 최대의 무역항인 로테르담 항을 가지고 있어 EU의 관문 구실을 수행하고 있다.[21]

로테르담은 1943년, 1945년 두 차례에 걸친 세계대전을 치르면서 도시 전체가 세 번이나 완전히 파괴되기도 하였다.[22] 그러나 로테르담은 2차 대전 후 대대적인 전후복구과정을 통해 높은 경쟁력을 갖춘 현대적 국제도시로 변모하였다. 로테르담 사람들에게는 '로테르담이 돈을 벌면 암스테르담이 쓴다'는 농담이 있다. 또 약속시간과 신용, 해운업에 대한 자부심이 높아 Rotterdam Hour라는 말도 있으며, 로테르담이 유럽 물류의 중심지라는 의미에서 물류의 중심(EDC, European Distribution)이라고 일컫기도 한다. 모두가 국가와 도시의 특성, 지경학적 환경, 역사, 산업과 교역, 문화, 근면한 국민성과 관련된다.[23]

로테르담의 도시 중심부는 전후의 부흥을 통해 현대적인 도시로 발전하여 훌륭한 업무기능과 시설을 공급하고 있다. 잘 발달된 고속도로, 철도, 주운 등 지역 간 교통시설은 물론 도시 내의 교통시설도 우수하다. 시내 중심부에 인접하여 접근성이 매우 우수한 시내 공항,

그리고 신속한 철도망을 갖추고 있다.24)

출처: http://maps.google.co.kr

〈그림 7-7〉 로테르담의 위치

출처: http://www.rotterdam.nl

〈그림 7-8〉 로테르담의 전경

　현재 로테르담은 높은 경제성장을 보이고 있다. 네덜란드 국민총생산(GNP)의 약 10%를 차지하며, 노동인구의 4분의 1 수준인 10만 명이 항만관련 업무에 종사하고 있어 해운·물류산업이 주종을 이루고 있다. 제조업분야에서는 석유 정제와 함께 조선업이 공업의 주축을 이루며, 기계·화학·식품 공업이 발달해 있다. 취업인구는 최근 5%의 성장을 보이고 있는데 이는 새로 입지한 기업이 증가하였기 때문이다.25)

　특히 로테르담은 국제도시답게 문화 등 국제행사도 활발하다. 1918년 설립된 로테르담 필하모니 관현악단은 기업과 시민의 후원 속에 발전하여 해마다 11만 명의 청중들이 로테르담의 문화 주심지인 될렌(Doelen)에서 개최되는 로테르담 연주회에 참석하고 있다. 또한 보스턴 마라톤대회 등과 함께 세계 4대 마라톤 중 하나인 로테르담 마라톤 대회(Marathon Rotterdam)는 1981년 5월에 첫 대회를 가졌는데

매년 4월 전 세계에서 1만 명 이상이 모여드는 큰 국제행사로 자리 잡고 있다.26)

2. 핵심내용

1) 새로운 도시 정책의 실험

과거 로테르담 도시발전계획(1998~2002)의 핵심 목표는 도시경제의 발전과 고용의 확대에 있었다.27) 그러나 2002년 노동당(진보)의 압도적인 승리(살기 좋은 로테르담!)로 상황이 뒤바뀌었다. 로테르담 시정부는 지역개발전략으로서 '로테르담 페스티벌'이라는 공사조직도 만들어 축제개발을 부추기고 있다. 지역개발과 관광전략의 일환으로 축제전략을 추진해나가고 있으며, 축제들로부터 제안을 받아 지역 상황에 맞거나 또는 관광객 유치, 도심축제분위기 유발 등 지역개발에 생산적인 측면들을 고려하여 선택적으로 지원하고 있다.28)

로테르담은 새로운 정책의 실험대로 대두되었고 그 속에서 새로운 정책이 결합되었다. 로테르담 도시정부는 인구구성비와 사회적 주택재고를 주된 문제로 인식하고, 도시의 인구구성과 공간적 분산에 있어 새로운 변화를 추구하였다. 로테르담의 기존 신화를 바꾸려는 도시정부의 최근 노력은 이러한 맥락에서 매우 중요하다.29)

사실 산업도시 로테르담은 빈곤과 다양한 민족이 함께하고 있는 문화적으로 복잡한 도시이다. 로테르담 인구(약 60만, 전체는 1천6백만 명)의 약 3분의 1이 비-서유럽인(36%, 국가수준은 11%)인데, 이는 최소 부모의 한 명은 비-서유럽에서 이민해 왔음을 의미한다. 또한 로테르담 인구의 16%는 빈곤계층에 놓여 있고(국가수준의 빈곤계층은 8%), 사회주택 거주자는 약 49%(국가수준은 약 30%)이다.

<표 7-1> 로테르담의 인구구성 비율

구분	로테르담	네델란드
2010년 인구(명)	592,939	16,609,145
비서양인 비율(%)	36	11
정부운영의 사회주택의 재고 비율(%)	49	30
빈곤계층 비율(%)	16.3	8

출처: Berg(2012: 156)

로테르담 도시정부의 새로운 실험은 이러한 계급과 민족에 기초한 전략이라고 할 수 있으며, 산업도시라는 기존 신화의 변화를 꾀하는 것이라고 할 수 있다. 특히 도시정부가 내세우고 있는 'la city'는 산업적 이미지를 탈바꿈하려는 데 그치는 것이 아니라 계급의 신화를 청산하는 것에 우선적인 초점이 있다고 할 수 있다.

2) 도시의 여성적 이미지 창출

2008년 7월 10일 한 신문은 마릴린 먼로를 연상시키는 거대 핑크색 칵테일의 사진을 실었다. 이 사진을 실은 'la city' 축제의 대변인은 로테르담을 바라는 여성은 바로 이런 풍의 여성으로 상징화하였다. 잘 교육받은, 주장이 강한, 전통적이지 않은 여성이며, 이는 바람직한 새로운 후기-산업 경제에 필요하다고 여겨진다.[30]

사실 오랫동안 서유럽의 도시들은 남성다움으로 특징지어져 왔다. 거대 타워, 철강건축, 노동자 등은 모두 남성다움의 통념에 속한다. 로테르담 역시 그러한 남성스러운 도시라는 사실은 노동계급 신화와 전쟁 이후의 현대적 개발환경에 엿볼 수 있다. 1980~1990년대 로테르담의 현대적 도시계획과 건축은 남성적인 상징으로 일관되어 왔다. 이러한 공간 젠더링의 좋은 예시는 다음의 인용이다. "로테르담의 이미지는 남성다움에 근거한다. 사람들은 남성다움과 작별하기에 어려움이 있다. 한편 로테르담은 모든 것이 높고 사각형의 도시가 되었다. 모든 것은 남성을 상징한다." 이제 로테르담은 '여성과 가족'을 포함하는 신화를 창조하기를 희망한다. 더욱 중요한 것은 중산계급의 거주자와 방문객을 유인하는 것이며, 이들은 후기-산업경제로의 전환을 위한 촉매제가 될 수 있다. 'la city'는 로테르담의 도전적(daring) 이미지와 여성다움(femininity)의 특별한 브랜드를 결합함으로써 이를 수행한다.[31]

조직위원과 펀드를 책임지는 정치인에 따르면, 로테르담은 빼어난 남성적인 도시로, 이러한 현실성과 이미지는 분명 조정될 필요가 있다고 한다. 한 홍보물에는 이렇게 기록되어 있다. "로테르담은 과감하게 도시의 여성다운 면을 보여 준다. 'la city' 2008축제 동안(한 달 동안 혁신적인 변화와 다양한 이벤트, 패션, 예술, 춤, 사업, 스포츠 등) 도시는 여성적 흥미와 희망을 확인하였다. 로테르담은 여성과 남성을 위해 전보다 훨씬 매력적인 도시가 될 것이다."

출처: Berg(2012: 160)

〈그림 7-9〉 로테르담의 이미지

로테르담은 과거에 근육질 남성이었으나, 이제는 창조적인 요부(temptress)가 되었다. 여성다움으로서의 도시는 가치(virtues)를 가지고 새로운 사람을 유인하는 매혹적인 팜므파탈(femme fatale)이다. 세련되고, 강력하고, 창조적이고, 영감이 좋고, 놀라움으로 가득하다. 실제 축제2009에 대한 평가에서, 로테르담은 통념을 깬 성공적인 도시로 서술되고 있다. 평가보고서는 이러한 평가를 축제의 가장 중요한 성과로 꼽고 있다. 매우 흥미 있는 점은 도시가 더 많은 여성과 중산계층 가구를 도시로 유입하기 위해 성적 매력의 요부 이미지에 호소한다는 점이다. 한 면에서는 요부가 있고 다른 면에는 엄마가 있어 긴장감을 보인다. 그러나 요부 이미지는 주로 항구의 거친 남성적 이미지를 깨는 것에 호소된다. 두 이미지 모두 여성다움의 극대화이다. 로테르담은 초-남성적 신화를 변화시키기 위해 초-여성성을 사용한다. 더욱이 난잡한 여성의 이미지는 회교도 여성과 현대적이지 않는 전통적 사고의 여성을 배제하는 데 기여한다.

뿐만 아니라 'la city'는 이데올로기가 병행한다. 'la city' 2008은 특히 곡선으로 디자인된 특징을 갖고 있다. 이러한 곡선은 여성적 형태를 의미하며, 보다 부드럽고, 여성적인 도시의 모습을 표현한다. 블루칼라에서 핑크칼라로의 변화는 축제의 메시지를 전한다. 축제 여기저기 보이는 하이힐의 이미지가 보이기도 한다. 이러한 메시지는 분명하다. 로테르담은 쇳소리가 들리는 항구의 가죽신발을 칵테일 바의 핑크색 하이힐로 바뀌고 있다는 점이다. 도시는 블루에서 핑크로, 근육질 남성에서 여성으로 변화고 있으며, 여성적 이미지를 강력하게 홍보하고 있다.

3) 도시의 라운지 만들기

도시의 공용공간을 도시의 라운지로 전환하려는 로테르담의 장기적인 도시 전략 요소 중 하나이다. 도시 라운지는 로테르담을 매력적인 주거 및 소비 공간으로 만들기 위한 것이다. "도시 라운지의 개념은 로테르담의 가장 중요한 목표이다. 도시 중심을 만남과 체류, 그리고 거주자와 방문객의 즐거움이 있는 공간으로 개발하는 것이다." 시의회는 로테르담의 주거품질이 개선되어야 하고, 결국 공공의 '라운지'가 필요하다는 점에 동의했다. 로테르담 시의회는 사람들이 여유를 가지고 거리와 공원을 레저의 공간과 소비의 공간으로 즐기기를 희망한다. 도시정부가 나서서 이러한 여유의 공간(passivity)을 만들려고 하는 것은 '진정한 로테르담의 적극적인(active) 신화'를 창조하려는 의도이다.[32]

출처: 한소현(2013: 53)

〈그림 7-10〉 쇼유부르흐프레인

출처: http://www.schouwburgpleinrotterdam.nl

〈그림 7-11〉 광장 요가 프로그램

로테르담의 중심에 위치한 쇼유부르흐프레인(Schouwburgplien)은 1991~1996년까지 진행된 건축 프로젝트의 결과물이다. 2천여 석의 대규모 홀부터 30석의 작은 홀까지 10개의 홀로 구성되어 있는 둘렌

콘서트홀과 로테르담 영화제가 열리기도 했던 파스 시네마 사이에 있는 광장이다. 발주처인 시당국은 애초에 광장이 이탈리아식의 파사드로 둘러싸이게 하는 것을 의도했으며, 이는 도시 분위기를 전환하려는 시도였다. 광장으로의 진입은 일정하게 정해진 진입축이 없이 대지와 면한 네 방향에서 다양하게 접근할 수 있다. 이것은 직선적으로 이루어진 단일의 축을 따라 한 방향에서 진입하던 기존 방식과는 차별된다. 고밀도의 도심지에서 표면을 비워두는 전략으로 계획된 광장은 그 자체로 부각된다. 이러한 새로운 경관창출은 시민들의 역동적 문화경관을 생산하고 있기도 한다.[33]

그러나 도시 라운지는 모든 사람을 위한 공간은 아니다. 현실에서는 특히 젊은 남자들은 경찰에 의해 그 밖에 다른 곳으로 이동할 것을 강요받는다. '불량한 청소년'에 대한 강력한 조치라고 볼 수 있다. 안전정책과 자치법의 맥락을 고려할 때, (공용공간의 어디에서라도 세 사람 이상의 집단이 함께 시간을 보내는 것을 금지하는 법) 이러한 강조는 분명해진다. 네덜란드에서는 소위 '집회의 금지나 공용공간에서의 모임금지'로 불린다. 로테르담은 이러한 금지가 항구적이고 모든 곳에서 강요되는 네덜란드 유일의 자치단체이기도 하다. 일반적으로 이러한 정책적 제재대상의 청소년들은 노동계층의 배경을 가지고 있고, 이주민의 자녀이거나 거의 배제되는 소외층의 자녀이다. 로테르담의 안전정책과 la city는 모두 중산계급과 여성 집단을 위한 공간의 생산을 의미하다. 잠재적 중산계층을 위한 로테르담의 매력을 촉진하려고 할 때, 노동계급의 배경을 가진 젊은 남자들은 배제되는 첫 번째 부류일 수 있다.

로테르담은 2차 대전 후 전후 부흥의 일환으로 재개발사업에 역점을 두어왔는데, 수변 공간 재개발의 대표적인 사례로는 라인 바안지구와 컵 판 자우드지구를 손꼽을 수 있다. 컵 판 자우드는 로테르담 도심을 마주보는 마스(Maas) 강의 남쪽 제방의 반도이다. 과거에는 도크, 조선소, 수출입을 위한 터미널로 사용되었던 중요한 항구였으나, 항구의 중심이 하류로 이동하면서 모든 관련 산업들이 쇠퇴하였고, 결국 단순 항만노동자와 산업용 창고들만 남게 되어 낙후된 이미지로 인식되었다. 이를 극복하기 위해 1979년 기존 주거지역에 공영임대주택개발이 시작되었다. 이후 1986년 시작된 '새로운 로테르담 운동(The New Rotterdam Movement)'을 계기로 도심내부지역의 다양한 재생사업들이 본격화되었다. 컵 판 자우드는 125만㎡의 고급스러움을 중시한 주거, 상업, 교육, 레저의 복합도시로서의 모습을 하고 있다.

결과적으로 로테르담은 컵 판 자우드 프로젝트를 통해서 살고 싶고, 일하고 싶은 매력적인 공간으로서 긍정적인 이미지를 가지게 되었고, 사무공간을 확충함으로써 실업률이 감소되는 등 경제적 성장을 촉진하였다. 더불어 도시의 문화적·사회적·경제적 이익을 만들어 내면서 도시재생이 활성화되는 결과를 가져왔다.[34]

출처: (정순원, 2011: 154)

출처: (정순원, 2011: 162)

〈그림 7-12〉 과거 산업용 도크시설   〈그림 7-13〉 컵 판 자우드 전경

4) 여성계급의 성장을 통한 도시재생

로테르담의 많은 정치인과 정책결정자는 과거 1980~1990년대 로테르담에 있어 교외지역으로의 가구 이탈현상을 크게 겪었음을 안다. 로테르담의 행정(부)은 오늘날 가장 심각한 문제 중 하나는 인구이며, 시민들도 이에 동의한다. 종종 30~40대의 고소득자 집단이 주지로서

의 로테르담을 떠난다. 로테르담은 이러한 고소득자 집단의 이탈에 대해 심히 걱정이다. 1990년 이후 한 해 1,000~5,000명이 로테르담을 이탈하기도 했다. 이전에 비하면 많지 않지만 이러한 경향은 지속되었다. 2008년 전출입 균형은 중립을 이루었다. 전출입의 민족적인, 그리고 교육수준의 차이는 크지 않다. 그러나 소득수준에서 차이를 보인다. 고소득자의 아이들이 있는 가족집단은 이탈하고 있는 것이다.[35]

정치인과 행정가는 이러한 문제의 해결책으로 정부주도의 도시재생을 언급한다. 로테르담의 재구조화에 있어, 시의원과 정책결정자는 이러한 의미의 사회적 혼합이라는 용어를 사용한다. 이 용어는 긍정적인 의미의 도시정책으로서 작용한다. 로테르담 도시는 1990년대 후반 이후 고급화를 추진했으며, 이는 분명 사회적 손실을 줄이기 위한 사회적 혼합이다. 지역사회를 혼합함으로써 빈곤계층은 분산되고 사회적 질서는 잘 유지될 수 있다. 중산계층의 유입을 희망하는 로테르담과 같은 도시에 있어, 사회적 혼합은 고급화를 위한 성공적인 전략일 뿐만 아니라 도시마케팅의 수단이다. 왜냐하면 도시의 관용적이고 포괄적인 메시지는 혼합에 대해 이야기할 수 있는 그 자체가 특정 중산계층을 유인할 수 있기 때문이다. 기타 소수자(빈곤계층이나 소수민족)는 다양성에 대한 하나의 표지로 역할을 수행할 수 있다.

21세기 도시재생의 새로운 촉매제는 가족이며 여성이다. 한 연구는 젊은 전문직 한 가구가 도시적 삶을 어떻게 변화시키고 나아가 지역사회에 영향을 끼치는지에 대해 보여준다. 로테르담은 분명 더 많은 중산계급이 도시의 중심에 살기를 원하며, 도시재생을 유도하고자 한다. la city 축제와 같이 도시의 이미지를 개선하는 수단은 물리적 개선 전략과 중산계층과 소수계층의 혼합이라는 사회정책에 힘을 보탠다. 이러한 정책들은 결국 더욱 '진보적 풍요로운 거주자를 위한 공간의 생산'을 위한 것이다. 계급과 젠더의 교차점에서, 로테르담이 이루려는 것은 여성성을 통한 도시의 변화이다. 공간은 보다 풍요로운 사용자를 위해 생산될 뿐만 아니라 특정 젠더 관계의 사람들을 위해 생산될 수 있다. la city는 분명 여성에게 공간과 기회를 제공하는 도시로서의 로테르담을 만들기 위해 이미지를 여성화하는 데 목적을 두고 있다.

3. 시사점

도시는 적어도 19세기 중반 이후 소비의 공간이 되었다. 또한 여성과 소비는 결합되었으며, 백화점은 생산기반의 사회에서 소비기반의 사회로의 전환을 상징하게 되었다. 현대의 소비문화는 여성의 사회적 해방의 과정과 맥을 같이한다. 여성전용의 놀이공간과 여성의 자유운동에 대한 이야기는 종종 소비적 공간을 의미한다. la city에서의 이러한 소비적 공간에서의 활동들은 서비스기반의 경제를 향한 세계적 도시의 움직임과 함께하기 위해 그러한 소비적 욕망을 상징적으로 나타냈다. 활기차고 전통적 이미지를 깨치는 도시적 신화에 보다 여성다움(여유 활동과 사치가 배태된)을 결합하는 것 이상으로, 블루칼라의 신화를 청산하고 새로운 핑크칼라 경제를 도입하기 위한 최선의 방법은 무엇일까?

사람들은 종종 도시를 젠더(성별)를 통해 인식한다. 로테르담은 근육질의 남성이고, karachi(도시)는 여성으로 인식되며, LA는 나의 연인으로 표현되기도 한다. 현대의 도시는 여성에게 가능성과 자유를 제공한다고 했다. 도시에서의 삶은 근본적으로 남녀의 공간으로 양분된다. 부분적으로는 백화점과 같이 여성을 위한 공간을 제공하기도 한다. 현대도시에 있어 소비자 중심주의 등장은 여성의 해방과 병행되었고 젠더 개념을 변화시켰다.36)

 la city는 로테르담의 젠더 정체성을 변화시키려는 마케팅적 노력에 있어 이러한 문화적 이야기를 사용한다. 로테르담은 그것의 젠더를 변화하기를 원한다. 도시의 행정가들과 마케터들은 도시의 역사에 대해 선택적인 참고를 통해 더욱 새로운 여성적인 신화를 구성하고 있다. 도전하는 도시(daring city)로서의 로테르담의 신화는 남성적이고, 블루칼라와 노동계급 도시, 그리고 항구의 맥락에서 사용되었다. 이제 진정으로 이러한 전통-극복의 신화는 한편에서는 남성적 기업가적 전략과 다른 한편에서는 도시의 여성다움과 중산계층, 그리고 핑크칼라 경제에 기초하여 강화되도록 요구되었다. la city를 통한 여성적인 신화의 생산은 경제성장을 촉진하고 도시에 속하거나 속하지 않은 사람들을 결집한다. la city 사례는 산업도시의 재활성화와 공간의 생산이라는 작업에 있어, 신화의 창조와 젠더의 역동성 속에서의 젠더의 문제에 보다 주의를 기울일 것을 시사한다.

국제도시

제1절 벨기에 브뤼셀: 국제업무도시로의 발돋움

1. 도시소개

한국의 1/3 면적에 인구 1천만 명이 살고 있는 작은 나라 벨기에의 수도 브뤼셀(Brussels)은 아름다운 중세시대 거리를 지닌 도시이다. 브뤼셀은 유럽연합(EU) 본부와 북대서양조약기구(NATO)가 위치한 국제도시로 명실공히 '유럽의 수도'로 불리기도 한다. 브뤼셀시의 전체 면적은 162㎢로 한국의 성남시와 유사하고, 인구는 10만 명이다. 벨기에 안에서 완전히 다른 문화권을 지닌 플랑드르와 왈론지역, 그리고 브뤼셀 수도권 지역이 동등하게 자치권을 갖게 된 것은 비교적 최근의 일이다. 플랑드르(Flanders)와 왈론(Walloons)지역은 TV 방송국도 각각 다르고 도로 표지판도 다르며 문화적인 행사나 국경일도 서로 다르다. 그럼에도 불구하고 분열이 일어날 경우에 닥쳐올 위험과 부담 때문에 연방 벨기에를 유지하고 있다. 벨기에는 작은 나라이기 때문에 역사적으로 외세의 침략을 많이 받았다. 이 때문에 개방성과 다양성을 지니게 되었고, 여러 색깔이 존재하고 있다. 그중 특히 수도 브뤼셀은 도시의 형성과 역사 속에 벨기에 고유의 특수 상황이 잘 반영되어 있다. 언어도 이러한 브뤼셀의 특색을 잘 반영하고 있는데, 지형적으로는 플라망(네덜란드)어 사용지역에 속해 있으나, 거리 이름 등이 프랑스어와 플라망어로 동시에 표시되어 있을 뿐 어디를 가나 프랑스어가 통한다. 또한 레이스 융단을 비롯하여 모직물, 면직물, 염색, 가구, 종이, 인쇄, 출판 등 각종 산업이 발달한 남부의 공업구에서는 아직도 브뤼셀의 고유한 방언이 사용된다.[1]

출처: http://www.brussels.info

〈그림 8-1〉 브뤼셀 대광장과 트램

2. 핵심 내용

1) 국제업무도시의 형성 배경

브뤼셀은 유럽연합의 수도이다. 브뤼셀의 발전 전략은 유럽 중심으로의 도약과 불가분의 관계가 있다. 국제기구를 유치함으로써 세계도시로 도약하려는 브뤼셀의 구상은 매우 오래된 전략이었다. 1910년 국제기구연합(Union des Associations Internationales)의 창설은 브뤼셀을 국제적인 수도로 만들려는 전략의 일환이었다. 이 모임은 437개의 등록된 국제기구를 관장하는 조직으로서 이들 중 1/4이 브뤼셀에 본부를 두고 있었다. 이와 함께 워싱턴 DC를 모방해서 브뤼셀에 세계연방자치구(World Federal District)를 만들어 보다 많은 국제기구를 끌어 모으려는 방안이 제시되기도 했다. 이와 같이 브뤼셀을 단순히 벨기에의 수도만이 아니고, 초국가적인 수도로 만들려는 야심은 이미 1세기 전부터 엘리트들 사이에 존재하였다.2)

그 이후 1951년 유럽석탄・철강연합(European Coal and Steel Community)을 시작으로 브뤼셀은 조정과 협의, 실무적 국제기구들을 유치하였다. 특히 유럽연합의 실무를 집행하는 유럽연합본부(European Commissions), 유럽연합의 의견조정, 결정기구인 유럽연합연희기구(Council of European)를 유치하고 있다. 이를 위해 특별히 865,000㎡에 달하는 유럽연합단지를 조성 기존 도심 동쪽에 위치하고 있다. 또한 브뤼셀 인구의 30%가 외국인이며, 그중 약 2만 명이 국제기구의 상주직원으로 근무하고 있다.3)

2) 기존 도시와의 관계

2차 세계대전의 독일공습 이후 브뤼셀은 도시재건과 함께 도시의 팽창을 하게 되는데 그중 하나가 바로 European Quarter로 지정된 지금의 국제업무 단지 지역이었다. 처음부터 브뤼셀은 국내의 행정기관이 밀집되어 있는 지역과 연계해 국제기구를 유치하였는데, 이는 상기했던 '도심 인접형' 국제업무지구의 유형이다. 모빌리티의 측면에서 브뤼셀은 도버해협의 관통과 이후 고속열차 TGV의 등장과 함께 유럽의 중간정착지의 역할을 하고 있다. 북역인 Brussel Nord 역은 파리로 가는 열차의 기착점이며, Brussel Centeral 역은 도시 내(Inner-city) 모빌리티와의 연결, 그리고 남역인 Brussel Midi 역은 런던을 가는 고속열차의 출발지이다. 이들은 국제업무지구와 대략 2Km 정도 떨어져 매우 인접하고 있다. 공항의 경우 북동/쪽으로 10km 떨어져 있는 브뤼셀 국제공항(BRU)은 세계 전역을 순항하는 주요항공사의 공항이며, 약 30km 떨어져 있는 브뤼셀 남공항 Charllerol Brussels(CRL)은 유럽지역만을 순항하는 저가 항공사의 공항이다. 그리고 위성도시지역들을 관통하고 있고, 공항과의 연결은 환승버스로 하고 있다.[4)

한편 벨기에는 연방정부 수준에서 명백한 도시정책을 발전시킨 사례이며 1990년대 후반 이후 연방정부 및 지역정부 수준에서 도시정책이 방안이 다수가 통과되었다. 연방대도시정책부 장관이 임명되었고 프랑스의 Politique de la Ville와 네델란드의 Grotestedenbeleid에 자극받아 통합정책을 위한 정책 틀을 설립하였다. 이러한 국가도시정책 틀은 사회적 결속, 언전 개선, 물리적 재활을 장려함으로써 도시의 삶의 질을 향상시키기 위한 프로그램과 프로젝트를 지원하는 특징을 가진다. 세제 인센티브를 도입하는 특별법이 통과되었고, 이 제도는 연방정부, 광역정부, 선택된 도시들 간의 파트너십 계약에 기초한다. 연방대도시정책은 플랑드르 도시정책과 브뤼셀 도시정책의 조화인데 플랑드르 지역의 접근 방식은 사회문제 플랑드르 지역의 접근방식은 사회문제 중심에서 경제기회의 향상 중심으로 바뀌었고 브뤼셀의 근린계약은 경제적 기회에 더 많은 주의를 기울이고 있다.[5)

3) 국제업무도시로서 브뤼셀의 위상

브뤼셀은 유럽의 수도로서 자신의 위치를 공고화함으로써 세계도시로 부상하였다. 세계도시는 규모나 전문화의 양태 면에서 다양하다. 금융과 서비스에 특화된 도시도 있고, 정치나 생산에 특화된 도시도 있다. 브뤼셀의 경우는 유럽의 수도라는 맥락 속에서 자신의 역할을 특화하고 있다고 평가할 수 있다. EU의 정책과 법안을 만드는 EU기관들은 브뤼셀이 유럽이 만든 세계도시로 발돋움하는 기반이었다. 객관적으로 볼 때 브뤼셀은 글로벌한 차원에서 명실상부한 세계도시와는 다소 차이가 있지만, 유럽 차원에서는 세계도시라 할 수 있다. 즉, 유럽연합의 수도라는 측면에서 상당한 타당성이 있다.

지금까지 세계도시 연구 결과는 대부분 브뤼셀을 2등급(Beta) 세계도시로 분류하고 있다. 구체적으로는 뉴욕, 런던, 파리, 시카고, LA, 동경, 취리히 등에는 못 미치지만 그다음 계층에 속한다. 그리고 단순히 국제기구의 본부가 있는 도시가 아니라, 국제경제의 중심지로서도 자리를 확고하게 잡아가고 있는 것으로 평가하고 있다. 유럽 내에서는 런던, 파리, 프랑크푸르트, 밀라노 등의 알파(Alpha) 세계도시보다는 뒤지지만, 취리히, 마드리드, 모스크바와 함께 베타(Beta) 세계도시에 속한다.[6] 모든 측면을 종합해 보면, 유럽 내에서는 런던, 파리에는 뒤지지만, 암스테르담, 마드리드, 밀란, 비엔나, 취리히 등과 어깨를 나란히 하고 있다고 평가된다. 유럽에서 브뤼셀이 담당하는 주된 역할은 정치·경제 양 측면에서 유럽의 경제공간(economic space)을 통제·조정하는 것이다. 이런 역할은 세계회의 진전과 함께 더욱 중요성이 커질 것이다. 이러한 도시들은 세계경제(global economy)의 핵심적인 네트워크를 형성하게 된다.[7]

벨기에 경제에는 1950년대 이후 많은 다국적 기업이 침투해 있고, 특히 미국 기업들이 자본 유입을 주도하였다. 1960년대에는 거대한 제조업 공장을 세웠지만, 1980년대 중반 이후에는 유럽의 다국적 생산 공정을 통해, 조정하는 기능을 주로 하는 본부를 세우기 시작했다. 유럽시장이 점점 더 통합되고, 벨기에 정부가 일련의 특별한 조세조치나 정책을 통해 보다 적극적으로 해외투자를 유치하기 위해 노력을 경주한 결과 벨기에는 매력 있는 투자처로 변신하기 시작했다. 브뤼셀은 다국적 기업들 사이에서도 투자하기에 적합한 도시로 촉망받고 있다. 브뤼셀은 시장 접근성, 통신시설, 양질의 노동력, 복수언어 사용자, 외부와의 교통 연계성 등에서 높은 점수를 받고 있다. 2000년대 초에 300여 개의 미국 다국적 기업의 유럽본부가 벨기에에 있었고, 그 중 60% 정도가 브뤼셀 지역에 있었다. 즉, 브뤼셀에는 국제적인 비즈니스 활동이 많이 행해지고 있지만, 거의 대부분은 외국계 다국적 기업의 지사나 지역본부가 차지하고 있다. 브뤼셀은 국제 금융이나 비즈니스의 중심은 비록 아니지만, 세계도시 네트워크에 긴밀하고 광범위하게 연결되어 있다. 이는 브뤼셀이 EU의 다양한 기구들이 발전함에 따라 초국가적인 정치활동의 중심지로 부상했다.[8]

출처: http://ec.europa.eu

〈그림 8-2〉 브뤼셀의 EU지구

결국 1958년 설립된 EEC(European Economic Community)와 Euratom
의 집행위원회가 브뤼셀에 설립된 일을 계기로 브뤼셀은 유럽통합의
중심지로 부상했다. 이후 1965년 통합조약에 의해 세 개의 공동체가
EC(European Community)로 통합되고, 통합된 공동체의 집행위원회가
브뤼셀에 설치되면서 브뤼셀은 유럽통합을 상징하는 장소로 빠르게
발전했다. 브뤼셀에는 EU관련 업무 수행을 위해 관련 기관들이 몰려
들면서 EU 지구가 형성되었고, EU 지구를 찾는 기관들의 지속적 증
가로 EU 지구 내 공간 부족과 임대료 상승 문제가 부상했다. 그러나
브뤼셀을 찾는 EU 관련 기관들의 행렬은 계속되고 있다. 공간부족
문제는 EU의 탈브뤼셀화 대신 브뤼셀 내에서 EU 지구를 확장하려는
논의로 발전하였다.9) 즉, 브뤼셀은 2004년부터 EU가 중유럽과 동유
럽으로 확장함에 따라 지리적으로는 브뤼셀이 더 이상 유럽의 중심
이 아니다. 그럼에도 불구하고 EU와 관련된 업무를 수행하는 기관들
은 업무의 편의와 효율성 측면을 고려 계속해서 EU 지구로 몰려들고
있다. 결과적으로 유럽통합의 중심지로서, 일명 유럽의 수도로서의
브뤼셀 위상이 유지되고 있다. 유럽통합에 대한 국제사회의 관심이

계속되고 있는 시점에서 EU의 중심지로서 브뤼셀의 위상은 지속적으로 유지되고 있다.[10]

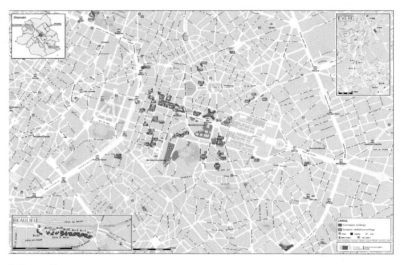

출처: http://ec.europa.eu

〈그림 8-3〉 브뤼셀에 입주해 있는 EU 위원회

4) 국제업무도시의 지역사회에 대한 영향

EU 지구 형성은 임대료와 고용창출을 비롯하여, 이사회를 위해 EU 각 회원국 대표단의 방문시의 임대료 수입, EU 지역과의 무역을 위한 기업 입주, 유럽공무원 등 외국인 유입에 따른 인구 증가, 주변 상권형성 등에 따른 각종 경제효과를 유발하면서 브뤼셀 경제에 막대한 수익을 안겨주고 있다. 2007년 발표된 브뤼셀자유대학교(Universitée Libre de Bruxelles) 연구팀의 조사에 따르면, 브뤼셀에 소재한 EU를 비롯한 국제기구들은 지역 GDP가 약 5% 상승하고, 고용이 약 4.5%

증가하는 데 직접적인 기여를 하는 것으로 나타났다. 파급효과를 계산하면 최대 GDP의 약 13% 상승과 고용 12.5% 증가에 이른다. 여기에서 창출된 일자리 수는 약 28,000개에 달한다.

즉, EU에 한정하더라도 브뤼셀 시내 전체 사무실의 약 30%가 EU 산하기관 및 협력기관이 사용한다. 브뤼셀에 소재하는 외국계 기업 사무실은 약 2,300개 달하는데, 이들이 브뤼셀에 사무실을 개소한 데에도 이곳에 EU 지구가 형성되었다는 점이 크게 작용했다.[11] 인구 측면에서도 EU 지구는 고용을 통해 약 5만 명에 달하는 인구를 직간접적으로 브뤼셀에 유치했다. 더불어 약 2만 명의 사람들이 EU 지구가 형성되었다는 점 때문에 브뤼셀에서 근무하게 되었다. 2009년 기준으로 EU 직속기관에 근무하는 브뤼셀 상주 유럽공무원만 해도 EU 집행위원회 약 25,000명, 유럽의회 약 6,000명 등 약 39,000명에 달하고 이들의 약 2/3는 브뤼셀에 거주한다.[12]

브뤼셀 시가 벌어들이는 직접적 수입은 매우 크다. 브뤼셀 시내 전체의 사무실 면적은 약 3,500km²인데 그중 절반을 EU 지구가 임대하여 사용한다. 이들 EU 지구가 1년에 지출하는 행정비용은 약 20억 유로에 달하고, 이 중에서 약 절반이 브뤼셀 시의 수입이 된다. 이 비용에는 외교관이나 기자들이 사용하는 약 8억 유로가 포함된다. 또한 EU의 각종 국제회의 등으로 방문하는 사람이 증가하여 브뤼셀 숙박업체가 벌어들이는 수입도 연간 220만 유로에 이른다. 외국인 거주자를 배려하여 운영 중인 브뤼셀의 30여 개 국제학교를 통한 수입도 연간 9천9백만 유로에 달한다. 이처럼 EU 지구가 브뤼셀 시 경제에 차지하는 비중은 막대하다.[13]

브뤼셀에 EU 지구가 긍정적인 영향을 미치고 있지만, 다른 한편에서는 EU 지구의 발전이 브뤼셀 사회의 분열을 초래한다는 우려도 있다. EU 지구의 지대 상승과 국제화가 지역에 거주하던 브뤼셀 시민들을 타 지역으로 몰아내고 있고, 결과적으로 EU 지구에 거주하는 외국인들은 현지어인 프랑스어나 네덜란드어를 사용하지 않고 자신의 자녀들에게도 현지어를 학습하거나 벨기에 학교에 보내려는 노력 없이, 현지인과 차별화된 외국인으로서 생활을 영위하는 경향이 있다. 그러나 브뤼셀 시민들은 EU 지구에 대한 거부감보다는 EU 지구가 브뤼셀 경제에 주는 이익을 떠올리며 EU 지구 형성으로 브뤼셀이 유럽의 수도 기능을 담당한다는 데 자부심을 표시하는 것이 일반적이다.[14]

3. 시사점

국제업무도시로서 브뤼셀은 유럽연합수도이면서 유럽 각국의 산업, 경제, 문화의 요충지로서의 특징을 지니고 있다. 한국의 경우도 인천 송도를 국제도시로 거듭나기 위한 전략을 추진하고 있다. 유럽의 수도라는 측면에서 브뤼셀은 국제업무도시가 갖추어야 할 언어, 문화, 도시정책 등이 다양하고 개방적이다. 또한 국제업무도시에 걸맞게 유수의 국제기업들이 들어서 있어 브뤼셀에 경제적 이익 창출 효과도 상당하다. 즉, 브뤼셀 지역에 미치는 긍정적 효과는 단순한 경제적 효과뿐만 아니라 다양성과 통합성에 기초하는 브뤼셀만의 도시 경쟁력을 증대시키고 있다는 것이다. 반면 지역사회에 부정적 효과로는 지역주민의 타 지역으로의 이전, 지가상승, 언어의 국제화 등으로 인한 브뤼셀의 고유한 문화적 특성이 없어질 것이라는 우려가 거론되고 있다. 그러나 도시의 생존과 통합유럽의 관점과 관련하여 브뤼셀은 지속적인 성장을 이어갈 것으로 보이고, 장기적인 측면에서 벨기에 전체에 부정적 효과보다는 긍정적인 효과를 창출할 것이다.

제2절 영국 도클랜드: 물류산업중심도시로의 재탄생

1. 도시소개

대영제국의 중심이었던 수도 런던을 가로지르는 템스 강 하류에 도클랜드(Docklands)라는 지역이 있다. 대영제국이 번성을 누리던 빅토리아시대(1837~1901)에는 식민지를 지배하고 세계의 바다를 지배하기 위해 수많은 선박이 필요하였다. 이러한 배들을 만드는 조선소와 화물을 싣고 부리며 '런던의 대문', '영국의 대문' 역할을 해 오던 곳이 도클랜드였다. 이름에서 알 수 있는 것처럼 이곳에는 크고 작은 도크(로열도크, 인디언도크 등)들이 즐비하여 많은 배들을 만들었던 곳이다. 그러나 현재 도클랜드에서 조선소는 거의 없는 실정이다.[15]

출처: http://dockland.co.uk

〈그림 8-4〉 템스 강 주변 전경

도클랜드는 영국 런던도심 동측 8km의 템스 강변에 위치해 있고, 총 면적은 2,200ha이다. 도클랜드의 인구는 약 22만 명이고, 인구밀도는 ha당 55명이다. 도클랜드는 구 항만지역을 1981년부터 신도시로 개발하면서 국제업무도시로서 기능을 시작하게 되었다. 도클랜드는 런던 도심에 인접한 전통적 항만도시로서, 철도, 자동차, 항공 등 근대적 교통수단의 발달로 인해 해상수송 수단이 경쟁력을 상실하면서 쇠퇴하였다. 노동당 정권이 시도한 지방정부 위주의 재개발 정책이 실패한 후, 대처 정부는 런던 도클랜드 개발공사를 설립하고 일부 지역을 기업특구로 지정하여 재개발 사업을 추진하였다. 지난날 지속적으로 추진해오던 저소득층용 주택단지 개발계획을 폐기하고, 국제금융센터, 시티공항 등 대규모 프로젝트를 추진하여 주목할 만한 성과를 창출해 내었다.[16)]

2. 핵심 내용

1) 국제업무도시 개발 배경

도클랜드는 1880년대 런던의 항구로 개발되면서 1960년대까지 유럽의 가장 번성한 사업항구이자 세계에서 가장 큰 규모의 시스템을 가진 항구였다. 그러나 1960년대 이후 제조업에서 서비스업으로의 경제구조의 변화, 대형컨테이너화와 항공수송기술의 등장으로 인해 1967년 East India Dock의 폐쇄를 시작으로 1981년 Royal Docks의 폐쇄에 이르러서는 대부분의 기능이 중지되어 런던 도클랜드 지역은 급격한 쇠퇴를 겪게 되었다. 이로 인하 도크들의 폐쇄로 지역경제가 급속히 쇠퇴하면서 결국 폐허처럼 방치되기에 이르렀고, 세월이 흐르면서 쓰레기가 쌓이고 부랑자가 모여 드는 등 여러 가지 문제점이 발생하게 되었다. 1960년과 1981년 사이 25,000명을 고용하였던 도클랜드 지역이 4,100명으로 줄었고, 1961년과 1981년 사이 28%의 인구감소, 1981년 21.4%의 실업률을 기록하였다.[17] 이러한 쇠퇴한 지역 경제의 활성화 요구 등으로 인하여 1981년 런던 도클랜드 개발공사 (London Docklands Development Corporation: LDDC)가 설립되면서 신도시의 개발을 촉진하였다. 그리고 정부 주도의 대규모 용도변환을 통하여 도시 기능의 회복, 도심부의 업무시설 공급부족 및 주택난 해소, 과밀방지, 도시경쟁력을 가진 국제적 업무 단지로 발전하게 되었다.[18]

출처: http://www.lddc-history.org.uk

〈그림 8-5〉 런던 도클랜드 개발공사가 위치한 도클랜드 전경

정치적으로는 1979년 보수당이 집권하면서 대처정부는 기존의 도시개발 정책과의 차별화를 시도해 지방정부 도시계획 토지법을 제정하고, 이 법에 근거하여 중앙정부 직할의 도시개발공사를 1981년 6월에 설립하였다. 재개발 공사의 주요목표는 부동산 개발을 통해 해당 지역을 경제적으로 재건하는 것이며, 특히 토지 건물의 적절한 이용, 상공업 개발의 촉진, 매력적인 환경의 형성 및 거주자 및 업무자를 위한 편의시설 설치 등이다. 대표적으로 도클랜드 재개발을 기존 런던 자치시에서 담당할 경우 역량의 부족으로 너무 제한적이고 시대에 뒤떨어진 부적절한 개발이 될 것을 우려하여 런던 도클랜드 개발

공사를 설립하였고, 거기에 모든 개발권을 넘겨주게 되었다. 도클랜드 개발공사는 토지를 협의 혹은 강제 수용될 수 있었고, 이를 통해 개발토지를 확보할 수 있게 되었다. 대처정부는 도클랜드를 개발할 때 영국의 전통적인 개발방식에서 탈피하여 시장의 역할을 강조하는 방식을 채택하였다. 즉, 지역민주주의에 원칙에 입각하여 전략적으로 계획된 개발에서부터, 지방정부와 지역주민들을 배제한 채 중앙정부와 개발업체들이 주도하는 개발로 방향을 전환하였다. 그래서 영국의 전통적인 전략적 개발방식은 포기되고 시장의 국면에 유연하게 따라가는 개발방식이 도입되었다. 대처정부가 도클랜드를 개발하기 위해 설립된 런던 도클랜드 개발공사는 시장주도적 도시계획을 표방하였다.[19]

2) 도시개발사업의 추진과정

도클랜드의 도시개발사업은 크게 3단계로 진행되었다. 첫 번째는 준비단계로 개발을 위한 논의가 진행되는 시기였다. 두 번째는 인프라 개발단계로 도시개발 사업이 본격적으로 시작되는 시기로 개발에 대한 논쟁과 지지가 따르는 시기였다. 세 번째는 정착단계로 도시개발을 통해 긍정적인 효과로 투자유치가 성공하고 실업률이 줄어드는 시기였다.[20]

(1) 준비단계(1981~1986): 1980년대 전반부는 도클랜드 개발안을 지도에 표시하는 정도의 준비단계였다. 정부가 보유한 토지를 판매하고 지역개발 잠재력에 대한 적극적인 홍보를 시작하였다. 인프라 개선사업에 착수하였으나 사업에 반대하는 해당 지역 구(Borough) 정부와 긴장이 고조되었다. 계획 관련 지역의 인프라 개선을 필요한 충분

한 재원이 없어서 사업진행이 더뎠기 때문이었다. 정부는 이 시기에 카나리워프(Canary Warf)지역을 재개발 대상지역으로 추가시켰다.

(2) 인프라 개발단계(1987~1990): 런던 도클랜드 개발공사의 지역 개발예산이 100백만 파운드로 대폭 증가되었고, 공공주택, 보건 교육 훈련에 재원이 투입되었다. 이러한 거액의 재정지원 확보는 지역사회의 여러 시민조직으로부터 개발사업에 대한 반대에서 지지로 돌아서게 하는 계기가 되었다. 구정부와의 관계도 점차 개선이 이루어졌다. 그러나 인프라 부문의 개선이 가시화되어 감에도 불구하고 부동산 시장은 계속 침체되었고, 주택과 상업용 부동산 개발에 대한 민간투자는 부진을 면치 못하였다. 따라서 이 사업의 유효성에 대한 의문과 비판이 집중적으로 제기되었다.

(3) 정착단계(1991~1998): 제3단계 시기에는 1980년대의 부진을 서서히 극복하고 본격적인 개발이 진행되었다. 특히 1990년대 중반부터는 많은 투자유치 성과가 나타났다. 그 결과 24,042채의 신규주택이 건설되었고, 약 8천 채의 주택이 리모델링되는 등 많은 개선이 이루어졌다. 사업체 수는 1,021개에서 2,690개로 증가하였고, 일자리 수는 27,213개에서 85,000개로 크게 늘어났다. 실업률도 17.8%에서 1998년에는 7.2%로 감소하였다. 또한 인구도 39,400명으로 두 배 이상 늘어나 큰 성장을 이룩할 수 있는 기반이 조성되었다.

3) 도클랜드 도시개발사업의 주요 내용

도클랜드 도시개발 사업은 크게 4개 지구로 구분되어 시행되었다. Wapping and Limehouse 지구는 1997년 완공되었고, 지역적 특성에 맞는 지역개발로 세계무역센터와 타워호텔, 백화점, 식당 등 사업지구로 재개발되었다. Surrey Docks는 1996년 완공되었는데, London Bridge City라고 불리는 상업시설과 주거시설의 복합기능 및 단독주택군을 정비한 전문식당가. Pub, 레저시설 등이 들어서게 되었다. Isle of Docks는 1997년 완공되었으며, 재개발사업의 핵심위치로 지역의 일부를 Enterprise Zone으로 설정하여 법인세, 소득세, 재산제 등의 면제와 경감이 이루어졌다. 또한 유럽 금융시장 중심지로 부상한 Cannry Wharf가 위치, 국제금융센터 등 24시간 가동되는 핵심 업무지구를 형성하게 되었다. Royal Docks는 1997년 완공, 런던 시티공항을 개발하여 유럽 각 도시와 연결하였다. 또한 Business Park(10만 평), Exhibition Center(10만 평), West Sliver Urban Village(10만 평), Royal University College(3만 평), 기타 상업 및 레저시설(10만 평) 등이다. 이러한 각 지구의 규모와 특징을 표로 정리하면 <표 8-1>과 같다.21)

출처: http://www.lddc-history.org.uk

〈그림 8-6〉 1998년의 웨스턴. 와핑. 앨비언 도크 전경

<표 8-1> 도클랜드 각 지구별 규모 및 특징

지구	규모	특징
Surrey Docks	82만 평	• 상업시설(London Bridge City) • 복합주거시설, 식음/레저 • 주택/마리나 등 각종 해양 • 스포츠시설/박물관/가축농장 등
Wapping	54만 평	• 세계무역센터, 타워호텔, 백화점, 식당 등 상업지구 • 전통적인 양식의 거리와 건물: 매력적인 사업, 주거지구(사무실, 고급아파트, 마리나 등) • 주요시설: 런던타워, 월드트레이드 센터, 타워호텔, 대규모 안내소
Isles of Docks	59만 평	• 중핵적 재개발 위치로 기업유도조성지구(면세혜택), 국제금융센타(Cannary Wharf) 및 주변공간 위락시설 계획 • 다목적 체육관(12,500석 규모의 회의장으로 전용 가능) • 호텔(400실/2개소) • 기업체 업무용 빌딩(29개소)
Royal Docks	Business park: 10만 평 West Silver Urban Village: 10만 평 Royal University Collage: 3만 평 Exhibition Center: 10만 평	• 런던시티공항을 개발하여 유럽 각 도시와 연계 • 비즈니스 파크(제조시설, 연구소 등), 사무실, 주거시설 • 대학교 • 대규모 체육관, 전시관, 호텔/휴양시설, 스포츠시설 등 • 25,000석의 체육관, 전시관, 쇼핑시설, 호텔 등

4) 혁신적 신도시 개발사례로서 도클랜드

도클랜드는 도시개발을 통해 혁신적인 신도시 개발 사례들을 보여주고 있다. 특히 교통기반시설 확충을 통한 신교통시스템과 런던시티 공항이 있고, 지역적 특성에 맞는 주택개발이 이루어졌다. 또한 전통의 가치와 주변공간을 통한 개발이 이루어졌고, 민자투자 유치가 활성화되어 관련산업이 부흥하는 계기가 되었다.22)

(1) 교통기반시설 확충(신교통시스템, 런던시티공항)

정부보조 및 토지분양으로 조성된 17억 파운드의 상당부분이 경전철, 도로 등 교통시설에 집중되었다. 도클랜드를 가로질러 런던 도심과 동쪽 끝 거주지역인 백턴지역을 잇는 도클랜드철도(Dock Lands Light Railway)를 건설, 이 경전철을 이용하여 곧바로 도심 진입이 가능하며 지하철(Underground)을 갈아타면 런던시내 어디로든 쉽게 갈 수 있다.

도클랜드 철도와 버스 외에 50명 안팎이 승선하는 수상 셔틀버스도 템스 강을 통해 런던 도심에서 신도시까지 운행되고 있다. 1987년에는 기업 활동을 지원하기 위하여 국내노선은 물론 15개 유럽지역 노선이 취항하는 공항(런던시티공항)까지 동지역에 건설하였다. 이로써대규모 민자유치가 어려움 없이 이루어질 수 있도록 인프라를 구축한 것이다.

TEL(Transport for London)은 런던의 대중교통서비스 경영전략과 운영을 담당하는 시영공사로 튜브(런던 지하철), 런던 시내버스, 도클랜드경전철(DRL), 노면전차(Tram), 수운서비스(London River Service) 등의 운영 및 총 연장 580km의 주도로와 4,600여 개의 신호등 관리업무를 전담한다. 교통 혼잡 통행료 업무 등 이러한 관련 업무의 전담 운영 및 관리를 통하여 TFL은 지하철, 버스, 경전철, 노면전차, 자전거, 택시가 함께 어우러지는 교통 연계시스템에 각별한 관심을 기울여 추진하고 있다.

한편 교통기반시설 확충과정에서 도클랜드 경전철 노선의 개발은 도클랜드 개발공사와 국가의 주도로 이루어진 사례이다. 또한 런던 시 공항은 개항 이후 여러 번의 공청회와 Newham Borough와 GLA(Great

London Authority) 간의 의견 제시 및 협상, 인근지역인 Britamnia 마을 주민들의 집단행동 등으로 운항 비행기의 수와 운항 비행기의 규모 등이 조정되었다. 그리고 런던 올림픽 개최지와의 접근성을 위해 DRL 노선의 변경 등을 위한 공청회가 여러 차례 개최되었다. 이 공청회에서는 영국산업연합, 항공운수위원회, Royal Albert 개발공사 Royal Victoria 개발공사, 런던 시 공항공사, 런던 Amenity 그리고 교통협회, 의회, 시민 등이 참여하는 등 다양한 단체와 시민들의 참여의 보장 및 의견 수렴 과정을 거쳤다.[23]

(2) 지역적 특성에 맞는 주택개발

자족성 확보와 도시 내 각 기능의 완벽한 조화를 목표로 주거·레저·교육시설을 균형 있게 조성했다. 지역적인 특성에 맞추어 주거지를 계획 및 개발하였는데 도심과 가까운 Wapping 과 버몬 시 리버사이드지역은 고풍스러운 옛 멋을 그대로 살린 고급 주택지역으로 개발하고 업무시설 밀집지역인 Isles of Docks지역에는 강가의 전원주택지역으로 개발, 도심과 멀고 땅이 넓은 벡턴지역은 중저가의 서민 주택지역으로 개발했다.

1991년부터 지금까지 약 19,900여 가구의 주택이 새로 건설되었고, 단독주택과 빌라형 주택이 대부분으로 현재 주택 수는 3만 3천9백여 가구이다. 플라트(Flat)라고 불리는 주택은 4~5층의 공동주택과 10층 내외의 아파트로 건설되어 주로 서민용이나 극빈자를 위한 임대용으로 사용된다.

즉, 주택개발정책의 첫 번째 목표는 주택의 90%가 자치구 소유인 지역에 대한 민간주택 개발을 통한 균형 있는 커뮤니티조성, 두 번째 기존 창고를 주택으로 리모델링하는 것, 세 번째, 접근성 확보, 네 번째, 기존의 독과 강이 연계된 오픈스페이스를 조성하는 것이다. 이 지역에서 도클랜드 개발공사의 역할은 Tower Hamlets 소유의 임대주택을 재보수하는 한편, 지역 초등학교, 성인교육센터, 기술교육기관, 건강센터, 커뮤니티센터, 유스 클럽, 가족센터, 유아원 등의 건립에 보조금을 제공하여 지역주민의 삶의 질을 높이는 데 있었다. 도클랜드 개발공사는 DLR 개통, Limehouse Link 개통, Docklands Express Bus인 D1 도입 등 교통 인프라 구축을 통해 접근성을 향상시키는 데 기여했다.

한편 Limehouse는 1960년대 말, 도클랜드 지역에서 가장 빨리 폐쇄된 Limehouse Basin 때문에 침체기에 빠졌으며, 1982년 'Limehouse Area Development Strategy'를 통해 계획이 수립되었다. 이 계획에는 기존 주택 개보수, 라임하우스 전체지역 환경개선, 교통시설 확충 등의 내용이 포함되었다. 도클랜드 고속도로의 하나인 Limehouse Link 개통을 계기로 런던도심과 런던 동쪽 지역과의 열악한 교통체증을 해결하고자 접근성을 확보하였다. 도클랜드 개발공사는 와핑과 림하우스를 관할 자치구인 Tower Hamlets에 인계하였다.[24]

(3) 전통의 가치와 주변공간을 통한 개발

역사적 공간의 보존과 신규개발의 조화를 추구하였다. 중앙광장에는 야외에서 식사를 할 수 있도록 식당과 파라솔 탁자를 곳곳에 펼쳐 놓고 있으며 빌딩 사이에 템스 강이 흐르도록 물길을 내 수변도시의 특성을 살린 도시 설계를 했다. 수변공간을 적극적으로 활용하여 증·개축을 통한 기존 건물의 보존을 위하여 노력했고 전통건축의 디자인요소를 접목시키려는 노력이 있었다.

즉, 이스턴 도크(Eastern Dock)에서 토바코 도크(Tobacco Dock), 웨스턴 도크(Western Dock), 캐서린 도크(St. Catherine Dock)로 이어지는 와핑은 런던 도크랜드 중 도심에 가장 근접한 지역으로, 19세기 런던 도크(London Docks)가 건설되면서 해상무역과 선박기술자의 정주지로 발전하기 시작하였다. 그러나 20세기 이후부터 기존 주거지역이 붕괴되면서 인구가 60%까지 줄어들게 되고 런던의 다른 지역들로부터 고립됨에 따라 개발이 요구되었으며, 1981년 지역커뮤니티를 형성하고 본격적인 개발이 착수되면서 강변을 따라 중저층의 주상복합과 사무소, 상점들을 포함한 주거와 상업지역으로서의 면모를 갖추도록 계획되었다. 템스 강을 사이에 두고 와핑과 대치되는 곳에 위치한 버틀러스와프는 18~19세기 쉐드템즈(Shad Thames)에 기반을 두고 도크지역의 경제역할을 주도하면서 런던의 주요 항구로 발전하였다. 그러나 버몬지(Bermondsey)와 로더히스(Rotherhithe)에 면하여 부두와 화물저장창고, 항만노동자 주거, 소매상 저택, 상점 등이 좁은 골목들 사이로 건설되었던 이 지역은 1972년 낙후된 공공시설과 창고 및 상점의 폐쇄, 환경악화 등에 의해 경제활동이 중단되기에 이르렀다. 1981년부터 지역의 독자성을 추구하고자 런던의 비즈니스, 관광, 주거를 위한 개발지역으로 거듭나게 되었으며, 기존의 선착장과 창고를 리모델링하여 주거와 식당가, 카페, 예술의 거리로 개발되었다.

대규모 산업단지가 위치해 있던 그리니치 페니슐라는 석탄으로 제조한 도시가스를 런던전역에 공급하는 사우스 메트로폴리탄 가스공장 등에서 배출하는 폐기물 및 저장탱크 유출물질 등으로 인해 오염이 심각하였다. 1985년 산업부지의 이전으로 전면적인 개발이 요구되었던 이 지역은 도클랜드의 대규모 비즈니스지역인 커내리와프(Canary

Wharf)를 마주하는 밀레니엄 돔을 중심으로 주거와 녹지공원, 레크리에이션, 상업 등이 조화된 런던 동부의 거대한 수변도시로 개발되고 있다. 특히 그리니치 밀레니엄 빌리지(GMV)는 주거와 커뮤니티센터, 학교, 상점, 사무실, 건강센터 등을 포함하는 복합25)개발계획을 시행하여, 인공호수와 녹지코리더로 네트워크를 형성하는 친환경 주거단지로 거듭나고 있다.26)

(4) 민간투자 유치 활성화와 산업

1981년 이후 신도시개발비 80억 파운드의 80%에 가까운 63억 파운드를 민간자본의 유치를 위하여 각종 민자유인책을 만들어 기업에 제시했다. 민자유치방식이 정부재원의 한계를 극복하면서 도클랜드를 단시간 내에 국제적인 상업도시로 거듭나게 할 수 있는 가장 유력한 방안으로 판단했던 것이다. 도클랜드 개발에서 민간의 역할은 전형적인 디벨로퍼의 역할이었다. 공공부분이 일부 공공시설에 대한 투자로 민자유치를 시행하면 민간개발사업자는 토지를 매입하여 개발사업을 수행하게 된다. 도클랜드 개발공사는 적극적인 민자유치를 위해 규제보다는 각종 인센티브를 제공한 것이다. 주요한 인센티브는 공공시설에 대한 도클랜드 개발공사의 투자였다. 또한 개발 사업에 대한 인·허가권을 도클랜드 개발공사가 위임받아 운영했기 때문에 민간의 사업절차를 단축시키는 효과를 가져오게 된 것이다.

민자유치를 위해 먼저 중심업무 및 상업지역으로 설정된 도클랜드 Isles of Docks 내 캐너리워프 일대 193ha를 투자지구(Enterprise Zone)로 지정하여 각종 혜택을 제시했다. 그리고 토지를 매입하여 빌딩 등을 건설할 경우, 건축 관련 세금을 감면하는 등 건축비용을 절감하였고 까다로운 건축허가절차를 간소화하여 쉽게 건축물을 지을 수 있는 환경을 할 경우에는 10년간(1982~1992년) 일종의 지방세인 사업세를 면제하는 우대조치를 했다. 이러한 노력의 결과 1981년 이후 1천4백여 개의 국내외 기업이 이전을 했고, 일자리 수도 1981년 27,200개에서 현재는 7만여 개로 증가했다. 현재는 네덜란드와 덴마크 관련업체가 주택건설에 중심적으로 참여중이며, 기업들의 진출 확대를 통해 일자리를 늘리고 재정을 확충시킴으로써 도시의 자족기능을 활성화하고 있다.

그러나 이러한 성과를 얻기 위해 치른 대가는 적지 않았다. 도클랜드의 개발을 지원하기 위해 도클랜드 개발공사가 직접 집행한 18.6억 파운드를 포함하여 39억 파운드라는 막대한 공공투자가 이루어졌지만, 이 비용은 결국 민간투자로부터 회수되지 못하였으며, 일반 시민들의 부담으로 돌아갔다.[27] 그뿐만 아니라 도클랜드 개발의 혜택 역시 주변지역에 골고루 돌아가지 못하였다. 새롭게 창출된 일자리는 은행과 금융, 보험 부문에서 집중적으로 만들어졌기 때문에 지역주변의 고용촉진에 큰 도움을 주지는 못하였다. 그 대신 상당수의 지역주민들은 청소, 경비와 같은 저임금의 비숙련 서비스 업종에 종사하였다.[28]

3. 시사점

도클랜드가 침체기를 거치고 국제업무도시로 성장하게 된 것은 정부 도시개발 정책에서 비롯되었다고 볼 수 있다. 침체된 지역사회의 경제를 활성화하고 활력 있는 도시로 탈바꿈시킨 가장 큰 요인은 정부의 노력과 민자유치 방식을 통해 효과적인 도시개발정책이 있었기 때문이다. 이 중에서 런던 도클랜드 개발공사의 역할은 각 지구별 개발계획을 추진함에 있어 효율적인 추진체계를 통해 도시개발을 추진했던 점도 크다. 또한 지역특성에 맞추어 수변공간을 이용하여 개발을 하고, 접근성을 높일 수 있는 지역 연계 교통망을 구축한 것도 개발효과를 상승시키는 요인이었다. 또한 이해관계자를 사업과정에 참여시켜 갈등을 줄이고 사업을 추진했다는 데 있다. 그러나 개발효과가 지역주변으로 확산되지 못한 것은 아쉬운 점이라고 할 수 있다. 새롭게 창출된 일자리가 지역사회보다는 입주해 있는 기업들에게 보다 양질의 일자리가 돌아가고 반대로 지역주민에게는 질적으로 낮은 일자리에 종사할 수밖에 없었던 것은 도클랜드가 향후에도 지속적으로 풀어야 하는 과제로 남아 있다.

안전도시

제1절 미국 댈러스(Dallas): 재난과 재해로부터 안전한 도시

1. 도시소개

　미국의 댈러스(Dallas)는 텍사스 주 북부의 블랙랜드 평원에 위치하고, 텍사스 북부에서 시작되는 트리니티(Trinity) 강이 시내를 관통하여 흐르고 있다. 파란 하늘, 찬란한 햇살, 맑고 깨끗한 공기로 유명한데, 사막기후의 영향을 받아 여름은 고온 건조하고 겨울은 평원지대의 바람으로 인하여 체감 온도가 낮은 편이다(연평균 18.9도, 7월 평균 29.6도, 1월 평균 6.3도). 댈러스의 면적은 618㎢이고, 인구는 약 122만 명으로서 미국에서는 9번째로 큰 도시이자 텍사스에서는 휴스턴 다음으로 두 번째 큰 도시이다. 댈러스 시민의 평균 연령은 31.6세이고, 가구당 평균 수입은 40,585달러, 노동인구는 581,653명으로서 산업의 중심도시, 비즈니스 도시다운 활력이 넘치는 곳이다.1) 댈러스의 명소로는 케네디 메모리얼, 박물관 공원(Fair Park), 댈러스 근대미술관(Dallas Museum of Art), 리유니온 타워(Reunion Towe), 올드시티 파크(Old City Park), 수족관, 동물원 등을 들 수 있다. 이 밖에 5만여 에이커에 이르는 406개의 공원과 60개의 호수 및 댐이 있어 댈러스를 찾는 방문객은 연간 1,400만 명에 이른다.2)

〈그림 9-1〉 댈러스 시 거리와 댈러스 시 지도

이러한 미국의 댈러스 시는 세계 최초로 안전도시 프로그램으로 손상예방센터(Injury Prevention Center, IPC)를 1994년에 설립, 댈러스 전역에 걸쳐 자동차에 의한 손상, 폭력, 낙상, 화재안전 그리고 레크리에이션 손상과 관련한 몇몇의 손상예방프로그램에 참여하고 방향을 제시하여 댈러스가 미국에서 최초의 WHO 안전도시 공인을 달성하는 데 도움을 주었다.3)

2. 핵심 내용

1) 미국정부의 안전관리체계

댈러스의 안전관리체계를 살펴보기 전에 미국정부 차원의 안전관리 체계를 살펴볼 필요가 있다. 미국정부의 안전관리 체계는 크게 연방정부의 안전관리체계와 주정부의 안전관리 체계, 지방정부의 안전관리체계로 구분되어 있고 각각의 시스템이 유기적으로 조직화되어 있다.4)

(1) 미국 연방정부의 안전관리체계

연방정부차원의 재난관리 조직으로는 9·11테러 이후 신설된 미국 국토안보부(United States Department of Homeland Security, DHS) 그 산하에 있는 미국 연방 재난관리청(Federal Emergency Management Agency, FEMA)으로 통합적인 관리체계를 특징으로 한다. 미국은 연방 재난관리청, 주정부, 그리고 지방정부의 단계별 관리체계(재난의 예방 및 경감-대비-대응-복구)를 구축하고 있다. 이를 통해 단순히 대응·복구 차원의 재난 대응이 아닌 총체적이고 입체적이면서 즉각적인 재난대응이 가능한 것으로 보고 있다.

그러나 카트리나를 통해 주정부와 지방정부의 요청이 있을 경우에만 연방정부가 대응하는 방식(Pull 시스템)에 문제점이 있음이 드러나게 되었고, 포스트-카트리나 위기관리개혁법을 통하여 주정부 지방정부의 지원요청 없이 연방정부의 독자적 판단에 의해 연방군과 연방의 인력과 자원을 피해예상지역에 투입할 수 있도록 하는 푸시(Push) 시스템으로 전환하기 위하여 안전관리 조직을 정비하였다.5)

재난관리 조직	주요 업무	비고
국토 안보부	• 미국에 대한 테러공격방지 • 9 · 11테러로 인하여 테러공격의 예방 및 저지, 재난에 대한 대응 등의 업무를 국가적인 차원에서 통합적으로 관장 • 테러에 대한 취약성 감소 • 잠재적인 공격 및 자연재해로부터 피해 최소화	• 국가국토안보전략(National Strategy for Homeland Security) 및 2002년 국토안보법(Homeland Security Act of 2002)에 근거하여 2003년 신설
연방 재난 관리청	• 모든 재난상황을 고려한 위협기반(risk-based) 비상관리시스템 구축 • 재난피해 경감을 국가비상관리시스템의 최선과제로 시행 • 관련 연방기관, 주정부 및 지방정부, 자원봉사단체, 민간기업 등과 비상관리 협조체제 구축 • 주 및 지방정부의 안전관리체계 강화를 위한 지원 협조	• 모든 형태의 재난에 대한 예방, 대비, 대응, 복구 등을 총괄 지원하는 연방기구로서 국토안보부가 신설되면서 국토안보부의 산하기관으로 편입됨

출처: 심우배(2005: 123)

(2) 미국 주정부의 안관관리체계

미국의 재난관리는 원칙적으로 주정부의 책임으로 이루어진다. 그러나 연방정부가 재난의 상황에 개입해야 할 경우에는 이를 효율적으로 운영하기 위해, 연방 재난관리청은 미국 전역을 10개의 광역구역(Section)으로 구분하였다. 그리고 각 구역에 지역사무소(Regional Office)를 설치하여 운영함으로써 지역의 요구를 수렴하고 지역의 특성에 따라 차별화된 활동을 수행한다.

주정부는 연방정부, 관련기관 등과 협조하여 지방정부의 재난에 대한 지원과 조정업무를 수행하고, 재난관리종합계획(Comprehensive Emergency Management Plan)을 수립 · 시행하며, 재난에 대한 연방지원의 유지 · 관리 · 배부 및 지방정부에 대한 각종 지원업무 등을 수행한다. 주의 위기관리본부(OES) 내에 작전센터(SOC)가 있어 재난발생 초기에 운영되고, 재난이 발생하면 작전센터의 조정센터가 재난대응을 위한 지휘감독권을 획득한다. 재난 발생 시 주지사는 주법의 일시적 정지, 장비나 건물의 징발·조달, 피난명령, 재난지역의 출입통제, 재난 비상재원 동원, 재난 비상금 출연 및 재난관리비용 지원, 주나 지방정부 차원의 재난대비사태 선포 및 적절한 대책추진, 중앙정부에 대한 재난 관리 지원 요청 등의 권한을 갖는다.6)

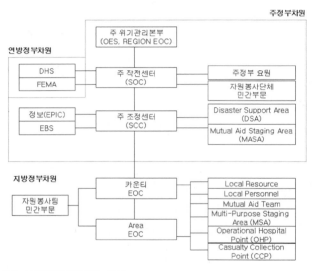

출처: 국립방재연구소(2003: 866)

〈그림 9-2〉 미국 주정부의 재난관리체계

(3) 미국 지방정부의 안전관리체계

재난에 대한 제일선 기관은 카운티(Counties)·시(Cities) 등 지방정부(Local Government)이며, 주정부(State)는 지방정부에 대한 지원·조정 등의 업무를 수행한다. 주정부와 지방정부에는 일반적으로 재난을

총괄하는 위기관리국(Emergency Management Agency)이 있으며, 위기
관리국은 경찰국, 소방국, 교통국, 연방정부 등 관련기관과 유기적으
로 협조하면서 안전관리 활동을 수행한다.[7]

〈표 9-2〉 미국 지방정부 위기관리국의 조직 및 주요업무

구분			조직	주요업무
위기 관리 국	City · County	지휘 및 의사결정자	시장, 카운티의 장(Mayor, County Executive)	• 비상운영센터(EOC)의 설치, 주지사와의 연락망 구축·재난현장지휘본부장(IC) 선임
		상설 행정조직	위기관리실 (OEM)	• 재난관련 행정업무 • 관할지역 내 재난을 초래할 수 있는 위험의 사전파악 • 위험관리계획의 수정 및 보완 • 재난발생가능지역의 정부수집 및 관리 • 재난발생시 자원의 동원 및 운영을 위한 사전계획 수립 • 구조지원 요청 시 행정절차 수립 • 재난피해의 측정 및 보고
		비상 대책기구	비상운영센터 (EOC)	• 재난발생 후, 실질적인 구조구난활동 총괄 • 재난발생지역의 보안관을 중심으로 지방·주·연방정부에서 파견된 인력으로 구성
	재난 시 현장대 응조직	지휘 및 의사결정	자문/ 업무지원기구	• 지역단위 재난의 유형별 지휘책임 및 업무분장(단일지휘 또는 통합지휘)
		비상 대책기구	재난현장사무소 (Disaster Field Office, DFO)	• 1차적인 현장대응기관 • 연방조정관(FOC)과 위기대응팀(ERT)에 의식주 제공 • 연방조정관 및 주 작전센터(SOC)는 재난현장사무소(DFO)에 위치
			합동정보센터 (Joint Information Center)	• 재난관련 활동정보의 공개 및 홍보
		지원 및 실무 대응조직	위기대응팀 (Emergency Response Team)	• 재난현장사무소(DFO)에서 연방조정관(FCO)과 함께 활동 • 현장의 지역구호 활동에 행정적인 병참 활동을 지원하는 기관 간 단체 • ESF(Emergency Support Function)와 FEMA 요원으로 구성 • 대중매체, 의회, 대중에 대한 정보제공 지원

출처: 심우배(2005: 126)

미국의 지방정부는 위기운영계획(Emergency Operation Plan)을 작성, 유지해야 하는 책임이 있고, 위기관리조직은 주정부의 경우처럼 다양하게 운영되고 있다. 즉, 독립기간으로 있을 수도 있고, 소방조직이나 경찰조직의 일원으로 있다가 다양한 책임을 지고 있는 어떤 부서의 일부로 있을 수 있다.[8]

첫째, 지방정부의 위기관리체계를 살펴보면, 지방정부는 위기관리의 최종적인 책임을 부여받고 있기 때문에 이를 성실히 수행하기 위한 위기관리시스템의 구축을 매우 중요하게 취급하고 있다.

둘째, 미국 지방정부의 위기관리 조직을 보면, 시정부의 위기관리행정을 전담하는 조직은 본청 내 위기관리국(Emergency Management Division) 혹은 위기대비국(Emergency Preparedness Division)이 담당하는 것으로 직세상 명시되고 있다. 그러나 통상적으로 지방정부차원의 위기운영기구(Emergency Operation Organization)를 설치·운영한다. 위기운영기구는 지방정부 내 다면적 조직으로 다양한 부서들이 관여하고 있으며, 위기대비와 발생 후 적절한 조치를 신속하게 취하기 위해 위기운영센터(Emergency Operation Center)를 설치·운영하고 있다.

셋째, 지방정부 위기관리조직의 기능 및 역할을 살펴보면, 시장은 위기운영조직의 장으로서 재난의 규모와 강도가 일상적 시정운영 방식의 인력, 장비, 시설, 서비스제공으로는 도저히 감당할 수 없는 경우, 그리고 대통령이나 주지사가 이미 재난지역으로 선포한 경우에는 지방위기(Local Emergency)를 선포할 수 있는 권한을 가지고 있다.

또한 지방정부는 재난발생시 현장지휘체계(ICS)가 설치되어 제일선에서 구조·구난활동을 수행하고, 경찰국, 소방국 등 관계기관과 협조체계를 구축한다.[9]

2) 댈러스의 손상예방센터(Injury Prevention Center, IPC)

댈러스 시는 손상예방센터가 운영되고 있는데, 손상예방센터에서 실시하고 있는 프로그램은 교통안전프로그램, 가정안전프로그램, 지역안전프로그램 등을 운영하고 있다.10) 댈러스의 안전관리체계는 IPC에 의해 이루어졌다. IPC는 1994년에 설립되었다. 이는 100명 이상의 지역사회 인사들이 댈러스 주의 손상이 전보다 38% 증가했다는 것을 인식하게 된 후이다. 센터의 설립에 대한 지원은 댈러스 주 위원들의 이사회, 댈러스 시, 지역사회병원, 상공회의소, 시민협의회, 그리고 United Way와 같은 사회봉사단체들의 공식적인 결정에 의한 것이다. IPC는 Meadow 댈러스 주 협회에서 제공되는 기금에 의해 설립되었으며, 현재는 기부금, 보조금, 설립기금 등 댈러스의 병원들에 의해 지원되고 있다. 텍사스뿐만 아니라 미국에서도 최초의 형태로서, IPC는 댈러스 전역에 걸친 motor vehicle 손상, 폭력, 낙상, 화재, 레크리에이션 손상과 관련한 손상예방 프로그램에 참여하고, 방향을 제시하였다. 손상을 감소시키고 예방하기 위해서는 지역사회의 참여가 결정적이라는 점에서 IPC는 지역사회의 활동에 크게 기초하고 있다. 지역사회의 요구에 초점을 맞추고, 그 지역사회 안에서 특별한 손상문제를 제시한다. 센터는 각 지역사회의 손상과 관련 요구(Needs), 활용할 수 있는 안전관련 조직을 연결시켜, 지역주민에게 안전한 환경을 제공하게 된다. 또한 IPC는 어린이 학대, 가정폭력, 노인학대, 동물학대 등을 예방하기 위한 리더로서의 역할을 수행한다. IPC는 지역사회에 근거한 과학적인 조직이다. 이 조직은 교육이나, 공공정보, 자료수집, 지역사회 변론과 연구의 자원(Resource)으로서 봉사하기도 한다. IPC는 National Highway Traffic Safety Administration Community Partnership

Award 등 많은 기관이 수여하는 안전도시상(Safe Communities Award)을 수상함으로써 국제적 노력을 인정받고 있다. 댈러스 IPC에서 추진하고 있는 손상예방 프로그램의 주요내용은 다음과 같다.[11]

(1) 교통안전프로그램

첫 번째, 자동차 안전시트 대여 프로그램이 있다. 자동차 안전시트 대여 프로그램의 목적은 지역사회 부모들이 자동차 안전시트의 필요성과 적절한 사용법을 익히도록 하는 것이다. 부모들은 약 10달러의 예치금을 지불하고 안전시트 사용훈련을 받으며 아이들이 성장하고 나면 안전시트를 반환한다.

두 번째, 자동차 안전시트 체크리스트 프로그램이 있다. 자동차 안전시트의 약 80%가량이 부정확하게 설치되었기 때문에, IPC는 자동차 안전시트의 올바른 설치를 지도하고 있다.

(2) 가정안전프로그램

첫째, 노인낙상방지 프로그램을 운영하고 있다. IPC는 지역사회 안전단체인 NCJW의 안전지킴이와 연합하여 노인들의 손상위험을 감소시키기 위해 노력하였다. 이러한 프로그램들은 교육과 핸드레일, 휠체어램프, 가정 내 화장실 미끄럼방지시설 설치 및 소수민들의 가정시설물 수리 등에 초점을 두고 있다.

둘째, 아동학대 방지 핫라인을 운영하고 있다. 어린이의 가정 내 학대를 방지하기 위해 핫라인을 운영하고 있다. 가정폭력을 경험한 아동이나 목격자 누구라도 핫라인을 통해 도움을 얻어, 아동학대를 예방할 수 있게 된다. 그리고 아동학대 방지를 위한 서명운동 및 푸른 리본작용운동 등을 통해 아동학대 방지의 전도사 역할을 하도록 유도한다. 아울러 소득이 낮은 지역 어린이를 위해 방과 후 서클활동을 조직적으로 운영하는 시설이 존재하고, 이곳에서 여러 방과 후 활동이 이루어진다.

셋째, 지역안전프로그램이 있다. 화재예방 및 안전을 위해 댈러스 시에서는 화재예방과 관련한 교육이 이론보다는 실습위주로 이루어진다. 흔히 한국의 유치원 같은 장소에서 소방관들의 도움을 얻어 화재 발생 시 안전하게 대피할 수 있는 요령에 대해 체험학습을 하게 된다.

특히 댈러스에서는 낙상방지를 위해 핸드레일, 휠체어 램프, 손잡이 바 등 가정 내 화장실 미끄럼방지 시설설치에 주력하고 있다. 또한 시민안전에 밀접한 분야의 하나로서 Dallas 시청 및 911 Call Center는 경찰, 소방 및 Call Center가 시청에 통합되어 911/311로 24시간 운영하고 있다. 시청 내에는 911 Call Center뿐만 아니라 자연재해, 대형화재, 화학약품, 테러 등에 의한 응급상황에 대처할 수 있는 재난·재해센터도 운영하고 있다. 311 전화는 댈러스 시에서 별도로 운영하는 전화로, 비응급 환자가 이용하는 번호다. 댈러스 지역 내 소방서는 55개소가 있는데 각 소방서 간 거리는 120mile, 댈러스 지역 내 현장에 6분 내 도착할 수 있도록 거미줄처럼 운영되고 있다. 지방정부는 재난관리부서(local emergency management office)를 설치하여 재난대비 기획기능뿐만 아니라 재난발생기간 중 경찰·소방 및 기타 서비스 기능에 대한 조정기구로 활용하고 있다.[12]

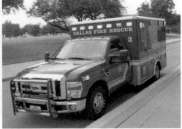

출처: http://www.dallas-ecodev.org

〈그림 9-3〉 댈러스 시의 경찰과 소방차

〈표 9-3〉 댈러스의 안전도시 프로그램 주요 내용

구분	유형	주요 내용
연령에 따른 추진 프로그램	0~14세	• 어린이 학대방지, 연합댈러스지역의 안전한 어린이 연합, 어린이 안전시트대여프로그램, 소아낙상 병원감시, 가정폭력 자문회, Bachman Coalition on Children and Youth, Vickey Meadows 가정폭력 구제활동, 노약자 임시위탁 연합
	15~24세	• 가족폭력예방, 교통안전프로그램, Vickey Meadow 가정폭력, 구제활동, 노약자 임시위탁 연합
	25~64세	• 가정폭력 예방, 교통안전프로그램, Vickey Meadow 가정폭력구제활동
	65세 이상	• 노인낙상방지 프로그램, 가정폭력예방, 교통안전프로그램
환경에 따른 추진프로그램	가정	• 노인낙상방지프로그램, 주택화재감시프로그램, 어린이 학대 예방프로그램, 가정폭력 예방프로그램, 노약자 임시위탁연합, Vickey Meadows 가정폭력 구제활동
	교통	• 사고 없는 당신의 한주 교통안전연합, 자동차시트대여 프로그램, 자동차시트 체크 프로그램
	직장안전	• 사고 없는 당신의 한주 교통안전연합
	학교안전	• 교통안전, 자동차시트대여 프로그램, Vickey Meadows 가정폭력 구제 활동
	스포츠 및 레저	• 안전한 어린이 연합

3. 시사점

댈러스는 세계보건기구에서 처음으로 안전도시로 채택된 도시이다. 최근 삶의 질에 대한 관심이 높아지면서 안전도시에 대한 관심이 높아지고 있다. 댈러스는 전통적으로 미국 내에서도 풍요로운 도시로 손꼽히는 도시로 안전도시로 지정되면서 미국 내 다른 도시와 비교되는 등 안전도시로서의 명성을 이어가고 있다. 댈러스가 안전도시로서 명성을 갖추게 된 가장 큰 배경은 1996년 미국 최초로 안전도시로 인증받은 것 이외에, 지역사회 병원, 상공회의, 시민협의회, 그리고 'United Way'와 같은 사회봉사단체들이 지원하여 1994년 손상예방센터를 설립한 것이 가장 큰 요인이었다. 이러한 결과는 댈러스 시를 위한 지역사회의 이해관계자들이 안전에 대한 공감대를 형성하고 협력적으로 노력한 결과라고 할 수 있다. 그리고 손상예방센터의 프로그램이 체계적으로 갖추어져 있다는 데 있다. 즉, 손사예방센터에서 운영되고 있는 프로그램은 크게 교통안전, 가정안전, 지역사회 안전으로 분류되고, 그 안에서 세부적으로 연령과 환경에 따라 프로그램이 구성되어 있다는 것이다. 이러한 댈러스 시의 프로그램은 혁신 사례로 미국 내뿐만 아니라 다른 나라에까지 전파되고 있으며, 안전도시로서의 명성을 높이고 있다.

제2절 캐나다 토론토: 체계적인 생활안전 프로그램의 구현

1. 도시소개

캐나다의 토론토(Toronto)는 도시의 면적이 634km²이고, 인구는 2014년 캐나다 통계청에서 발표한 인구센서스 조사에 따르면 2,791,140명으로 캐나다 전체인구 35,427,524명의 7.8%에 해당한다.13) 토론토는 캐나다에서 가장 큰 도시이며, 북미에서 4번째로 큰 도시이다. 약 70여 민족이 100여 종의 다른 언어를 사용하며 살아가고 있고, 특히 최근 들어서는 중국과 이탈리아계가 강세를 보이고 있다. 토론토는 오대호 연안을 중심으로 발전한 북미의 여러 공업도시의 연장선상인 온타리오 호숫가에 있다. 온타리오 호수는 오대호의 마지막 호수로 세인트로렌스 강을 지나 대서양으로 연결되는 황금 수로를 이루는데, 이러한 지역적 이점을 토론토가 한 몸에 받으면서 다양한 현대적 건축물들이 집합되어 있는 도시이기도 하다.14)

출처: http://www.toronto.ca

〈그림 9-4〉 캐나다 토론토 시 전경

이러한 토론토는 유럽인들이 대륙을 점령하기 이전에 이미 온타리오 호와 휴런 호를 연결하는 통로로서 아메리카 인디언 Iroquois의 모피무역의 중심지였다. 토론토의 의미도 휴런인디언 언어로 Iroquois의 언어인 'tkaronto'에서 유래한 것으로 '물 안에 나무들이 서 있는 곳'을 뜻한다. 프랑스 개척자 브룰레가 1615년 개척 이후 퀘백 주에 근거를 둔 프랑스인들이 1720년 물품교역 장소로 이용하기 위해 토론토 항구를 건설하였다. 이후 1763년 파리조약을 통해 프랑스에서 영국의 지배에 놓이게 된다. York 말은 약 9,000명의 주민이 살기 시작했고, 1834년 3월 6일 토론토 시로 이름을 바꾸었다. 혁신파 정치가인 William Lyon Mackenzie가 첫 번째로 토론토의 시장이 되었고, 1837년에 대영식민정부에 대항하여 Upper Canada의 반란을 일으켰으나 실패로 끝났다. 도시는 캐나다 이민자의 주요한 목적지가 되면서 19세기에 급속도로 성장하였다. 첫 번째 두드러진 인구의 유입은 1846년과 1849년 사이에 Great Irish Famine(아일랜드 대기근)을 통해 발생하였고, 이는 도시 안으로 대다수의 아일랜드인의 집단이주를 발생시켰다. 1851년에 아일랜드계 인구는 도시에서 거대한 단일 인종집단이 되었다. 18세기 들어 토론토는 잘 발달된 항구기능과 5대호와의 높은 연계성을 바탕으로 캐나다의 경제·문화의 중심지로 성장하였다. 1850년대의 철도건설은 토론토의 발전을 촉진시키는 계기가 되었다. 특히 토론토는 1849~1852년 사이에 처음으로 캐나다 통합정부의 수도였으며, 혼란기에 몬트리올이 수도였다가, 그 후 1856~1858년까지 다시 수도가 되면서 짧은 기간 동안 두 번의 수도가 되었다. 1900년대에 들어서도 상업과 업무지구의 토론토 집중은 계속되고 업무지구의 교외확장도 시작된다. 1930년대 토론토의 인구밀도는 뉴욕을 상회했으며, 1950년대의 지하철

건설로 말미암아 토론토의 사업과 산업발달은 더욱 가속화되었다.15)

2. 핵심 내용

1) 캐나다의 안관관리 체계 내용

캐나다의 안전관리 체계를 살펴보면, 연방차원의 안전관리 체계와 지방정부의 안전관리 체계로 구분할 수 있다. 또한 토론토 시에서 별도로 운영되고 있는 안전관리 프로그램이 있다.16) 캐나다는 연방수상이 행정적 수반으로 10개 주(Province)와 3개 준주(Territory)로 구서오딘 나라이다. 캐나다의 재난 및 안전관리 조직은 공안 및 비상대비부(Pubic Safety and Emergency Preparedness Canada)를 운영하고 있는데 9·11테러 이후 대테러 업무의 중요성 증가와 2003년 캐나다에 큰 피해를 입힌 SARS·대규모 정전·태풍·산불 등의 재난에 보다 효율적인 대처가 요구되고 미국의 국토안보부 신설에 영향을 받아 그보다 통합범위를 넓혀 창설하게 되었다. 공안 및 비상대비부는 2003년 12월 검찰부(Department of Solicitor General)를 폐지하면서 부총리급의 장관으로는 공안 및 비상대비부를 창설하고 장·차관 수하에 4개국을 관할하는 차관보(assistant deputy minister)로 구성되었다. 기존 검찰부 산하기구인 CSIS(보안·안보), RCMP(경찰), CSC(교도) 등과 국방부 산하의 중요기간시설 보호 및 비상대비청(OCIPEP)과 법무부 산하의 국가범죄예방센터(NCPC) 및 보건부의 응급방역기능을 흡수하고 국경관리처(CBSA)를 산하에 신설하여 소방·순찰 기능도 관장하고 있다. 주요 임무 및 기능으로는 공공의 안전과 국가안보 확보(범죄, 재난, 테러 등) 긴급사태, 경찰, 방역, 국경관리, 교정, 범죄예방 등과 최근에는 사이버 안전에 대한 기능이 추가되었다. 그리고 분야별 정책지침 개발 및 산하기관 간 정책 일관성 유지와 관련 소관사항 해당 주정부 및 외국정부·국제기구와 협력 업무를 수행하고 공공안전 관련 각 부처 간 정보공유체제 구축 등을 담당하고 있다.17)

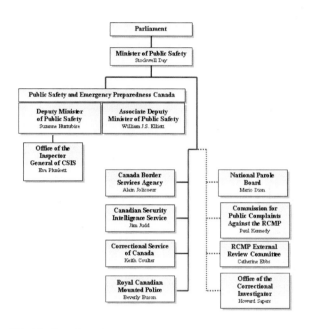

출처: http://www.tbs-sct.gc.ca

〈그림 9-5〉 국가 안전체계도

2) 캐나다 안전관리체계의 특징

캐나다의 비상사태 대응체계는 몇 가지 원칙이 있는데 국민 모두가 개인별 비상사태 시 취해야 하는 지침을 숙지하여야 한다. 또한 개인이 대처할 수 있는 능력이 되지 않을 경우, 정부는 개인에게 필요한 능력과 자원을 단계적으로 제공하도록 의무화하고 있다. 또한 지역의 비상사태는 지역 대응기구에 의해 처리하도록 구조화시켜 모든 주와 준주는 비상사태 대처기구(Emergency Management Organization, EMO)가 존재하여 대규모의 비상사태에 대응하며 지방자치단체나 지역공동체에 요구되는 지원과 보조를 제공한다.18)

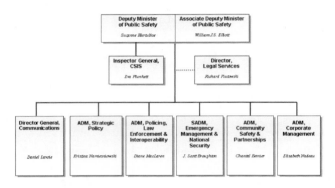

출처: http://www.tbs-sct.gc.ca

〈그림 9-6〉 PSEPC부의 조직 체계도

비상사태는 일차적으로는 병원이나 소방서, 경찰과 지방자치단체와 같은 지역 관청에서 대응하고 보조가 필요한 경우, 주 혹은 준주의 EMO에 요구하게 되며 EMO는 비상사태가 수용 범위를 초과할 경우 캐나다 연방정부에 지원을 요청하는 시스템이다. 그리고 주 혹은 준주의 EMO를 통해 캐나다 정부에 들어온 요청은 공공안전 및 비상대비부(Public Safety & Emergency Prepardness Canada, PSEPC)를 통해 처리된다. PSEPC는 주와 연계하여 다양한 분야에서 대체자원과 전문가를 지원하고 PSEPC는 GOC(Government Operations Center)를 통해 비상사태 시에 핵심 EM 역할을 수행하는 중요기관으로 평가받고 있다. PSEPC는 안전 대비와 비상대비 법률(Safe Guard and Emergency Preparedness Digest)을 법적인 근거로 두 개의 정부 자금 프로그램으로 JEPT(the Joint Emergency Preparedness Program)와 DEAA(Disaster Financial Assistant Arrangement)을 운영하여 재난 및 재해에 대비하고 있다.

3) 캐나다 지방정부의 안전관리체계

캐나다의 지방 및 주정부 차원의 재난대응기관으로는 민간 비영리 법인 형태의 캐나다 긴급상황비상센터(Canadian Centre for Emergency Preparedness, CCEP)가 있다. 민간법인으로 정부기관과 연계하여 지역의 자율적이고 체계적인 재난관리활동과 재난 대응을 위한 사회적인 분위기 조성의 핵심적인 역할을 하고 있는 이 기관은 지역사회, 그리고 관계기관의 재난·위험 관리 증진을 위한 비영리법인으로서 주정부의 재난관리업무 발전방향 제시 및 관련 지식의 전파를 통한 재난업무담당자들의 업무능력을 제고하기 위하여 연간 실시되는 재난관리 월드컨퍼런스, 세미나·워크숍 개최 등의 컨퍼런스를 통해서 예산약 150만 달러를 조달하고 있다.[19]

한편 온타리오 주는 정부와 민간 부분에서 자연·인적재난의 위험, 충격 및 비용 감소를 위해 노력해 왔고, 1993년 해밀턴 Mohwak대학에 설립되었으며 재난 증가에 대한 위험의식을 고취시키고 재난통제 연습을 반전시키며 전문기술·지식 및 가용자원 정보를 전파하여 재난에 대비하고 있다. 주요 미션으로는 재난관리체계 이론을 정립하고 이에 대한 집행방법으로 지휘체계가 구성 및 전문적인 업무를 처리하며, 모든 업무의 기준은 CSA, NFPA, ISO 등을 채택하고 있다.

CDEP는 더 안전한 공동체의 파트너십, 공동체 비상대응 지원자 프로그램 등의 운용과 교육·훈련을 통해 공공기관, 대학 등을 통한 위기관리에 대한 실무교육이나 학위과정 교육 등을 제공하고 있다. 또한 NGO와 민간부문 훈련기관 등과 연계하여 실무자와 교육희망자에게 맞춤형 교육프로그램을 제시한다.

이와 관련해서 경력개발이 필요한 사람들에게는 재난관리에 대한 지속적 조언과 습득한 사람에게는 전문자격증 업그레이드(IAEM, CEPA, DRII/DRIC, BCI, DRIE)를 통해 전문가를 양성한다. CCEP는 지속적인 재난관리에 대한 연구와 그 결과의 전파 및 재난 연구자들과 재난관리 실무자들 간의 업무연찬 기회를 제공하며, 기타 서비스로 세계재난관리 연례회의와 Emergency 관리 포털(EMPortal) 운영, 재난 통제와 관련된 캐나다 주 정부의 공식 잡지도 발행하는 등 재난예방을 위한 다양한 역할을 수행하고 있다.

4) 토론토 시의 안전도시 프로그램

일반적으로 캐나다 안전도시의 운영주체는 시민들이며, 각 지방정부 단위가 중심이 되고 있다. 또한 안전에 관해서는 정부 중심이 아니라 시민이 중심되어야 한다는 문화가 중요하게 작용하고 있다. 토론토 시의 안전도시 프로그램은 연방정부와의 관련은 없는 상황이며, 연방정부는 큰 노력을 하지 않고 있다.[20) 안전도시 프로그램은 최초 안전에 관심을 가진 지역의 시민단체들(각종 손상 예방 조직들, 음주운전 방지 운동 등)이 모여 지역의 안전에 관심을 갖고 협의하는 단계를 거친다. 그 이후 리더십 테이블을 구성하는 단계(Safe Community Leadership Table)로 시민들 주도로 지방정부, 보건소, 경찰, 소방, 학교

등 안전관련 약 25명의 주요 행위자들을 모아서 협의를 시작하고 각
종 이해당사자들을 포함하려 노력(reference group)한다. 이후 프로그
램에 대한 우선순위 선정을 추진한다. 또한 성과평가는 안전도시재단
의 주어진 양식에 따라 안전도시 공동체는 매년 성과평가를 자체 수
행하여 안전도시재단의 Online Website를 통해 제출한다.21)

출처: http://www.toronto.ca

〈그림 9-7〉 토론토 시의 교통안전프로그램

(1) 직장 내 안전

먼저 직장 내 안전에 관한 프로그램으로 SCIP라고 하는 안전도시
인센티브 프로그램(Safe Communities Incentive Program)이 있다. 이 프
로그램은 직장 내 안전과 보험에 관한 것으로 WSIB(Workplace Safety
and Insurance Board), 한국의 산업재해보험공사에 해당하는 정부기관
에 의해 기업에 제공되는 프로그램이다. 기업은 9만 불 정도 또는 그
이상의 자금을 내고, SCF 지정 안전도시로 등록해야 하고 기업소유
자나 경영자가 참여할 뿐만 아니라, 집단 전체가 참여해야 한다.
WSIB는 각 기업에 손상에 대한 청구비용(claim cost)에 대한 기본금

(base)을 마련해두고, 청구비용을 모니터한 후, 기본금과의 차이를 점검하여, 손상 감소로 인한 청구비용의 감소로 기본금의 잔여분이 존재한다면, 그 잔여분의 75%를 참가한 기업에 돌려준다. 만약 기업이 손상에 대한 청구 비용을 감소시키지 못한다면, 기업은 이득이 없게 된다. 결국 기업은 사업시행 2차 연도에는 특별한 훈련프로그램을 도입하게 되는데(Tier2 훈련) 어떤 훈련을 선택할 것인가는 회사의 요구도(Need) 조사에 의해 선택되게 된다.[22]

두 번째로 화학 안전에 관한 국제 프로그램(International Programme on Chemical Safety, IPCS)이 있다. 직장 내 안전사고를 방지하기 위한 프로그램으로 가연성이 강하거나, 폭발가능성이 있는 화학약품에 대해 미리 사전교육을 통해 인지시킴으로써 미연에 사고를 방지하는 프로그램이다.

세 번째는 분석 방법에 대한 매뉴얼에 대한 프로그램으로 NOISH 라고 하는 NMAM(Manual of Analytical Methods)가 있다. 이 프로그램은 직업적으로 독성물질에 노출되기 쉬운 작업장에서 독성물질에의 노출을 모니터링하기 위해 참고하기 위한 가이드로 사용된다. 따라서 독성물질에 의한 손상을 예방하는 효과를 갖는다.

(2) 청소년 대상 프로그램

청소년 대상으로 하는 안전프로그램으로 HEROES(Peer to Peer)가 있다. 이 프로그램은 자동차사고, 음주, 춤, 스포츠 등의 위험을 수반하는 행동에 초점을 두고 Buckle Up, Drive Sober, Look First, Wear the Gear, Get trained 등의 주제를 가지고 실내공간을 어둡게 하고, 시끄러운 음악이 들리게 하는 등 청소년이 좋아하는 분위기를 조성한 후

사고 경험자가 실제 사고가 '언제, 어떻게, 왜' 발생했는가에 대해 설명하고 질문하는 프로그램이다. 결국 사고 상황에 직면하더라도 적절한 대비책(Smart Risk)을 강구함으로써 손상을 예방하게 된다. 이 프로그램은 다음에 언급되는 패스포트 프로그램과 같이 사전에 인지시킴으로써 손상을 예방하는 프로그램이다.

(3) IAPA에 의한 PASSORT 프로그램

이 프로그램에 따르면, 학생들은 자신이 원하는 경우에 패스포트 프로그램에 가입할 수 있다. 패스포트에는 그가 안전도시연합체와 관련한 안전교육에 관해 전에 받았던 모든 교육에 대해 적어 넣을 수 있다. 예를 들면, 적어 놓을 수 있는 교육으로는 응급처치법(CPR), 수상안전자격증, 운전프로그램, 아이보호과정, 스노우모빌 안전교육 등이다. 한 단계의 교육을 이수하면, 다음 단계의 교육을 이수하면서 패스포트에 기록하게 된다. 실제로 작업장에서는 손상을 유발하는 다양한 요소들이 존재하는데, 이들에 대한 적절한 조작법이나 사고 방지 대책을 사전에 미리 인지(認知)시킴으로써 사고를 예방할 수 있게 된다. 기업주는 학생들의 패스포트를 확인한 후 고용 여부를 결정하게 되는 경향이 상당하다고 보기 때문에 이 프로그램은 많은 학생들의 참여를 유도할 수 있게 된다. 또한 Workplace Hazardous Materials Information System, 즉 WHMIS라는 프로그램이 있다. 이 프로그램은 젊은 노동자(주로 학생)를 대상으로 하는 WHMIS 프로그램이다. 이 프로그램은 산업현장에서의 위험한 표지판을 식별하는 방법과 그것들을 적절하게 다루는 법들을 가르치는 것이다. 실제 사고가 발생했을 경우 자신을 보호할 수 있는 적절한 방법을 알려준다. 예를 들면

사고를 방지하기 위한 의복입기, 독극물표지나 가연성물질표시 등에
대한 교육 또는 작업장에서 발생할 수 있는 화재의 형태를 교육시킴
으로써 사고를 방지하거나 사고로 인한 손상을 예방하게 된다.23)

(4) 고위험집단을 대상으로 하는 프로그램

공공 놀이장소에서의 안전은 3개의 지역사회기관(Moe, Morwell,
Traralgon 시)을 중심으로 프로그램을 진행한다. 즉, 유치원, 학교, 놀
이방 등의 어린이 안전프로그램은 맥도날드와 같은 대중적이고 상업
적인 음식점을 중심으로 홍보활동을 한다. 주로 어린이 낙상예방 사
업이 실시되고 있다.

한편 노인낙상방지를 위한 Steady As You GO라는 SAYGO 프로그
램이 있다. 이는 낙상이 심각한 지역에서 실시되며, 지역사회 노인들
의 낙상에 대한 위험을 인식시키고 그들의 행동을 변화시킴으로써
낙상의 수를 줄이는 것이 목적이다. 결과적으로 손상율과 의료비용을
줄이게 된다. 이와 함께 낙상의 주요원인이 되는 지역사회의 위험요
소를 실증적으로 확인할 수 있게 된다.

두 번째, 마약 및 알코올 방지 프로그램으로 Racing against라는
DRUGS이 있다. 이 프로그램은 지역사회에 기초한 마약 및 알코올
인지프로그램이다. 마약과 알코올에 관한 정보를 제공하고, 이들이
주는 피해에 대해 알게 함으로써 마약 및 알코올의 사용을 줄이는 동
시에, 마약과 알코올이 주는 흥분을 레이싱을 통해서 얻게 함으로써
이들에 의한 사고와 손상을 줄이려는 프로그램이다.

세 번째, Risk Watch라는 어린이 안전프로그램이다. 이는 초등학생
을 대상으로 하는 안전교육프로그램으로 1학년부터 8학년까지 각 등

급에 따라 교육시킨다. 각 단계별 교육내용으로는 ① 벨트 등의 자동차 안전, ② 화재와 화상에 대한 응급대처방안, ③ 음식 등에 기인한 목 메임, 질식, 괄약(括約)의 예방, ④ 독극물 안전, ⑤ 미끄럼 방지, ⑥ 총기에 의한 손상방지, ⑦ 자전거 및 보행자 안전, ⑧ 익사 방지를 위한 물에서의 안전 등이다. 이러한 프로그램들은 어린이들에게 쉽게 접근하기 위해 Elmer the Safety Elephant를 사용한다. 이는 코끼리를 상징화하여 다양한 프로그램을 교육시키는 것으로, 예컨대 어린이들의 미끄럼 방지나 낙상 방지, 자전거 및 보행안전을 위해 만화형식으로 안전에 대한 교재로 활용하고 있다.24)

(5) 교통안전프로그램

먼저 자동차 안전벨트 및 자전거 안전모 프로그램이 있다. 이 프로그램은 자동차의 안전벨트를 착용함으로써 자동차 사고가 발생한 경우라도 상당한 손상의 감소를 얻어낼 수 있다. 즉, 자동차 안전벨트 프로그램은 손상 감소의 가장 전형적인 프로그램이라 할 수 있다. 자전거 안전모 착용하기 프로그램 역시 이와 마찬가지이다. 이는 한국에서 현재 진행되고 있는 자동차 안전벨트 착용하기 프로그램과 유사하다.

두 번째, 안전시트 클리닉 프로그램이 있다. 어린이 안전시트의 사용은 법적으로 의무화되어 있다. 그러나 사용되고 있는 대부분의 안전시트들이 바르지 않게 설치되어 있으므로 이를 바로잡기 위한 프로그램으로 안전시트 클리닉 프로그램이 있다. 한국의 카센터와 같이 곳곳에서 무료로 안전시트를 올바르게 설치해주는 기관을 운영하고 있다.

〈표 9-4〉 토론토 시의 안전도시 주요 프로그램

대상	주요 프로그램
직장 내 안전	• Safe Communities Incentive Program(SCIP) • International Programme on Chemical Safety(IPCS) • NOISH Manual of Analytical Methods(NMAM)
청소년을 대상으로 하는 프로그램	• HEROES: Peer to Peer • IAPA에 의한 PASSPORT 프로그램
고위험 집단을 대상으로 하는 프로그램	• 노인낙상방지를 위한 Steady As You GO(SAYGO) 프로그램 • 마약 및 알코올 방지 프로그램: Racing against DRUGS • 어린이 안전프로그램: Risk Watch
교통안전프로그램	• 자동차 안전벨트 및 자전거 안전모 프로그램 • 안전시트 클리닉 프로그램

출처: 한세억(2013: 357)

3. 시사점

캐나다 안전도시 토론토의 경우 WHO의 안전도시로 인증 첫해에 지정을 받은 도시이다. 토론토의 경우 중앙과 지방의 안전관리 체계가 상당히 체계적으로 이루어진 도시라고 할 수 있다. 특히 지방정부의 자치적인 안전관리 권한이 강화되면서 분야별 안전프로그램이 맞춤형으로 시행되고 있다. 특히 직장 내 안전, 청소년을 대상으로 하는 프로그램, 고위험집단을 대상으로 하는 프로그램, 교통안전프로그램 등은 안전관리의 유형화를 보여준다. 캐나다의 복지정책이 잘 수립된 만큼 노약자를 대상으로 하는 안전관리 프로그램도 주목할 만하다. 노인낙상방지를 위한 Steady As You Go 프로그램은 노인복지정책에 관한 토론토 시의 의지를 보여주는 것이다. 한국도 고령사회로 진입하게 되면서 노인복지정책에 대한 관심이 늘어나고 있다. 토론토 시의 이러한 안전도시 프로그램의 경우 특이한 것은 시민중심 조직으로 프로그램이 운영된다는 것이다.

제3부

세계화 시대의 한국도시

제10장 한국의 세계도시 추진현황

제11장 한국의 세계도시 발전방향

한국의 세계도시 추진현황

제1절 창조도시

1. 창조도시의 등장과 현황

창조도시와 관련된 아이디어가 처음으로 제기된 시기는 1980년대 말 무렵이고, 그것이 본격적으로 논의되기 시작한 것은 1990년대 초·중엽이다. 창조도시에 대한 이러한 논의가 국내에 소개되기 시작한 시기는 2000년대 초반으로 친기업적인 환경을 조성하기 위한 기존의 개발정책에서 창조인력을 유치하기에 적합한 환경의 조성과 지역이 성장을 선도하기 위한 전략으로 고려되었다.[1]

창조도시가 도시의 미래비전 전략으로 고려되면서 국내 많은 자치단체들이 '유네스코 창의도시 네트워크'에 가입하게 된 것은 창조도시의 붐이 낳은 대표적인 사례라고 할 수 있다. 그리고 최근 박근혜 정부의 창조경제 육성과 맞물리면서 창조도시는 스마트 창조도시, 창조경제 클러스터, 이미지 창조도시 등과 같은 새로운 국면을 맞이하게 되었다.[2]

한국의 창조도시를 실천하기 위한 기본적인 전략은 다음과 같이 정리할 수 있다. 첫 번째는 대기업 및 주도기업 창조계급의 유치 전략으로 창조산업은 전통적인 첨단산업의 발전과 함께 또는 첨단산업의 발전이 창조도시의 좋은 환경을 제공한다는 관점에서 출발하고 있다. 이러한 관점에서는 창조도시는 수도권과의 거리가 떨어져 있어도 충분한 경쟁력을 확보할 수 있기 때문에 국가균형발전 차원에서 긍정적이라고 보고 있다. 이를 위해서는 첨단산업 가운데 생산사이클 과정에서 제품이 표준화단계에 접어든 기업의 지사공장 플랫폼(Branch Plant Platform)을 유치하면서 서서히 연구개발, 상품개발 및 투자결정이 진행될 수 있도록 하는 방법과 공공연구소, 민간연구소, 대기업 등이 컨소시엄을 형성하도록 하여 전략적 연구개발사업이 지방도시에 이루어질 수 있도록 하는 방법 등으로 통해 실현하고 있다. 두 번째는 창조산업의 육성과 지역 어메니티를 구축하는 전략으로 고급생산자 및 재정서비스, 문화 및 미디어 관련 산업, 전통적인 첨단산업과의 결합 및 융합을 통해 혁신적이고 좋은 상품 및 서비스 생산으로 경쟁력을 확보하는 방법이다.3) 최근 한국의 창조도시 정책은 창조경제 및 산업과 융합되면서 문화 및 미디어 산업, 첨단산업, ICT를 중심으로 한 클러스터나 네트워크 구축의 방향으로 이동하고 있다.

국가의 창조도시 정책의 방향과 달리 지방자치단체의 창조도시 정책은 현재 지역의 특성 및 자산을 기반으로 창조도시 선언 및 유네스코 창조도시 네트워크에 가입하려는 움직임이 활발하게 진행되고 있다. 대표적인 도시로는 경남 김해시의 경우 가야의 역사와 문화, 디자인을 접목하고 있고, 전북 전주시는 전통문화와 음식을 결합한 방안을, 대전시는 연구 R&D, 과학기술, 미디어 산업 등을 접목하여 창조도시 슬로건을 내걸고 추진 중에 있다. 이상의 도시들은 유네스코 창조도시 네트워크 프레임(CCN: Creative Cities Network)에 가입하는 것을 목표로 하고 있지만, 추진 과정에서는 해당 지자체별로 차이를 보이고 있다. 예를 들면, 경남 김해시와 전북 전주시는 CCN의 7개 분야 가운데 각각 디자인, 음식 분야의 창조도시로 지정되고자 관련 사업과 정책을 추진하고 있으며, 대전시는 미디어 아트 분야의 창조도시로 지정되고자 관련 정책을 추진하고 있다. 사업의 추진과정에서도 차이점을 보이고 있는데, 경남 김해시와 전북 전주시는 지역 전문가 참여를 통해 다양한 지역의 의견을 수렴하고 있는 반면, 대전시는 외부 전문가들의 통해 전문성을 확보하는 방향으로 추진하고 있다.[4]

유네스코 창조도시 네트워크(Creative Cities Network, CCN)

유네스코 창조도시 네트워크는 2004년 "세계 문화다양성 협력망(Global Alliance for Cultural Diversity)"의 일환으로 추진되었으며, 지역차원에서 문화산업의 창조적, 사회적, 경제적 가능성을 확대하는 것을 돕고 궁극적으로는 유네스코가 추구하는 문화다양성 증진을 목적으로 시작된 사업으로 도시 간 육성과 도시들 간의 비경쟁적 협력과 발전 경험 공유를 통해 회원국 도시들의 경제적, 사회적, 문화적 발전을 장려하고 있으며, 공공과 민간의 협력을 강조한다.[5]
유네스코 창조도시 네트워크는 국제협력의 새로운 형태와 창조산업(creative industry)의 발전을 통해 공공/민간은 물론 시민사회를 견인하고자 하는 것으로서 지역활동을 통한 문화산업의 사회성, 독창성, 경제적 잠재성을 표출하고, 문화·사회·경제 발전을 위해 경험, 아이디어, 우수사례를 공유하여 궁극적으로 유네스코가 추구하는 세계 문화다양성 증진, 지속가능한 성장 및 빈곤퇴치를 목적으로 하고 있다.[6]
유네스코 창조도시 네트워크는 7개(민속예술, 문학, 미디어 예술, 음악, 음식, 디자인, 영화) 영역에서 창조도시를 선정하고 있으며, 2014년 6월 현재 기준 총 7개 영역에서 41개의 도시가 지정되어 있다.[7]

2. 한국의 창조도시 사례

1) 서울

서울시는 2008년 창의문화도시 원년으로 선언하고 창의문화도시
를 달성하는 컬처노믹스 추진 계획을 발표했다. 컬처노믹스란 '문화
(Culture)와 경제(Economics)'를 융합한 말로서, 문화를 통해 경제의
부가가치를 높이는 동시에 문화의 경제적 가치를 달성한다는 의미를
내포하고 있다. 서울시는 예술창의의 기반을 조성하는 한편 도시의
문화환경을 조성하고, 도시의 가치와 경쟁력을 제고, 글로벌 도시에
진입한다는 가정하에 10대 과제 148개 사업계획을 수립하였다. 계획
의 목표는 창의문화인구 확대, 도시브랜드 고양, 문화산업 증진, 관광
경쟁력 제고 등 4가지이다. 창의문화인구는 42만 명에서 70만 명으로
늘리는 한편, 도시브랜드는 44위에서 20위로, 문화산업은 세계 9위에
서 5위로, 관광경쟁력은 31위에서 20위로 상승시킨다는 것이 계획의
목표이다. 주요 과제는 예술창의기반 조성, 도시문화환경 조성, 도시
가치와 경쟁력 제고 등으로 크게 구분할 수 있다. 이를 위하여 서울
시는 유휴공간을 적극 활용하는 한편, 지역별 특성 및 자원분포현황
에 맞춰 클러스터를 조성하고, 시민들의 접근성 제고를 위한 곳곳의
문화공간을 조성하며, 서울의 자연과 역사, 사람을 잇는 관광코스를
개발하며, 도시의 가치와 브랜드를 높이는 도시 상징물 조성 등의 내
용을 포함하고 있다.[8]

<표 10-1> 서울시 창의문화도시 추진과제

영역	과제
예술적 창의기반	- 유흥시설의 문화예술 창의발신지화 - 역사복원 및 매력 있는 서울만들기 - 문화예술에 대한 기업투자 활성화
도시문화환경 조성	- 서울상징 문화특화지역 육성 - 한강을 서울 상징문화공간으로 - 문화의 갈증을 해소하는 문화의 샘 조성 - 물처럼 공기처럼 흐르는 생활 속에 문화
도시가치와 경쟁력	- 서울을 최고 디자인 도시로 - 문화 창의를 바탕으로 한 문화산업과 일자리 창출 - 관광객 1,200만 시대로 서울경제 활력 창출

출처: 라도삼(2008: 28)

　　서울시의 창의문화도시를 추진하기 위한 전략은 다음과 같다. 창의문화도시 측면에서는 일자리 측면, 개방성의 측면, 아우라의 측면, 재미와 유희의 측면, 보헤미안 수치 측면 등에서 취약한 것으로 평가되고 있다. 창조도시 서울 건설을 위해서는 도시환경 자체를 창의중심적으로 바꾸는 노력이 절대적으로 필요하며, 문화자원이 밀집된 지역(홍대, 대학로), 다양한 사람들의 커뮤니케이션이 우선되는 지역(삼청동, 서래마을, 서초동 예술의 전당 주변, 청담동), 창의적 보헤미안들이 밀집되어 산업적 클러스터를 형성하고 있는 지역(역삼동, 구로디지털산업단지, 상암지역) 등을 창의적 거점지역으로 조성, 다양한 예술가 및 창의계급 유치를 제안하고 있다. 또한 전략으로는 다양한 문화클러스터의 조성, 아시아 도시들과 연계망 조성을 통해 창의 허브도시 서울 구축을 통해 서울의 클러스터를 강화하고 아시아 도시들과의 연계로 서울을 창의의 Hub & Spoke로 만들려고 하고 있다.[9]

2) 대전

대전시는 '창조도시(Creative City)'를 미래의 도시전략으로 설정하고 도시의 창조성 제고와 창조산업 육성을 위한 정책 지원 강화에 중점을 두고 있다. 이를 위하여 대전시는 창조인력을 유인할 수 있는 쾌적한 생활공간과 고품격의 문화적 향수가 가능한 도시환경을 조성하면서, 도시의 산업을 창조산업으로 재편하기 위한 노력을 기울이기 위해 종합적인 창조도시 만들기 계획을 수립하였다.[10]

창조도시 대전의 비전은 '글로벌 창조허브, 대전 상상력이 경쟁력이 되는 도시'로 설정하고, 창조도시의 비전을 실천하기 위한 4대 원칙으로 세계화, 삶의 질, 시민주도, 지속성 기반 확보를 선정하였다. 비전을 실현하기 위한 6대 전략영역으로 창의인재를 양성하는 도시, 창조적 지식경제 도시, 쾌적하고 매력적인 환경도시, 함께 나누는 복지도시, 창조적인 품격 높은 문화도시, 참여하고 연대하는 문화도시 만들기로 설정하였다.[11]

〈표 10-2〉 창조도시 대전의 비전

글로벌	중부권, 한국을 넘어 세계의 창조도시 지향
창조	"창조" 패러다임 선점 창조는 대전의 강점 분야와 산업을 육성하기 위한 기본 가치
허브	창조의 핵심 요소들이 거쳐 가고, 집결하며 새로운 시너지를 창출하는 곳
상상력·결쟁력	'상상력'을 통해 '경쟁력'을 확보하는 대전형 창조도시의 작동구조 제시 – 창조도시의 여유, 소통, 참여 등의 이미지 부각

출처: 오재환 외(2011: 20)

대전시는 '창조도시 대전 만들기'라는 프로젝트라는 명칭으로 구체적인 창조도시 실현을 위한 전략도 제시하고 있다. 창조도시 대전

만들기 프로젝트는 창조인재발전소, 크레비즈(Cre-Biz) 육성, 창조도시회랑(Coddider) 창조도시지원시스템 구축 등으로 구성된다. 먼저 창조인재발전소는 창조도시의 성공적 구축을 위한 내발적 창조역량 육성을 위해 시민의 창조적 역량의 함양 전략과 창조계급을 육성하는 전략, 생애 전 주기 및 전 계층에 걸친 교육프로그램이 복합된 거점 공간 육성을 목표로 하고 있다. 크레비즈(Cre-Biz) 육성 전략은 창조도시의 성과를 대전의 산업육성 및 지역경제 활성화로 연계시키고 과학기술과 문화예술이 융합되는 유연하고 개방적인 창조적 지식경제시스템의 구축에 그 목표를 두고 있다. 그리고 기술사업화 및 연구개발서비스 등 지식서비스 산업의 적극 육성을 통해 창조산업의 기반 마련의 목표도 두고 있다. 창조도시회랑은 대전을 창조도시로 만들고 시민들이 이를 체험할 수 있는 기회 제공을 통해 과학기술과 문화예술의 접목, 시민의 창의성 제고 등을 위한 거점기능을 확보하기 위한 전략이라고 할 수 있다. 또한 사람 중심의 교통체계로 전환하여 에너지 및 사회적 비용을 절약하기 위한 대안적 수단(저공해자동차 보급을 통한 환경개선, 소수자에 대한 관용 및 소통 등)을 중요하게 고려하고 있다. 창조도시지원시스템은 시민의 창의성을 공유하고 확산하기 위해 개방과 협력체계를 구축하는 것으로 개인의 창의성 증진과 함께 다양한 업종과 전문분야, 세대와 조직을 초월한 '소통의 장'을 마련하는 데 방점을 두고 있다. 그리고 이러한 창의적 아이디어와 창조산업의 육성을 위한 행정체계의 정비, 문화예술을 통한 도시의 창조성 확대, 쾌적하고 매력적인 도시환경 조성 등을 통해 창조성이 발휘될 수 있는 기반 조성을 목표로 하고 있다.12)

제2절 문화도시

1. 문화도시의 등장과 현황

문화도시는 1985년 유럽연합에서 시작한 '유럽문화수도' 사업의 긍정적 사회경제적 파급효과로 인하여 전 세계적으로 확산되면서 시작되었다. 1985년 아테네를 시작으로 2016년까지 54개의 도시가 유럽 문화도시로 지정될 예정이며, 대륙별로 문화주도의 도시조성사업이 추진되거나 구상 중에 있다.13)

한국에서 문화도시의 개념이 도입되기 시작한 것은 2000년 전후로 당시의 문화도시는 '문화의 예술성이나 역사성, 산업성 등 특정 측면에 초점을 맞추고 문화를 별도의 항목 또는 별도의 수단으로 취급함으로써 그 기준에 따라 특정한 분야를 발전시키는 도시'를 지칭하고 있다. 이러한 의미 속에는 문화산업의 육성과 관광마케팅, 장소마케팅 등 도시를 이미지화하여 지역경제에 이바지할 수 있는 수단으로서의 성격이 강했다.14)

그러나 최근에는 문화의 가치를 재인식하고 문화적인 삶의 실현과 관련된 욕구 증대에 부응할 수 있는 정책으로 전환되고 있다. 특히 지역적 수준에서 문화적 삶을 실현하고 지역문화를 활성화하기 위한 정책으로 문화도시·문화마을 조성정책이 추진되고 있다. 현재 중앙 정부에서 추진하고 있는 '문화도시·문화마을'은 문화적 삶을 바탕으로 살기 좋고 지속가능한 사회와 환경을 갖춘 도시와 마을로, 문화를 통한 정신가치와 삶의 질 향상, 지역사회의 고유문화를 통한 사회 정체성의 확립, 문화환경을 갖춘 사회적 장소의 구현 및 정주가치 향

상, 문화를 바탕으로 하는 도시 및 마을의 지속가능한 성장 및 발전 이라는 가치를 포함하고 있다.[15]

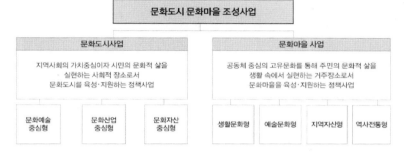

출처: 조광호(2013: 21)

〈그림 10-1〉 문화도시·문화마을 조성사업

〈표 10-3〉 문화도시 사업유형

구분	유형	기본지향목표	도시 주요활동	사업 기대효과
문화도시사업	문화예술 중심형	사회와 문화예술의 가치공유를 통한 도시 문화의 성장 및 발전	- 문화예술 창작 향유활동 중심 - 예술의 창조성을 바탕으로 시민중심의 사회문화를 형성·공유 - 이를 도시성장의 원천동력으로 발전시키는 문화활동 전개	도시의 문화적 정체성 발현 ▼ 도시민의 삶의 질 향상 ▼ 도시문화적 사회생태계 구축 ▼ 문화적 일자리 창출을 통한 도시경제 활성화
	문화산업 중심형	사회문화와 산업의 창조적 융복합을 통한 문화적 도시경제 활성화	- 문화를 기반으로 하는 경제활동 중심 - 문화와 산업, 그리고 도시민의 생활 너지와 융합하고 효과창출 - 문화적 측면의 도시경제 활성화를 유도하는 사업성격의 활동 전개	
	문화자산 중심형	지역성에 기반하는 고유문화 특화 및 도시정체성 구현을 통한 사회효과 창출	- 지역성을 강조한 문화관광 중심 - 도시의 고유자산이 가지는 가치를 문화적으로 부각하여 문화효과 창출 - 유·무형적 가치로서의 지역자산 및 고유문화를 특화하는 문화활동 전개	

출처: 최종철(2014: 92)

문화도시사업은 지역사회의 가치중심이자 시민의 문화적 삶을 실현하는 사회적 장소로 문화도시를 육성·지원하기 위한 정책으로 추진되고 있으며, 문화적 지향목표 및 활동방식에 따라 문화예술중심형, 문화산업중심형, 문화자산중심형으로 구분할 수 있다.[16)]

　문화마을사업은 주민의 문화적 삶을 생활 속에서 실현하는 거주장소로서 문화마을을 육성·지원하는 정책사업으로 문화적 지향목표 및 활동방식에 따라 생활문화형, 예술문화형, 지역자산형, 역사전통형으로 구분할 수 있다.[17)]

〈표 10-4〉 문화마을 사업유형

구분	유형	사업 지향목표	마을 주요활동	사업 기대효과
문화마을사업	생활문화형	주민의 문화적 삶을 통한 마을 정주가치 향상	[생활문화 공동체 활동] − 주민중심의 생활 커뮤니티 − 주민참여 문화기획 프로그램 − 문화기반 주민생활형 경제활동 − 문화나눔 및 기부활동 등	문화적 공동체의식 강화 ▼ 마을 고유의 문화가치 생성 ▼ 주민 삶의 질 향상 및 전주가치 확보 ▼ 문화와 생활의 복합작용에 의한 사회경제적 효과 ▼ 마을의 문화·경제적 자생력 확보
	예술문화형	예술가치의 공동체적 공유를 통한 마을문화의 새로운 가치발현	[예술창작 및 향유활동] − 주민과 문화예술인의 문화가치 사회공유사업 및 프로그램 − 마을/지역 예술창작 및 향유 지원 프로그램 − 문화예술 기반 사회경제활동	
	지역자산형	지역 고유자산의 문화적 활용을 통한 마을문화 및 환경 특화	[지역단위 문화기반 경제활동] − 자연생태적 문화환경 가꾸기 − 고유자산콘텐츠 활용 문화기획 − 마을 자산 활용 기업 설립·운영 − 마을자산 체험프로그램 등	
	역사전통형	마을 공동체 중심의 지역문화 고유가치 구현 및 사회적 전승	[마을전통/역사가치 공유활동] − 전통문화예술 커뮤니티 활동 − 장인공방/기업 설립·운영 − 전통·역사지원 활용 마케팅 등	

출처: 조광호(2013: 23)

최근 한국의 문화도시정책은 문화가 보유하고 있는 고유성, 다양
성, 창조성, 보편성, 지속성 등의 가치를 사회적·경제적 영역으로 승
화시키기 위한 방향으로 추진되고 있다. 그러나 지방에서는 기존의
문화자산의 보존에서 문화자산의 활용 및 삶의 질 증진을 위한 대안,
지역의 고유한 문화자산을 활용한 문화정책의 추진 등 문화를 중심
에 놓고 다양한 방안들이 추진되고 있지만, 그 배경적 기반은 도시재
생이라는 큰 맥락에서 추진되는 수준에 그치고 있다.[18]

2. 한국의 문화도시 사례

1) 부산시 감천문화마을

감천문화마을은 1950년대 신앙촌 신도와 6·25 피난민의 집단거주
지로 형성되기 시작하여 현재에 이르기까지 부산의 역사를 그대로
간직하고 있는 곳이다. 1980년대 이후 점차 쇠락하던 감천마을은 과
거와 현재가 공존하는 도시의 모습으로 인하여 이곳을 방문하던 사
람들에게 집단식 주거형태와 골목경관 등 독특한 경관의 아름다움이
전해지면서 영화촬영지로 각광을 받게 되었다. 이후 감천마을이 가지
고 있는 고유성과 역사성을 보존하기 위하여 지역예술인들과 마을
주민들이 모여 2009년에 추진한 '꿈을 꾸는 부산의 마추픽추' 공공미
술프로젝트에 이어 2010년 '미로미로 골목길 프로젝트' 마을 공공미
술 프로젝트 등 감천마을의 문화마을 만들기 정책들이 추진되었다.[19]
이러한 측면에서 볼 때, 감천문화마을은 기존의 전면철거 등 단순 토
목형 도시재개발형식이 아닌 지역주민들의 의견과 요구, 문화적 요소
를 강조하여 현재를 리모델링하는 문화적 도시재생의 형태로 추진된

사례라고 할 수 있다.

감천문화마을을 활성화하기 위하여 '마을미술 프로젝트', 방문자를 위한 마을지도제작, 마을여행코스, 주민카페, 아트숍, 감천문화마을 골목축제 등을 주요사업으로 선정해 추진하였고, 이러한 사업들 중 대표적 사업 내용은 다음과 같다. 첫째, 마을미술 프로젝트의 추진이다. 감천마을은 산자락을 따라 질서정연하게 늘어선 계단식 집단 주거형태와 모든 길이 통하는 미로와 같은 골목길의 경관은 감천마을 만의 독특함을 보여주고 있다. 이러한 지리적 특성과 역사적 가치를 보전하고 활성화하기 위해 지역예술인들과 마을 주민들이 모여 시작한 마을미술 프로젝트가 감천문화마을이 탄생할 수 있는 계기가 되었다.[20] 둘째, 감천문화마을에서 추진되는 다양한 정책 및 사업의 주체는 행정기관이 아닌 지역예술작가들이 주축으로 콘텐츠 관련 아이디어와 실천 방안을 수립하고, 행정기관은 예산을 지원하며, 유관기관과의 협조 체계를 통해 문화예술공간으로 재탄생하였다. 지역주민들과 외부 관광객이 함께하는 문화마을을 형성함으로써 내외부의 실질적인 문화주체들 간의 네트워크를 형성할 수 있도록 하였다.[21]

감천문화마을 사례의 시사점은 다음과 같이 정리할 수 있다. 첫째, 지역주민, 지역의 예술작가, 행정기관 및 유관기관과의 협력적인 거버넌스 체계를 구축함으로써 각 주체들의 역량을 최대한 보장해 성공적인 사업을 이끌어낼 수 있었다. 둘째, 지역의 고유성과 역사적 가치 등과 같이 문화마을 만들기를 시행할 수 있는 지역자산을 보유·활용한 것이 문화마을로서의 위상을 정립하는 원동력이 되었다.

2) 경주시

경주시는 오랜 역사적 전통과 역사문화자원을 가진 도시이자 21세기형 문화도시로 손꼽을 수 있는 도시라고 할 수 있다. 신라의 천년 고도로서 도시 자체가 역사자원이라고 할 만큼 풍부한 문화유산을 간직하고 있다.22)

문화도시는 풍부한 역사자원의 보유만큼 역사문화자원의 보존과 활용, 이를 토대로 지역의 문화적 정체성을 확립하고 관련 인프라를 구축하는 것 또한 중요하다. 이러한 맥락에서 볼 때, 경주시는 문화유산 정비, 문화·관광 활성화, 도시기반조성을 기본 방향으로 설정하여 도시 전반의 변화를 추구하고 있으며, 문화관광부 추진 4대 지역 거점 문화도시 중 '역사문화중심도시'로 선정되어 각종 인프라 확충과 개선을 통한 도시 변화를 실현하기 위해 다양한 정책들을 추진하고 있다. 문화도시 조성의 구체적인 계획으로 우선 문화유산의 발굴과 복원, 다양한 콘텐츠 개발에 중점을 두고 경주시가 가지는 문화유산을 더욱 풍부히 한다는 계획을 수립하고 있다. 뿐만 아니라 무형 문화유산에 대한 개발 방안도 추진하고 있는데, 각종 설화대상지와 스토리를 연결하는 새로운 콘텐츠를 개발하여 새로운 역사·문화 콘텐츠 개발을 통해 문화유산의 활용도를 높이는 정책을 추진하고 있다.23)

경주시는 보유한 역사문화자원이 풍부하고, 중앙부처에서의 재원 투자가 활발하게 진행되고 있는 만큼, 문화도시로서의 위상을 정립하기 위해서는 지역의 문화관련 인력의 적극적 활용과 시민들의 참여를 유도할 수 있는 협력적 체계 구축과 문화자원을 활용한 다양한 콘텐츠의 개발을 통해 문화도시로 성장할 수 있음을 보여주고 있다.

No	Total	Venue	City
11	3,290,500	Victoria and Albert Museum	LONDON
12	3,185,413	Reina Sofia	MADRID
13	3,066,337	Museum of Modern Art	NEW YORK
14	3,052,823	National Museum of Korea	SEOUL
15	2,898,562	State Hermitage Museum	ST PETERSBURG
16	2,705,814	National Folk Museum of Korea	SEOUL
17	2,398,066	Somerset House	LONDON
18	2,306,966	Museo Nacional del Prado	MADRID
19	2,220,000	Rijksmuseum	AMSTERDAM
20	2,039,947	National Art Center Tokyo	TOKYO
21	2,034,397	Centro Cultural Banco do Brasil	RIO DE JANEIRO
22	2,014,636	National Portrait Gallery	LONDON
23	1,946,420	Shanghai Museum	SHANGHAI
24	1,940,921	* National Gallery of Victoria	MELBOURNE
25	1,870,708	Galleria degli Uffizi	FLORENCE
26	1,824,000	MuCEM	MARSEILLES
27	1,768,090	National Museum of Scotland	EDINBURGH
28	1,758,460	Moscow Kremlin Museums	MOSCOW
29	1,728,815	* Getty	LOS ANGELES
30	1,690,078	* FAMSF	SAN FRANCISCO
31	1,539,716	Art Institute of Chicago	CHICAGO
32	1,505,608	Saatchi Gallery	LONDON
33	1,468,818	Centro Cultural Banco do Brasil	BRASILIA
34	1,460,324	* National Galleries of Scotland	EDINBURGH
35	1,448,997	Van Gogh Museum	AMSTERDAM
36	1,422,013	Grand Palais	PARIS
37	1,403,909	Tokyo National Museum	TOKYO
38	1,378,272	Tate Britain	LONDON
39	1,360,000	State Tretyakov Gallery	MOSCOW
40	1,333,430	Teatre-Museu Dalí	FIGUERES
41	1,307,326	Musée Quai Branly	PARIS
42	1,307,230	Palazzo Ducale	VENICE
43	1,276,165	Gyeongju National Museum	GYEONGJU
44	1,260,577	Australian Centre for the Moving Image	MELBOURNE
45	1,260,000	Pergamonmuseum	BERLIN
46	1,257,241	Galleria dell'Accademia	FLORENCE
47	1,224,964	* Queensland Art Gallery/GoMA	BRISBANE
48	1,223,198	Mori Art Museum	TOKYO
49	1,202,654	LACMA	LOS ANGELES
50	1,200,000	SAAM/Renwick Gallery	WASHINGTON, DC
51	1,199,123	Guggenheim Museum	NEW YORK
52	1,163,419	Valencia Institute of Modern Art	VALENCIA
53	1,162,792	Art Gallery New South Wales	SYDNEY
54	1,155,975	National Museum of Western Art	TOKYO
55	1,134,289	Museum of Fine Arts	BOSTON

No	Total	Venue	City
56	1,095,000	Museo Soumaya	MEXICO CITY
57	1,091,143	Acropolis Museum	ATHENS
58	1,083,815	National Portrait Gallery	WASHINGTON, DC
59	1,050,000	National Art Museum of China	BEIJING
60	1,044,067	Kelvingrove Art Gallery and Museum	GLASGOW
61	1,018,378	Royal Academy of Arts	LONDON
62	1,015,022	Montreal Museum of Fine Arts	MONTREAL
63	966,502	Israel Museum	JERUSALEM
64	957,802	Belvedere	VIENNA
65	956,498	Royal Ontario Museum	TORONTO
66	945,161	Serpentine Gallery	LONDON
67	944,827	Museo Thyssen-Bornemisza	MADRID
68	940,000	Neues Museum	BERLIN
69	931,639	Centro Cultural Banco do Brasil	SÃO PAULO
70	931,015	Guggenheim Museum	BILBAO
71	911,342	Museu Picasso	BARCELONA
72	900,000	Musée de l'Orangerie	PARIS
73	894,876	MCA Australia	SYDNEY
74	892,806	CaixaForum Barcelona	BARCELONA
75	852,904	Art Gallery of Ontario	TORONTO
76	850,395	Museum of Fine Arts	HOUSTON
77	850,194	Melbourne Museum	MELBOURNE
78	824,898	Musée du Louvre-Lens	LENS
79	806,677	Palazzo Reale	MILAN
80	790,732	CaixaForum Madrid	MADRID
81	778,853	Kunsthistorisches Museum	VIENNA
82	770,243	National Gallery of Australia	CANBERRA
83	747,874	Ashmolean Museum	OXFORD
84	723,259	Palais de Tokyo	PARIS
85	700,088	Musée d'Art Moderne de la Ville de Paris	PARIS
86	700,000	Ullens Center for Contemporary Art	BEIJING
87	700,000	Stedelijk Museum	AMSTERDAM
88	689,582	* Seattle Art Museum	SEATTLE
89	662,389	Musées Royaux des Beaux-Arts	BRUSSELS
90	660,640	Huntington Library	SAN MARINO
91	660,358	Art Gallery of South Australia	ADELAIDE
92	652,759	National Portrait Gallery	CANBERRA
93	645,343	Hirshhorn Museum	WASHINGTON, DC
94	643,274	MACBA	BARCELONA
95	641,572	National Gallery of Ireland	DUBLIN
96	639,810	Philadelphia Museum of Art	PHILADELPHIA
97	635,917	Museu Nacional d'Arte de Catalunya	BARCELONA
98	630,000	Tel Aviv Museum of Art	TEL AVIV
99	627,800	Istanbul Modern	ISTANBUL
100	613,090	Freer and Sackler Galleries	WASHINGTON, DC

출처: The Art Newspaper(2014: 15)

〈그림 10-2〉 세계 문화예술 박물관객 순위

제3절 환경도시

1. 환경도시의 등장과 현황

현재 전 세계의 많은 선진도시의 중요한 키워드는 환경생태도시, 환경수도, 저탄소 녹색도시 등과 같은 '기후변화' 요인을 둘러싼 새로운 경쟁력 확보라고 할 수 있다. 유럽과 미주지역의 많은 도시가 기후환경정책에 대한 계획수립 및 실행단계에 있음이 이를 대변하고 있다. 이와 같이 환경보호, 기후환경이라는 새로운 패러다임의 중요성이 부각됨에 따라 세계 신진도시들은 기후환경 친화적인 도시브랜드 가치를 높이기 위한 정책 마련에 중점을 두고 있다.24)

현재 정부차원에서도 2008년 저탄소 녹색성장 비전 선언 이후 공공기관 온실가스 목표관리제 도입, 국가 기후변화센터 설립 등 전 지구적 기후변화에 적극적으로 대응하고, 녹색생활 확산을 위한 'Me First'운동 등 국민인식 제고를 위한 다양한 프로그램을 실시하였다. 그러나 녹색성장의 성과에도 불구하고 대기업과 중소기업 간, 중앙과 지방 간 온도차가 존재하고 세계적 경기침체로 인해 국민들의 녹색성장 성과 체감에 한계가 있었으며, 이에 따라 생활 속에서 국민이 체감할 수 있는 환경정책을 강화하고 녹색성장의 성과를 국민이 공유할 수 있는 대책이 요구되었다.

이와 같은 여건에서 현재 우리나라 중앙정부 환경정책의 주요 방향은 다음과 같다. 첫째, 민감계층 맞춤형 환경보건서비스, 주민불편 생활환경 개선 등 생활 속에서 체감하는 환경정책을 확대한다. 둘째, 기후변화 대응 역량을 강화하고 자원순환사회를 구축하여 기후변화에 강한 녹색 대한민국을 만든다. 셋째, 생태 및 경관에 대한 국민수요를 충족하고, 국토환경가치를 창출하여 환경가치가 높은 국토와 생태를 조성한다. 이를 통해 궁극적으로 그간의 녹색성장 정책성과를 사회 전 분야로 확산하는 것을 정책 목표로 설정하고 있다.[25]

또한 국정비전을 실현하기 위한 5대 국정목표 중 네 번째인 '안전과 통합의 사회'의 5개 전략 중 쾌적하고 지속가능한 환경조성전략을 통해 지구적 차원에서의 환경문제 대처는 물론, 실생활과 밀착된 기반여건의 개선을 통해 쾌적하고 안정된 생활환경 확보를 강조하고 있다. 특히 국토공간의 보전과 개발에 있어 국정과제를 통해 과잉난개발 차단을 위한 최고정책당국자 실명제 도입 및 국토환경계획 연동제 등의 제도개선과 개발사업 인허가과정에서 통합운영방안 및 주민의견수렴 내실화 등 합리적 추진방안 등이 제안하고 있다.[26]

한국에서는 도시화가 가지고 있는 환경문제를 해결하는 차원을 넘어 경제, 환경, 에너지, 교통 등 도시 전반에 대한 계획과 관리를 통해 친환경 도시를 만들자는 패러다임 실현을 위해 다양한 정책을 시행하고 있다. 대표적으로 친환경 지속가능도시, 그린시티, 녹색건축 인증 등이 있다.

친환경 지속가능도시는 지구 온난화의 주범인 온실가스 방출을 원칙적으로 줄이고 방출된 온실가스를 최대한 흡수하는 도시, 지속가능한 도시기능을 확충하면서 자연과 공생하는 생태도시를 추구하고 있다. 대표적인 도시가 바로 강릉이다. 강릉은 2009년 7월 환경부·국토부·강원도·강릉시 등 관계부처 간 MOU를 체결하고 기본구상을 발표하였다. 이후 연구용역, 주민의견 수렴 및 관계부처 협의 등을 거쳐 2011년 5월 '강릉 저탄소 시범도시 조성 종합계획'을 마련하였다.

강릉 시범도시는 경포호수와 동해 바다 등 천혜의 자연자원과 선교 장, 오죽헌 등 역사 문화유산을 보유하고 있는 인문·사회적 여건을 고려하여 탄소제로도시, 자연생태도시, 녹색관광문화도시의 3가지 테 마를 도출하고 친환경 토지이용, 녹색교통, 자연생태, 에너지, 물, 자 원순환, 녹색관광 및 생활 등 6대 분야를 핵심요소로 채택, 2020년까 지 29개 부문별 사업을 단계별로 추진하고 있다.

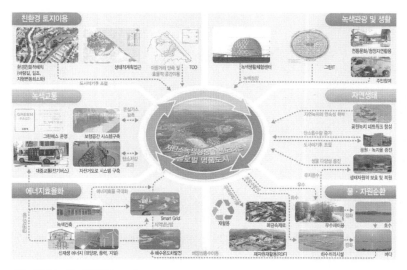

출처: 환경부·국토해양부(2011: 4)

〈그림 10-3〉 강릉 '저탄소 녹색시범도시' 종합계획(안)

'그린시티(Green City) 지정제도'는 지자체 및 지역 주민의 환경에 대한 관심과 참여를 높이고 지자체 간 건설적 경쟁을 유도하여 지자 체의 환경관리역량을 제고하기 위해 환경관리가 우수한 지자체를 그 린시티로 선정·포상하는 제도이다. 그린시티는 1991년부터 지방자치단체의 효율적인 환경보전시책 추진을 유도하기 위하여 실시되었던 '환경관리시범 지방자치단체' 지정정책으로부터 출발하였다. 1999년 「환경정책 기본법」을 개정하여 '환경관리시범 지방자치단체'를 지정하고 이를 지원할 수 있는 법적 근거를 마련하였으며, 2004년부터 '그린시티 지정제도'라는 명칭으로 공모사업을 추진하고 있다.

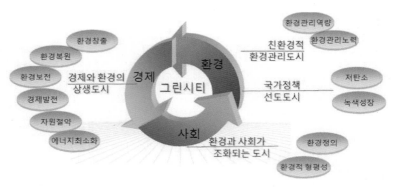

출처: 정회성(2011: 4)

〈그림 10-4〉 그린시티의 기본개념

국토교통부장관과 환경부장관은 지속가능한 개발의 실현과 자원절약형이고 자연친화적인 건축물의 건축을 유도하기 위하여 건축물 설계, 건설, 유지관리 등 전 과정에 걸쳐 에너지절약과 환경오염 저감에 기여하는 건축물에 대하여 녹색건축 인증제도를 실시하고 있다.[27)

2. 한국의 환경도시 사례

1) 창원시

창원시는 깨끗한 물, 맑은 하늘, 쾌적한 도시환경의 3대 목표 아래 '환경도시'를 체계적으로 추진하고 있다. 24시간 무인대여 시민공영자전거 '누비자'로 국내의 대표적 '자전거 도시'가 됐고 생태 가이드라인을 설정하여 도시조성 단계부터 환경인자를 엄격히 적용하고 있다. 생태하천 복원, 강변여과수 개발 등 친수공간 확대, 주 간선도로 녹색중앙분리대 설치, 생활공간 자투리 공간 테마공원 조성, 폐선된 철로인 임항선 그린웨이 조성 등을 성공적으로 해내고 있다.[28]

창원시가 본격적으로 환경도시로 전환된 것은 2006년 11월 '환경수도 창원'을 선언하면서부터이다. 2008년에 제10차 람사르협약당사국총회를 시작으로 IPCC(기후변화를 위한 정부 간 패널) 회의, INCCD(유엔사막방지화협약) 총회, 세계생태교통창원총회, EAS동아시아해양회의 등 환경 관련 국제 행사를 활발히 개최했다. 이로써 창원은 각종 환경 대회에서 수상해 국내외 다른 도시들이 환경 정책을 벤치마킹해가는 모범 사례가 됐다. 또 시민 공영자전거 누비자 운영, 으뜸마을 만들기 등의 시민과 함께하는 환경 정책도 추진하고 있다. 프랑스 파리의 공영자전거 '밸리브'를 벤치마킹한 누비자는 14만 명 이상의 회원과 여행객이 이용하며 으뜸마을을 만들기 위해 주민이 스스로 공동체의 환경 사업을 발굴한다. 또 시민이 시의 환경 정책을 논의하는 '환경수도정책시민평가단'도 활동 중이다.[29]

우리나라 환경수도인 창원시는 UNEP(유엔환경계획)이 공인한 세계에서 가장 살기 좋은 도시에 수여하는 'LivCom Awards'에서 은상

을 수상해 지구에서 가장 살기 좋은 도시의 하나로 인정받았다. 1997
년부터 시작돼 올해로 14회째인 LivCom Awards는 유엔환경계획
(UNEP) 공인하에 비영리기구인 IALC(International Awards for Liveable
Com munities)가 시민 개개인에게 삶의 질을 높여주는 활기차고 환경
적으로 지속가능한 우수한 지역사회에 수여하는 세계적인 권위의 살
기 좋은 도시상(賞)이다. 그동안 LivCom Awards는 아랍에미리트 두바
이(2009), 뉴질랜드 뉴플리머스(2008), 스웨덴 말뫼(2007), 중국 동관
(2006), 영국 코밴트리(2005), 독일 뮌스터(2004) 등 세계적인 도시들
이 역대 도시상 수상도시로 이름을 올렸다.[30]

2) 여수시

여수시는 2012년 여수세계박람회 개최에 따른 환경 및 지구보호
이미지를 부각시키고 정부정책에 부응하고자 환경부와 함께하는 기
후변화 대응 시범도시 조성을 위한 협약을 체결했다. 여수시는 시범
도시 테마 및 협력사업으로 기후보호 국제 시범도시 조성, 여수산업
단지 저탄소 산업단지 조성, 여수세계박람회장 내 CO_2 무배출 건물
건립 등을 정하였다. 목표는 2012년 예상 온실가스 배출량의 10%인
259만 2천 톤을 감축하는 것으로 정했다.

기후변화 대응 시범도시 4개년 로드맵의 단계별 역점 추진계획을
살펴보면 1단계-도입기에는 기후변화 대응 시범도시 기반을 구축하
기 위해 기후변화 대응 참여 프로그램 시범사업을 발굴하고, 기후변
화 대응 마스터플랜을 수립하며 기후보호관련 조례를 제정하기로 했
다. 2단계-발전기에는 기후변화 적응 모델 개발을 위해 여수시 기후
지도를 제작하고 기후변화 대응체험 교육장을 개설 운영하며, 청정개

발(CDM)사업을 활성화하는 등의 사업을 펼칠 예정이다.[31]

3) 수원시

수원시는 사회지리적 환경을 둘러싼 토지이용, 녹지공간, 수자원, 대기환경, 폐기물, 에너지 등의 분야에서 여러 가지 한계와 문제점에 직면하고 있다. 그동안의 고도성장 위주의 도시관리로 인해 수원시가 떠안아야 하는 환경적 부하가 가중되어 왔고, 또한 고비용 에너지 도시구조로 인한 기후변화대응 취약성이 더욱 증가되었다고 할 수 있다. 이러한 상황 속에서 수원시 2010년 이후 수원시는 지속가능한 환경수도로의 발전을 천명하였다. 시민들과의 협력과 참여를 통해 물질적 발전이 아닌 저탄소 녹색도시로의 도시 관리 패러다임을 전환하여 환경적으로 지속가능한 환경수도를 만들어나가겠다는 것이었다. 2011년 9월에 '(시민참여와 소통의 환경수도 조성을 위한) 환경수도 선언식'에서 회색도시를 녹색도시로 바꾸기 위해 온실가스를 2030년까지 2005년 대비 40%로 감축할 것을 밝히며, 녹색행정(거버넌스), 녹색경영, 녹색생활의 3대 실천 계획을 선언하였다.[32]

또한 수원시에서는 2013년 9월에 '생태교통 수원 2013'을 통하여 행궁동 지역을 한 달 동안 차 없는 마을로 전환한 생태교통 마을을 운영하였다. 이를 위해 보행친화적인 마을 만들기 일환으로 보도 폭을 넓혀서 보행환경을 향상시키고, 도로 재포장과 전선지중화 공사 등을 하며 마을미관을 개선하는 준비를 하였다. 또한 차 없는 마을 시행기간 중에는 마을 거주민을 위하여 대체주차장을 마을 외부에 구축하고 마을과 연계하는 무료 셔틀버스를 운영하여 주민불편을 줄이기 위한 노력을 하였다.

특히 신풍동, 장안동 지역을 보행자 중심으로의 마을로 만들기 위해 다양한 인프라 시설을 구축하였다. 기존의 아스팔트 포장을 걷어내고 화강암으로 재포장하고 보도 폭을 넓혔다. 그리고 난잡하게 얽혀 있던 일부지역의 전신주를 지중화하여 미관을 향상시켜 밝은 느낌의 보행자 중심 마을을 조성하였다. 유휴부지를 활용하여 쌈지공원을 조성하였고 마을 내에서 잠시 쉴 수 있는 공간이 조성되었다.[33]

4) 고창군

30여 년간 사람들의 발길이 닿지 않아 원시습지 생태계를 그대로 간직하고 있는 운곡 습지. 수달과 삵 등 멸종 위기 종을 비롯 540여 종의 동식물이 살고 있다. 그리고 단순히 환경이 깨끗하고 잘 보존되어 있는 것이 아니라 2013년 스티로폼 재활용 실적 평가에서 우수지자체로 선정되는 등 환경보호 및 자원재활용도 아주 우수한 지역이다.[34]

특히 고창군은 최근 프랑스 파리에서 열린 'MAB 국제조정이사회'에서 '유네스코 생물권보전지역'으로 등재되는 쾌거를 거뒀다. 생물권보전지역은 유네스코가 주관하는 보호지역 중 하나로 생물다양성의 보전과 주민소득 증진 등 지속가능한 이용을 조화시키기 위해 등재하는 제도다. 고창군은 설악산국립공원, 제주도, 신안·다도해(다도해해상국립공원 일부 포함), 광릉 숲에 이어 국내에서 5번째로 생물권보전지역에 등재됐다.

이번에 등재된 고창생물권보전지역은 고창군 전역을 대상으로 신청서를 작성했으며 행정구역 전체가 생물권보전지역으로 등재되는 국내 최초의 사례. 고창이 생물권보전지역으로 등재되면서 앞으로 세계 생물권보전지역 네트워크에 참여해 국제적 위상이 높아질 것으로 전망되고 있다. 지난 2000년 세계문화유산으로 등재된 고인돌 유적지와 2011년 람사르 습지로 등록된 후 생태 탐방로가 마련된 운곡 습지, 선운산 도립공원, 고창갯벌, 동림저수지 야생동물보호구역 등 주요 핵심지역을 연결해 문화 및 생태 관광지로 발돋움할 방침이다. 또 수박, 풍천장어, 복분자, 오디, 땅콩, 죽염 등 지역 특산물의 브랜드화 등을 통해 주민들의 수익창출로 지역 경제발전에 기여할 것으로 기대되고 있다.[35]

〈표 10-5〉 국내환경도시 추진사례

지자체	테마사업	주요 협력사업
창원시	- 환경수도 창원 조성 - 녹색교통 중심도시 조성	- 자전거 이용 활성화 시스템 도입 - Eco-town 조성 - 소각폐열 에너지 생산 및 쓰레기 감량 촉진 등
여수시	- 기후보호 국제시범도시 조성	- 여수산단 저탄소산업단지 조성 - 여수산단 내 기업체간 배출권거래제 시행 - 해양·수산 분야의 적응모델 개발
수원시	- 환경수도 수원 조성 생태교통도시	- 물의 도시 수원만들기 사업 추진 - 수원 생태교통축제 개최(2013) - 사전예방적 환경관리 행정시스템 구축
고창군	- 유네스코 생물권보전지역 신청 및 유치	- 친환경농업단지조성사업 - 생태하천조성사업 - 운곡지구 생태습지 복원

출처: 김운수 외(2012: 135~136) 재구성

제4절 정의도시

1. 정의도시의 등장과 현황

근래에 들어 우리 사회는 정의와 관련한 많은 사건을 겪었다. 용산 참사, 총리실 민간인 불법사찰, 양천경찰서 고문, 촛불시위 탄압, 국가인권위원회 파행, 무상급식 논쟁 등은 우리나라의 전반적 인권수준이 계속 퇴행하고 있음을 반증한다. 그러나 오히려 정의에 대한 관심이 높아지고 있는 것도 사실이다. 이를 증명하듯이 상당히 어려운 내용을 담고 있는 철학 책인 Michael Sandel의 『정의란 무엇인가』가 베스트셀러가 되기도 하였다.[36]

이러한 정의와 권리에 대한 관심의 증폭은 비단 우리나라만의 현상은 아니다. 선진국과 후진국을 막론하고 전 세계적으로 정의와 권리에 대한 관심이 높아지고 있다. 정의와 권리가 세계적인 화두가 되는 배경은 상당히 복합적이지만 크게 보면 경제성장과 경쟁만을 강조하는 신자유주의적 이념과 정책이 세계적으로 득세하는 데 대한 반발의 표출이라고 볼 수 있다. 특히 신자유주의의 모순과 갈등이 가장 첨예하게 나타나는 세계 각국의 주요 도시에서 정의와 권리를 운동의 목표나 슬로건으로 내세우는 도시사회운동들이 활발히 나타나고 있다. 이러한 상황을 반영하듯 최근 서구의 진보적 도시학계에서는 정의와 권리에 대한 담론을 다루는 글들이 쏟아져 나오고 있기도 하다.[37] 그러나 실제 정책으로 채택되어 추진되는 사례는 도시에 대한 권리보다는 인간에 대한 권리에 한정된다. 광주광역시는 최근 2014년 세계인권도시포럼을 성공리에 개최한 바 있다.

〈그림 10-5〉 2014년 세계인권도시 포럼

　반면 여성권리에 대한 논의와 정책은 매우 활발하게 진행되고 있다. 한국에서 여성정책이라는 단어가 공식적으로 사용되었던 시점은 1983년 국무총리 산하 '여성정책심의위원회가'가 만들어지면서부터인데 그 이전까지는 주로 소외계층 여성대상으로 하는 부녀행정 또는 부녀복지가 '여성정책' 단어로 사용되고 있었다. 이후 1988년 (제2)정무장관실이 신설되면서 여성정책 업무가 행정부에서 독립적으로 다루어지기 시작했으며 1995년에 제정된 「여성발전기본법」을 통해서 정부 차원의 포괄적인 여성정책을 추진할 수 있는 기반을 조성하였다.38)

　이러한 기반을 바탕으로 김대중 대통령 재임 시기에 대통령 직속기구인 여성특별위원회를 거쳐 2001년에 여성정책의 집행 및 조정 업무를 담당하는 중앙정부기구로서 여성부가 출범하였다. 이후 참여정부 시절인 2004년에는 보건복지부와 영유아 보육업무를 이관받아서 여성가족부로 개편되어 보육정책, 가족정책, 여성정책의 유기적 결합을 시도하였는데 이러한 여성정책의 외연 확대는 저출산·고령화 사회 전망과 더불어 새롭게 나타나는 여성정책에 대한 수요를 충족시키기 위한 것이었다. 또한 사회서비스의 확충으로 인해서 여성의 돌봄 노동을 국가 및 사회가 분담하는 계기를 마련하기도 하였다. 그러나 이명박 정부 이후 2008년에 여성부로 축소되었다가 2010년에 청소년, 가족정책 업무를 확대하여 여성가족부로 재편되었다.[39]

2. 한국의 정의도시의 사례

1) 광주광역시

광주광역시는 아시아 최초 광주인권헌장 제정 및 인권지표를 개발하였다. 인권도시 광주가 지향하고자 하는 가치가 실현될 수 있는 광주공동체의 미래상을 제시하고 인권도시 광주의 정신을 함축적으로 담고 있는 '광주인권헌장'이 아시아 최초이자 세계에서 세 번째로 제정됐으며, 이를 구체적으로 실천하기 위한 100개의 인권지표를 개발해 2012년 5월 21일 제47회 광주시민의 날에 발표했다. 2011년부터 매년 세계인권도시 포럼을 개최해 인권도시를 지향하는 지역 간 도시들과 연대와 협력을 강화했으며, 전국 최초로 인권업무 전담기구인 인권담당관실을 설치, 인권침해 구제기구인 인권옴브즈맨을 도입하였다.[40]

광주시는 2014세계인권도시포럼에서 '모두를 위한 인권도시들의 전 지구적 연대'를 주제로 광주인권도시이행원칙을 발표하였다. 또한 인권도시란 모든 행위자들의 삶의 질 향상을 위한 참여적인 과정이며, 도시에 대한 권리는 주민들이 적극적인 참여를 통해 양질의 삶을 누릴 수 있는 권리를 실현하는 전략적 도구이며, 공공의 이익을 고려하는 권리임을 인식한다고 선언하였다.[41]

구체적인 이행원칙들로 도시에 대한 권리, 비차별과 적극적 우대조치, 사회적 포용과 문화적 다양성, 참여민주주의와 책무성 있는 거버넌스, 사회적정의, 연대와 지속가능성, 정치적 리더십과 제도화, 인권주류화, 효과적인 제도와 정책조정, 인권교육과 훈련, 인권구제에 대한 권리 등 10개 원칙을 제시하였다.

2014 광주인권도시 이행원칙

■ 원칙1: 도시에 대한 권리
· 인권도시는 세계인권선언과 헌법과 같은 기존의 국내외 인권 원칙과 규범에서 인정받은 모든 인권을 존중한다.
· 인권도시는 정의, 형평, 연대, 민주주의와 지속가능성의 원칙에 따라 모든 거주자들의 도시에 대한 권리를 인정하고 이를 시행하기 위해 노력한다.

■ 원칙2: 비차별과 적극적 우대조치
· 인권도시는 행정구역과 그 너머의 모든 거주자들 간의 평등과 형평의 원칙을 존중한다.
· 인권도시는 성 인지적 정책과 이주민과 비시민과 같은 사회적 취약계층의 역량을 강화하는 적극적 우대조치를 포함하는 비차별 정책을 시행한다.

■ 원칙3: 사회적 포용과 문화적 다양성
· 인권도시는 서로 다른 인종적, 종교적, 인종적, 민족적 및 사회 문화적 배경을 가진 공동체 간의 상호존중에 기반한 사회적 포용과 문화적 다양성의 가치들을 존중한다.
· 인권도시는 인권의 보호와 증진에 있어 필수적인 문화적 다양성을 증진하기 위해 갈등에 민감한 접근을 적용한다.

■ 원칙4: 참여민주주의와 책무성 있는 거버넌스
· 인권도시는 참여민주주의, 투명성, 책무성의 가치들을 옹호한다.
· 인권도시는 기획, 설계, 예산, 이행, 감시 그리고 평가를 포함하는 도시 거버넌스의 모든 과정에서 공공정보에 대한 접근, 소통 그리고 참여에 대한 권리들을 보장하는 효과적인 책무성 메커니즘을 수립한다.

■ 원칙5: 사회적 정의, 연대와 지속가능성
· 인권도시는 사회경제적 정의와 연대, 그리고 생태적 지속가능성의 가치들을 존중한다.
· 인권도시는 각 국가와 그 너머의 도시와 농촌 공동체 간 사회, 경제, 생태적 정의와 연대를 강화하기 위한 수단으로 사회적 연대경제와 지속가능한 생산과 소비를 촉진한다.

■ 원칙6: 정치적 리더십과 제도화
· 인권도시는 시장, 시 의원들과 같은 정치인들의 공동의 리더십과 인권의 가치와 인권도시에 대한 비전에 대한 그들의 실천 약속의 중요성을 인식한다.
· 인권도시는 프로그램과 예산에 대한 적절한 지원을 제도화하여 장기적인 연속성을 보장한다.

■ 원칙7: 인권주류화
· 인권 도시는 시 정책들에 인권의 가치를 통합하는 것의 중요성을 인식한다.
· 인권도시는 기획, 설계, 예산, 이행, 감시 그리고 평가를 포함하는 시의 행정과 거버넌스에 인권에 기반을 둔 접근을 적용한다.

■ 원칙8: 효과적인 제도와 정책조정
· 인권도시는 공공기관의 역할과 지방정부 내, 그리고 중앙정부와 지방정부 간 인권을 위한 정책 조정 및 일관성의 중요성을 인식한다.
· 인권도시는 인권 담당관실, 도시인권기본계획, 인권지표와 인권영향평가 등의 효과적인 제도를 수립하고, 적정한 인력과 자원으로 정책을 이행한다.

■ 원칙9: 인권교육과 훈련
· 인권도시는 인권과 평화의 문화를 발전시키기 위한 인권교육의 중요성을 인식한다.
· 인권도시는 모든 의무담지자, 권리보유자 및 이해관계자들을 대상으로 한 다양한 종류의 인권교육과 훈련 프로그램을 개발하고 시행한다.

■ 원칙10: 인권구제에 대한 권리
· 인권도시는 효과적인 인권구제에 대한 권리의 중요성을 인식한다.
· 인권도시는 예방조치와 조정, 중재 및 갈등해결을 포함하여 옴부즈맨 또는 도시인권위원회 구제절차와 같은 적절한 메커니즘과 절차를 수립한다.

2) 서울시

서울시는 2014년 시민 150여 명이 참여하는 '서울시민 인권헌장'을 만들 계획을 수립하고 있다. 2012년 마련한 서울시 인권기본조례와 2013년 8월 발표한 인권정책 기본계획을 바탕으로 시민이 직접 참여할 예정이다. 서울시 인권헌장은 안전, 복지, 주거, 교육, 환경, 문화, 대중교통 등 시민 생활과 밀접한 분야에서 시민이 누려야 할 인권적 가치와 규범을 담는다. 헌장은 앞으로 서울시 정책과 사업에 반영된다. 시는 선발된 위원들로 '서울시민 인권헌장제정 시민위원회'를 구성해 인권헌장 방향 설정, 초안과 최종안 의견 제출, 헌장 선포 등 주요 과정을 심의·의결토록 할 예정인데, 이러한 인권헌장 제정은 서울시의 주인인 시민의 소통과 참여를 통해 지속가능한 인권도시 서울의 토대가 될 것이다.[42]

한편 서울시는 여성친화도시를 추진한 바 있다. 2007년부터 시작된 서울시의 여행 프로젝트는 남성과 다른 여성의 구체적 차이의 권리를 주장함으로써 여성친화적인 도시공간을 창출하고자 하는 목적에서 시작되었다. 이를 위해 여행프로젝트는 여성들을 사적인 공간에 배치하는 가부장적 도시계획 하에서 여성들이 공공 영역의 전유권과 도시정책 결정에의 참여권으로부터 배제되어 있었음을 인식하는 데서 출발한다. 그리고 사적 영역에서 가사노동을 수행해온 여성들의 삶이 도시의 중심부나 공적인 영역에서 비가시화되어 왔던 점을 비판한다. 예를 들어, 도시 교통계획은 일터로 출근하는 중성의 통근자를 중심으로 계획되어 있었기 때문에 이러한 도시 공간에서는 가사 및 육아로 인한 교통 이동이나 일·가정을 양립해야 하는 취업주부의 이동은 고려되기 어렵다는 것이다. 따라서 여행프로젝트는 남성과는 다른 여성들의 관점에서 여성들이 자신이 거주하는 도시 공간에 충분히 접근하고 이를 불편 없이 사용할 수 있는 권리를 회복시켜주고자 한 것이다.[43] 이러한 여행프로젝트는 다섯 가지의 영역으로 분류하여 돌보는 서울(돌봄), 일 있는 서울(일), 넉넉한 서울(문화), 안전한 서울(안전), 편리한 서울(편의)로 정하여 '여성의 도시 권리' 확대를 목표로 "도시공간, 특히 공적 공간에서 여성의 사용권을 확대하고 도시 여성의 안전과 편의성 증진을 위해 기획한 정책"이다. 이는 여성의 사회 참여 확대 및 여성친화도시환경을 구축하는 것으로 사업 목표를 정하고 있으며, 이를 서울시의 주요 핵심 사업으로 추진하였다. 2009년 10월 21일에서 24일까지 서울에서 제2회 메트로폴리스 여성네트워크포럼을 개최함으로써 국내외적인 홍보에도 적극적으로 힘쓰고 있다.[44]

3) 용인시

민선 6기 정찬민 용인시장은 2014년 6월 30일 시정비전을 '사람들의 용인'(people's yongin)으로 확정했다. 이는 '인류가 태어나면서부터 자유롭고 평등한 권리를 가진다'는 천부인권 사상에 기초하여 인간 중심의 시정을 펼치겠다는 의지를 담은 것이다. 용인시장은 어린이로부터 장애우·홀로어르신·이주외국인 등 용인지역의 어느 한 분이라도 소외받거나 인간의 존엄이 훼손되는 일이 없도록 용인을 따뜻한 대한민국 최고의 인권도시로 만들겠다고 했으며, 이후의 추진 정책을 주목할 필요가 있다.[45]

4) 익산시

익산시는 2009년 3월에 여성부와 제1호 여성친화도시 조성 협약을 맺고 '여성친화적 창조문화 도시'(Female-Friendly Creative Culture City)로 도시정책을 선포하였다. 추진전략으로서는 성 주류화 전략정 책과 여성친화적 도시환경기반을 조성하여, 3대 정책영역, 즉 여성의 사회참여 확대, 여성의 안전보장, 평등가족 문화확산 등을 설정하여 평등한 도시(Gender Equal City), 안전한 도시(Safe City), 건강도시 (Healthy City) 등을 목표로 설정하고 있다. 익산시의 정책내용은 서울 시의 경우와 크게 다르지 않으나 가족부분을 명시적으로 영역으로 포함된 것이 차이라 볼 수 있다. 아마 건강가족지원센터와의 연계성 을 염두에 둔 것으로 보인다. 한편 익산시 여성정책중장기발전계획은 상위여성정책과 비교하여 볼 때 미약한 상태에 있다고 볼 수 있다. 이러한 이유는 익산시 여성정책중장기 발전계획여성정책기본계획의 과제에 기초자치단체에서 추진하기 어려운 국가적 과제가 포함되어 있기도 하고, 자치단체가 충분히 추진할 수 있음에도 등한시되고 있 는 과제가 많았기 때문이다. 이를 중앙정부 제3차 여성정책기본계획 (2008~2012)과 전라북도여성정책중장기계획(2003~2008)과 익산시 의 여성정책(2008)을 비교하여 살펴보면, 익산시의 경우 5개 영역의 대부분의 과제가 미흡한 측면을 보이고 있다. 여성의 경제적 자립을 지원하는 인적자원개발 사업이나 대표성 확대, 즉 여성공무원의 지위 향상 등의 사업의 비중은 매우 취약한 실정이다. 여성의 직업기술은 제과제빵, 양재수선, 한식조리, 밑반찬, 웰빙요리 등 전통적 여성분야 에 한정되어 있어 여성기능인 양성이나 경제적 자립 지원에는 턱없 이 미흡하다고 보고되고 있다. 익산시의 여성정책 사업이 여성발전기본법에 근거해서 추진해야 한다는 기본 입장에서 볼 때, 여성정책 추진이 매우 부진하다고 평가하지 않을 수 없다. 반면에 익산시는 건강가족육성사업으로 아동과 가족 관련 사업에는 적극적으로 지원하고 있다.46)

제5절 국제도시

1. 국제도시의 등장과 현황

한국은 2000년대 중반부터 국제도시 건설을 위한 정책적 노력을 하고 있다. 지금까지 국제도시를 지향하고 있는 곳은 크게 인천의 송도, 여수, 제주 등이다. 그 밖에 다른 지방자치단체가 있지만 크게 세 도시가 꾸준히 정책을 추진하고 있다. 국제도시를 추진하게 된 가장 큰 배경은 세계화의 흐름과 자유무역의 확대, 그리고 국가 간 경쟁력 제고에 맞추어 도시의 경쟁력을 강화하기 위한 방편으로 시작되었다.

특히 제주, 인천의 송도, 여수 등은 모두 바다와 인접해 있다. 즉, 바다를 통해 물류가 원활하게 접근할 수 있고, 공항과 인접해 접근성이 용이하다는 특징을 가지고 있다. 이러한 지리적 배경 이외에도 각 지방자치단체 간의 경쟁력 확보와 관광객을 유입하고 기업투자를 유치하여 지역경제 활성화를 위한 측면도 있다. 이러한 측면에서 세 도시 모두 국제도시 정책을 추진하기 위해 대규모 엑스포와 같은 국제행사를 개최하여 지역경제를 활성화시키기 위한 정책을 추진하고 있다. 국제도시에 대한 정책은 현재까지도 지속적으로 이루어지고 있으나 지역별로 특징적인 전략을 내세우기보다는 유사한 정책을 추진하고 있다는 것이 문제점으로 지적되고 있다. 또한 외국의 국제도시와 비교했을 때 그 역사가 짧기 때문에 아직까지 가시적인 성과라고 할 수 있는 것은 많지 않다. 다만, 국제행사의 유치와 인구유입 등으로 과잉투자와 지가상승이라는 부정적 문제도 발생하고 있어 이에 대한 지방자치단체의 대응이 필요한 상황이다.

2. 한국의 국제도시 사례

1) 송도 국제도시

우리나라의 대표적인 해안 도시인 인천은 개항 이후 항만과 공장 시설을 유치하기 위해 간척사업을 진행해 왔다. 그 과정에서 해안선은 황폐해지고 도시는 공간적, 기능적으로 수변공간들로부터 단절되는 문제점이 발생하였다. 삶의 질이 높아지니 현대에 와서 이러한 문제점에 대하여 경각심을 가지게 되었으며, 워터프론트 재생 사업은 새로운 성장 동력으로 부각되었다.[47]

인천광역시에 위치한 송도국제도시는 인천 남부, 서해와 인접한 지역으로써 국제업무, 지식기반산업 중심지로 IT(Information Technology), BT(Bio Technology) 등 첨단산업의 중심지로 개발되고 있으며, 2003년 8월 경제자유구역으로 지정되었다. 송도국제도시의 규모는 총 1,611만 평으로 국제비즈니스센터, 첨단바이오단지, 지식정보산업단지, 테크노파크 등으로 조성하기 위한 계획을 세우고 추진되었다.[48]

출처: http://www.songdoibd.co.kr

〈그림 10-6〉 송도 국제도시 전경

즉, 송도 국제도시는 국제업무단지의 개념으로 추진되었다. 즉, 송도 국제업무단지의 주개념은 국내 및 해외 모두에 걸쳐 지속가능한 개발과 자연환경의 보호에 대한 상호 책임의 공동 비전을 가지고 사업환경에서 협조와 협력을 조장하는 것이다. 송도 국제업무단지에서는 세계 최고 수준의 친환경 도시를 건설하기 위하여 대부분의 프로젝트에 LEED인증을 추진하고 있다. LEED는 미국 그린빌딩위원회(US Green Building Council)에서 주관하여 건물의 친환경 등급을 심사하는 제도로 Leadership in Energy and Environmental Design의 약자이다. LEED는 현재까지 검증된 환경평가 기술을 기반으로 하는, 자발적이고 여론에 의한 시장 주도적 건물평가시스템으로서, 건물의 전체 생명주기에 걸친 종합적인 관점에서 환경적 성능을 평가한다.[49]

또한 송도국제도시는 세부적으로 국제업무단지와 지식정보산업단지, 첨단바이오단지, 주거단지 등으로 구분되어 있으며, 도심 외곽으로 활발한 개발이 동시에 진행 중이다. 인천경제자유구역청은 송도국제도시에 시스코, IBM, GE, DHL 등 유수의 글로벌 기업을 비롯해 450개 기업을 유치했으며, 4만여 명의 일자리 창출 효과를 불러왔다. 이러한 흐름을 타고 인천시와 인천경제자유구역청은 2014년까지 국내외 대기업, 연구소 등 1,200개의 기업을 유치하는 방안도 마련 중이다. 바이오산업과 관련하여 2011년 삼성은 송도 국제도시에 삼성바이오로직스를 설립, 2조 1,000억 원을 투자해 바이오제약 사업에 필요한 제조 공장을 준공하고 생산에 들어갔으며, R&D센터를 건설하고 있다. 또한 삼성바이오로직스는 27만 3,900㎡ 규모의 부지에 최근 3만 리터 규모의 생산시설을 추가로 증설 중에 있다. 동아제약 역시 송도국제도시 5공구의 바이오연구단지 내 14만 5,200㎡ 부지에 바이오시밀러 공장을 짓는 공사를 진행하고 있고, 제일 먼저 입주한 셀트리온도 방대한 생산시설을 갖추고 현재 1, 2공장을 가동 중이다. 인천시는 송도국제도시를 마이스 산업의 허브로 만들겠다는 계획하에 2013년 4월 국제적 규모의 컨벤션센터인 송도컨벤시아, 트라이볼 전시장, 송도글로벌캠퍼스, 연세대, 인천대 등과 마이스 산업 육성을 위한 업무협약을 체결하였다. 그 밖에도 송도국제도시를 이끌어갈 주요 산업으로 IT 등 첨단산업 유치에도 박차를 가하고 있다. 2~4공구에 걸쳐 있는 지식정보산업단지는 연구시설용지인 테크노파크에 129개 기업체 및 연구소가 입주하였고, 산업용지에는 국내외 첨단산업 39개 기업이 입주 및 착공 중에 있다.[50]

2) 여수 국제도시

여수는 2007년 11월 27일 세계박람회기구(Bureau International Expositions, BIE) 140여 개국이 참여한 가운데 경쟁자인 폴란드와 모로코를 제치고, 2012년 세계 BIE 엑스포를 유치하는 데 성공하였다. 여수 엑스포는 '살아 있는 바다, 숨 쉬는 연안'(Living Ocean and Coast)이란 주제로 2012년에 3개월간 지구온난화와 해수면 상승 등 환경문제를 다루었다. 올림픽, 월드컵과 함께 3개 메가 이벤트(mega-event)인 세계박람회는 개최도시와 개최국의 경제, 사회·문화 전반에 미치는 파급효과와 국가 이미지 제고를 통한 선순환식 상승효과 기대로 국가 간 유치 경쟁이 치열하다. 또한 BIE 세계 엑스포와 같은 메가 이벤트는 관광객 유치와 관광수입 증대를 통한 지역경제 활성화뿐만 아니라, 지역개발차원에서 관광 인프라를 구축하고 인지도 및 이미지 개선을 통한 지역 관광 상품의 브랜드 가치를 높여주는 데 기여하게 된다. 그리고 경제・사회적 영향이 대규모로 발생하고 국가 이미지 제고에 기여하는 국가 차원의 행사로 많은 관광객을 유인하는 대형 관광 매력물로의 특성을 갖는다.[51]

출처: http://4yeosu.or.kr/4ys

〈그림 10-7〉 여수 국제도시 전경

공식 발표된 여수엑스포 누적 관람객 수는 820만 3,956명이다. 당초 조직위원회는 기본계획에서 목표관람객수를 800만 명으로 잡았다가 3차례에 걸친 수요예측 조사를 통해 최대 1,082만 명으로 수정하였다. 그러나 2012년 5월 12일 개장 이후 예상보다 낮은 관람객이 이어지자 다시 목표 관람객을 기본계획상의 800만 명으로 재수정하고, K-POP 행사, 입장권 다변화 및 할인, 지자체의 날 할인행사 등 대대적인 관람객 유치 대책을 시행하여 폐막일인 8월 12일에 800만 명을 달성하였다. 외국인 관람객 수는 목표인 50만 명에 못 미치는 40만 명으로 추산되었다. 또한 여수엑스포의 1일 최소 관객 수는 5월 13일의 23,947명이고, 초대 관람객 수는 7월 30일의 275,027명이다. 개장초기에 1일 4~5만 명에 머무르던 입장객 수는 6월 16일 K-POP 공연의 시작과 6월 28일 이후 수회에 걸쳐 시행된 입장권 다변화(반기간권, 오후권, 야간권, 심야권 등 신설)와 할인권 확대(외국인, 노인, 청소년, 대학생, 군경 등 할인율 확대)로 증가추세를 보이다 학교방학과 휴가철의 시작으로 급속히 증가하였다. 그러나 가장 큰 증가요인은 7월 11일부터 지자체의 날 행사를 통한 막판 관객유치 및 저가·무료입장권을 소지한 여수시민의 적극적 참여가 목표를 달성한 계기로 평가된다.[52]

여수시와 같은 세계박람회를 개최한 도시들의 사후 화룡 사례를 살펴보면, 개최도시별 특성과 상황에 따라 다르게 접근했지만 대부분 단일 용도가 아니라 다양한 기능이 복합된 복합공간으로 추진하였다. 또한 많은 시행착오를 거치면서 그들만의 공간으로 가꾸어 나가고 있다. 기존 사례들을 통한 시사점을 도출하면 다음과 같다. 첫째, 명확한 개발방향을 설정해야 한다. 박람회의 상징성을 유지하면서 실현가능한 개발방향을 설정하고 이를 사업추진에 반영하되 공익성과 수익성을 동시에 충족시킬 수 있는 방향 설정이 중요하다. 둘째, 철저한 시장분석에 기반해야 한다. 사후활용과 관련된 이해관계자가 부가가치를 창출할 수 있는 시장분석이 되어야 하는데 선진운영기법, 시설 경쟁력, 신규트렌드 등에 대한 검토가 선행되어야 한다. 셋째, 이미지 구축을 위한 이슈화/명소화 전략이 수립되어야 한다. 박람회장의 브랜드 구축을 위해 기존의 기능과 시설을 강화하고 새로운 프로그램과 시설을 도입하여 국제적인 화제성을 부각시키는 것이 중요하다.

넷째, 정부와 지자체의 지속적인 관심과 정책이 필요하다. 정부와 지자체는 세계 박람회 개최를 위한 인프라 지원뿐만 아니라 사후 박람회장이 국가적인 랜드마크이자 관광명소로서의 역할을 할 수 있도록 지원해야 한다. 다섯째, 지역발전을 위한 기업, 지자체, 학교 간 산학 네트워크 체계를 구축해야 한다. 산학연 공동연구 및 상호협력시스템 구축 등을 통해 지역 내발적 전략, 추진사업 등의 공감대를 형성하고 사업추진의 실현성을 높여야 한다. 결과적으로 성공적인 사후활용을 위해서는 '박람회의 상징성+지역의 공공성+이해관재자의 수익성+도시의 명소성'이 동시에 고려되어야 한다.[53]

결론적으로, 도시브랜드는 지역이미지의 영향을 받고, 지역이미지는 메가 이벤트를 통해 극적으로 개선될 수 있다. 그러나 개선 효과를 극대화하고 장기화하기 위해서는 박람회장이나 경기장 건설 등과 같은 하드웨어적 요소뿐만 아니라 보고 즐길 수 있는 다양한 이벤트와 프로그램 등 소프트웨어적 요건을 충족시키는 데 도시 자원들이 효율적으로 투자될 수 있도록 조직위원회와 지역 이해관계자들의 간의 긴밀한 소통과 협력이 필요하다.[54]

3) 제주 국제도시

중앙정부는 1960년대 이후 제주도를 보다 차별적이고 특색 있게 개발하기 위한 조치로 「제주도건설종합계획」을 수립하여 주로 공항, 도로 등의 인프라 구축을 통한 관광개발에 중점을 두었다. 그럼에도 불구하고 제주가 국제관광지역으로 성장·발전하지 못하는 한계성이 드러나 국가는 그동안 잘 구축된 관광 인프라와 독특한 천혜의 자연환경 등을 바탕으로 소위 제주를 '국제자유도시'로 추진 발전시켜

나가고자 하였다. 국가적 차원의 새로운 제주발전 기본 구상은 1998
년 9월 대통령의 제주 방문 시 제주국제자유도시 개발 방침을 발표하
면서 본격적으로 정책 수립이 구체화되기에 이르렀다. 그 이후 정부
는 2002년 1월「제주국제자유도시특별법」제정을 통한 제주국제자유
도시 건설을 본격 추진하게 되었다. 제주국제자유도시특별법(2002)에
따르면, 정부는 2011년까지 제주를 "사람·상품·자본 이동이 자유
롭고 기업 활동의 편의가 최대한 보장되는 동북아 중심도시로 발전
시킴으로써 국가 개방 거점의 개발 및 제주도민의 소득 복지를 향상
시키고자" 하는 데 근본 목적을 두고 있다. 그러므로 중앙 정부는 제
주도를 신자유주의에서 표방하는 개방화와 국제화의 국가적 발전모
델 지역으로 발전시키고자 하는 국가 및 지역발전의 전략적 구상을
내포하고 있다. 이러한 기본적 특성을 지닌 제주국제자유도시는 2002
년 이후 급격한 세계경제의 변화(WTO/DDA 협상과 1차 산업의 위축,
FTA 협상에 따른 개방화 가속, IT·BT·CT 등의 새로운 성장동력
산업주도, 지속가능한 개발에 대한 전 세계적 관심 증대 등)와 국내
여건 변화(신행정수도 건설, 국가균형발전, 경부 호남고속철도 개통
및 초고속 인터넷 보급 확산, 주 5일 근무제 시행, 관광레저형 기업도
시 및 경제자유구역 지정 등)로 말미암아 동북아 관광·휴양 중심도
시로 자리매김해 나가지 않을 수 없었다.[55] 이런 측면은 중앙 정부에
의한 전략적 접근과 선택 사항이기도 하였다. 더구나 제주도는 단일
광역체제로 행정구조개편이 이루어져 자치입법, 자치재정, 자치조직
등 자치행정 전 분야에 고도의 자치권이 보장되는 특별한 지원을 부
여받는 '제주특별자치도' 체제로 변화하였고, 아울러 2005년 1월에는
제주가 '세계평화의 섬'으로 지정되었다.[56]

〈그림 10-8〉 제주국제자유도시

　　제주국제자유도시의 목표와 추진전략은 다음과 같다. 독자적 특별
자치권을 바탕으로 제주도를 경쟁력 있는 '동북아의 중심 국제자유
도시'로 조성함으로써 국가발전에 이바지하는 것을 목표로 하고 있
다. 국제자유도시는 "사람·상품·자본의 국제적 이동과 기업활동의
편의가 최대한 보장되도록 규제의 완화 및 국제적 기준이 적용되는
지역적 단위"로 정의(특별법 제2조)할 수 있다. 또한 출입국·관세·금
융거래의 자유가 최대한 허용되고 주거 토지이용 언어사용 면에서
내·외국인 구분 없이 편의가 제공되는 도시(홍콩, 싱가포르)를 지향
하고 있다. 제2차 종합계획에서는 1차 계획과 달리 '중국'을 주 초점
권역으로 지정하는 동시에 국제자유도시 비전을 '互通無界好樂無限
濟州(교류와 비즈니스의 경계가 없고 무한한 만족과 즐거움을 얻는
곳 제주)'로 수정하여 추진하고 있다.[57]

도민이 행복한 국제자유도시

좋은 일자리 + 도민소득 증대

투자유치와 일자리 창출	국제관광 휴양도시 건설	강한 지역기업 육성	국제환경 조성
◆ 투자전용자구 운영 내실화 ◆ 영주권 제도 활용 ◆ 토지비축제 운영 활성화 ◆ 국외 투자유치 ◆ 성장유망 국내기업 유치	◆ 관광개발사업 촉진 ◆ 핵심·전략프로젝트 추진 ◆ 공항인프라 조기 확충 ◆ 관광숙박 대책 마련	◆ 사회적 기업 육성 ◆ 지역내 강소기업육성 ◆ 첨단과학기술단지 육성 ◆ 제주형 녹색산업 단지 신규조성	◆ 영어(중국어)교육도시 조성 ◆ 세계환경수도 조성 ◆ 국제수준의료서비스증진 ◆ 글로벌 선진의식 함양 ◆ 국제교류, ODA ◆ 국제자유도시포럼

출처: 진관훈(2013: 4)

〈그림 10-9〉 제주국제자유도시의 목표와 추진전략

　1998년 처음 제안되어 2013년 현재에 다다르고 있는 제주국제자유도시는 추진초기에는 투자유치가 되지 않아 논란이 되었고, 이제는 투자 유치가 잘 되어 논란이 되고 있다. 하지만 이 모든 논란은 각 논란의 각 시점마다, 제주국제자유도시의 과거와 현재를 돌아보고, 더 나은 방안을 찾도록 만드는 기폭제의 역할을 해온 것도 사실이다. 제주국제자유도시가 도입된 지 15년이 지났고, 이제 이 논쟁들을 기폭제로 삼아, 제주국제자유도시의 정책기조를 새롭게 재설정하고, 더

빠른 속도로 성장할 수 있는 도약의 기회로 삼아야 한다.[58]

따라서 제주국제자유도시의 성공을 위한 과제로 다음과 같은 기본 방향을 설정하였다. 첫째, 한정된 투자재원 등을 고려하여 향후 제2차 국제자유도시 종합계획 추진 시 선택과 집중의 원칙을 강화하는 것이다. 둘째, 경쟁력 면에서 우위에 있는 관광 및 청정1차 산업을 중심으로 '4+1 핵심 산업'으로 기존 관광산업, 의료관광, 농림어업의 고부가가치화, 제주 환경에 적합한 선별적 국내외 기업의 적극유치 등의 성장방안을 모색하는 것이다. 셋째, 제1차 종합계획 추진과정에서 나타난 문제점으로 제주특별자치도 지원위원회의 기능강화, 투자인센티브 강화, 투자유치 역량 및 활동 강화 등에 대한 개선책을 강구하는 것이다.[59]

제6절 안전도시

1. 안전도시의 등장과 현황

세계적으로 안전도시의 등장은 '모든 인류는 건강하고 안전한 삶을 누릴 동등한 권리를 가지고 있다(All Human Beings Have the Equal Right to Health and Safety)'라는 1989년 제1회 사고 및 손상예방학회에서 안전도시 선언문을 채택하면서 안전에 대한 개념이 강조되기 시작하였다. 이러한 안전도시를 지향하기 위해서는 행정기관, 전문가 단체, 시민단체, 시민 등이 다양한 생활형태별로 공동의 목표를 설정하고, 이들 구성원들의 능동적인 참여를 통해 다양한 프로그램을 지속적으로 시행해 나가는 것이 필요하다고 강조한다. 그리고 사고 및 손상으로 인해 발생하는 인적 및 사회·경제적 손상을 감소시키기 위하여 지역적인 차원에서 이루어지는 안전증진사업을 국제적으로 공인해주는 것을 국제안전도시라고 명명하고 있다.60)

한국에서도 각종 재난 및 안전사고가 심각한 사회문제로 대두됨에 따라 재난안전관리를 사후 복구중심에서 예방중심으로 하는 전환의 필요성이 강하게 제기되었고, 지역사회 구성원들이 안전공동체를 형성하여 안전을 유지할 수 있는 환경 개선 관련 정책을 추진하고 있다. 안전도시 관련 대표적으로 2009년부터 2010년까지 중앙정부 주도의 안전도시 시범사업이 추진되었고, 전국에서 총 9개의 도시들이 선정·추진되었다.61) 그러나 2010년 이후 관련 정책은 실질적으로 추진되지 않고 있다.

출처: http://www.snskorea.go.kr

〈그림 10-10〉 안전도시의 비전

　한편 지방자치단체 수준에서는 WHO의 세계안전도시 인증을 중심으로 관련 정책 및 사업들이 추진되고 있다. 이와 관련하여 현재 한국에서 WHO의 세계안전도시로 인증 및 재인증을 받은 도시는 서울 송파구, 강북구, 강원 원주시, 강원 삼척시, 경기 수원시, 경기도 과천시 등이 대표적이다. 수원시의 경우 1999년 사업에 착수하여 2002년

세계 63번째 국내 최초로 공인 및 2007년 10월 재공인을 받았고, 제
주특별자치도는 2007년 7월 안전도시로 공인 및 2012년 10월 재공인
을 받았다. 서울 송파구는 2008년 6월 공인 및 2013년에 재공인을 받
았으며, 원주시는 2009년 4월, 천안시는 2009년 10월에 안전도시로
공인을 받았다.[62] 현재 국내의 안전도시 인증 도시는 9개이며, 광주
광역시가 인증을 준비하고 있다.[63]

출처: http://www.safeasia.re.kr

〈그림 10-11〉 국내 국제안전도시 공인현황(2014년 6월 기준)

2. 안전도시의 사례

1) 수원시

수원시는 지난 2002년 아시아 최초, 대한민국 최초의 국제안전도
시로 인증받았고 2007년에도 2번 연속 안전도시의 인증을 받았으나

현재 재지정 요건이 부족한 것으로 알려져 있다. 그럼에도 불구하고 수원시는 한국의 안전도시의 선도적인 사례로서 타 지역의 벤치마킹 대상으로서 역할이 크다.

또한 2008년에는 수원 정자초등학교가 세계에서 11번째로 안전학교 지정을 받았다. 수원시의 안전도시로 발전의 원류를 살펴보면, 1997년 '돌연사로부터 자유로운 도시' 만들기를 위해 심폐소생술 교육을 시작하여 손상예방사업을 시작으로 1999년부터 WHO 지역사회 안전증진협력센터에서 지역사회 차원에서 효과적으로 손상을 예방하고 안전증진을 위해 제시하는 안전도시 모델을 받아들여 공식적인 안전도시를 추진하기 위한 사업추진계획을 마련하고 2000년부터 본격적인 사업을 추진하였다. 이러한 결과 2002년 2월 세계에서 63번째, 아시아 최초의 안전도시로 공인을 받았다. 수원시의 안전도시 지향과 관련된 배경과 현황을 살펴보면 다음과 같다. 수원시민의 사망 원인 중에서 사고 및 손상에 기인하는 경우가 전체의 15%를 차지하고 있다. 약 400명 정도의 수원시민의 예기치 못한 외적 사고 및 손상에 의해 사망하고 있다는 의미이다. 수원 시민의 손상원인은 운수사고와 고의적 자해가 다른 지역보다 높게 나타났다. 수원시는 다른 사망원인과는 다르게 사고 및 손상에 의한 사망통계는 독특한 피라미드 구조를 가지고 있다. 이는 물밑에 숨겨져 있는 빙하의 구조와 같은 것이다. 즉, 사고 및 손상으로 인한 사망자가 400명이라는 의미는 전체적으로 2만 명 정도의 잠재적 환자가 존재한다는 의미이다. 이는 수원시민이 100만 명일 경우 100명 중 2명이 예기치 못한 외적 사고에 의해 신체적·정신적인 고통을 경험하고 있다는 의미이다. 손상의 경제적 비용과 관련하여 수원시의 손상으로 인한 사망자가 400명일 경우, 이에 따른 잠재적인 환자는 약 2만 명 발생하는데 1인당 치료비가 100만 원이라고 가정하면 수원시의 손상으로 인한 연간비용은 약 200억 원이 된다. 이는 수원시의 주민이 부담해야 하는 비용으로 관심과 노력으로 얼마든지 줄여 나갈 수 있음을 시사한다. 이에 수원시는 '수원시민의 안전증진'이라는 비전 아래, 가정, 학교, 작업장, 지역사회 등 주요 환경에 맞는 사업을 수행하기 위하여 안전네트워크 협력 기반을 바탕으로 5개의 핵심 목표를 설정하고 있다. 이를 통해 수원시를 안전하게 조성하며, 지역사회 누구나가 안전하게 생활할 수 있도록 삶의 질 향상을 위해 지속적이고 능동적으로 발전시킬 수 있는 안전도시 관련 정책 및 사업을 추진하게 되었다. 그리고 안전도시 관련 정책 및 사업을 보다 체계적이고 효율적으로 추진하기 위하여 수원시 안전도시 조례를 제정하였다.[64]

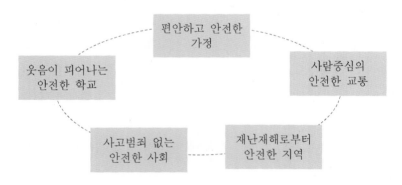

출처: 한세억(2013: 75)

〈그림 10-12〉 수원시의 안전도시 비전과 목표

국제안전도시로 공인을 받았다는 의미는 완벽하게 안전한 도시의 의미보다는 안전도시로 발전하기 위한 최소한의 자격요건을 갖추었다는 의미로 해석하는 것이 바람직하다. 그럼에도 불구하고 이러한 국제안전도시의 인증 효과는 상당한 효과를 보이고 있다. 첫째, 선진 안전문화 정착으로 주민의 귀중한 생명을 보호하고 의료비 절감 등 사회·경제적 손실을 감소시킬 수 있는 여건을 갖추고 있다는 것이다. 둘째, 국제적으로 안전 분야의 규범(Global Standard)을 가지게 되므로 이를 통해 선진도시로서 위상 정립에 기여할 수 있으며, 이를 통해 세계 경쟁도시들과의 경쟁우위를 점할 수 있는 특징으로 작용하고 있다는 것이다. 셋째, 수원시와 인접한 도시 및 국가 전체에 안전에 대한 중요성을 인지할 수 있는 기회를 제공하였다는 것이다.

2) 제주특별자치도

제주는 2007년 안전도시 공인을 받았으며, 2012년 재공인을 받은 경우로, 소방조직이 주체가 되어 사업 추진 3년이 조금 경과 후 안전도시로 공인을 받은 경우이다. 제주특별자치도는 국제자유도시 및 세계 평화의 섬으로서의 위상정립, 국제관광도시로서의 경쟁력 극대화를 위한 대외적 안전 이미지 제고, 제주도민뿐만 아니라 국내외 방문객들의 손상예방 등을 통해 삶의 질 향상 및 이미지 향상을 위하여 선진 안전시스템으로 WHO의 세계안전도시 사업을 추진한 경우이다.[65]

제주도는 손상감시체계(Injury Surveillance)를 구축하여 제주도민뿐만 아니라 국내외 방문객 등 구성원 모두에게 발생되는 손상 및 위험요인을 사전에 파악하고 적극적으로 대응할 수 있는 기본적인 환경을 구축하는 정책 및 사업을 추진하고 있다. 제주도는 이러한 손상감시체계의 운영을 통해 수집·산출되는 산출지표들은 토대로 제주 안전도시사업의 영역 및 의사결정을 위한 근거자료로 활용하고 있으며, 손상감시체계의 구체적은 목표는 다음과 같다. 첫째, 손상발생의 규모 및 분포 파악, 둘째, 손상발생의 위험요인의 조기 발견, 셋째, 손상예방 프로그램의 기획, 수행 및 평가에 활용, 넷째, 지역사회 구성원들의 손상예방 및 안전증진에 대한 인식제고, 다섯째, 제주 안전도시사업 추진에 대한 방향성 정립과 수정 등으로 설정되어 있다. 제주도 손상감시체계는 포괄적 감시체계로서 사망 자료에 의한 감시, 응급의료센터 및 응급의료기관을 대상으로 하는 표본병원에 대한 감시, 조사에 의한 감시, 유관행정 자료에 의한 감시를 기본으로 하고, 특히 응급실 기반의 주기적인 지역사회조사, 119구급활동을 통한 우선순위 등을 고려하여 감시체계를 운영하고 있다.[66]

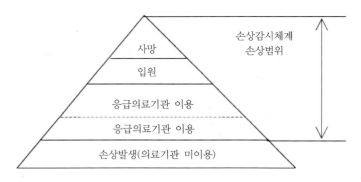

출처: 한세억(2013: 81)

〈그림 10-13〉 제주도 손상감시체계 손상의 범위

〈표 10-6〉 제주 안전도시 손상예방 주요 프로그램

프로그램	프로그램별 주요 활동
학교안전 프로그램	우리나라의 어린이 안전교육은 대부분이 이론 위주의 교육으로 실시되고 있으며 선진외국에 비해 미흡한 상태로 사회구조의 변화로 인하여 어린이안전 사고 발생률이 증가에 따라 제주특별자치도는 2006년부터 Safe School운영 프로그램을 도입하여 어린이 손상률을 줄이기 위해 노력
어린이 안전 프로그램	- WHO 국제안전학교 만들기 사업 운영 - Wee 프로젝트 운영을 통한 학생생활안전 시스템 구축 - 한국 119소년단 조직 및 모범119소년단 운영 - 아동안전지도 제작사업 추진 - 아동권리 증진을 위한 복지서비스 운영 - 아동학대예방 홍보사업 운영 - 보육시설 환경개선 평가 인증제 운영
지역안전 프로그램	- 안전문화뉴스 제작 발송 - 농기계사고 예방프로그램 운영 - 응급처치 및 심폐소생술 보급 - 돌하루방 소화기보관함 설치 - 자살예방사업 - 주택안전점검 - 비상구 찾기 운동 - 시민참여 Bay - Watch 운영 - 농어촌 지역 재난 없는 마을 지정 - 산악사고 예방프로그램 운영 - 안전관리 우수호텔 안전인증제 - 간이인명구조함 설치운영 - 해양학교 운영 - 항포구 위험물저장소 환경개선 - 스포츠시설 종사자 안전교육 운영 - 1가정, 1차량, 1사무실 1소화기 갖기 운동 - 외국인 근로자 거주시설 안전서비스 운영
노인안전 프로그램	- 노인 낙상방지 사업 - 노인 낙상방지 및 노인학대 예방 교육홍보 - 경로당 등 노인복지시설 자율 안전점검 추진 - U-안심콜시스템 보급 운영 - 119 구급차 이송예약제 운영 - 독거노인 안전 확인 서비스 전달체계 구축운영
교통안전 프로그램	- 어린이 교통공원 운영 - 어린이 보호구역 개선사업 - 교통사고 감소를 위한 예방대책 추진 - 교통안전마을 지정 운영 - 교통안전시설 확충 및 정비 - 교통사고 예방 홍보사업 - 교통약자 이동편의 증진사업 추진 - 자전거 안전용품 보급사업 - 자전거 도로 개선사업 - 자전거 교통안전교육 운영 - 농기계 야간 등화장치 설치 지원 - 운수업체 교통안전 대책 추진 - 농기계 사고예방 교육 및 홍보 - 보행자 및 운전자 교통사고 예방교육 - 도민안전과 편익중심 교통안전시설 개선

출처: 조한숙(2012: 49)

제주도의 안전도시는 소방조직이 주체가 되어 소방정책과 안전도시 정책 및 사업의 연계성을 추진한 사례라고 할 수 있다. 사전적인 예방률을 높이기 위하여 '손상감시체계'라는 사전 예측 및 검증 시스템을 구축하여 실질적으로 사전적인 안전예방을 예측할 수 있는 시스템을 구축하여 이를 근거로 손상예방 및 안전을 증진시킬 수 있는 정책들이 추진되고 있다. 이러한 정책 추진의 이면에는 안전관련 행정기관과의 유기적인 관계 형성과 의료기관, 의회, 사회단체, 유관기관 등 다양한 지역사회 안전주체들 간의 유기적인 관계형성이 잘 되어 있었기 때문에 가능하였다고 볼 수 있다.

한국의 세계도시 발전방향

오늘날 우리는 세계화 시대에 살아가고 있다. 이렇게 국경을 넘나들면서 자본이 이동하고 있는 세계화 시대에서 도시들은 더 이상 과거의 경제단위인 국가의 개념이 적용되기 어려운 상황에 처하게 되었다. 이제는 세계도시도 국경과 영토를 초월하여 형성되는 새로운 도시경제체계가 만들어지고 있으며, 국가차원에서 도시차원으로의 새로운 경쟁단위가 주목을 받게 되었다. 현대사회는 도시의 경쟁력이 바로 국가의 경쟁력으로 대변되는 시대로 변화되었다. 한국도 이처럼 급속한 세계화와 정보화 등으로 인하여 급변하는 글로벌 세계도시의 한가운데에 놓여 있다. 한 국가와 영토를 초월한 도시의 경제권이 형성되는 현대사회에서 한국의 도시는 세계 각 도시들과 직접 또는 간접적으로 경쟁하는 환경에 처해 있다. 이렇게 급변하는 글로벌 세계도시의 요구는 이제 한국도시가 세계도시로 성장하기 위한 도시경쟁력을 필요로 하고 있다. 왜냐하면 세계화에 따른 세계도시들의 출현은 국가 간의 국경을 모호하게 변화시키면서 도시 간의 경쟁력이 필요하게 되었기 때문이다. 세계의 수많은 도시들은 과거에는 국가 내부의 도시들 간에만 경쟁하였지만, 이제는 국경을 넘어 수많은 세계도시들과 경쟁해야 한다.

한국사회는 이러한 글로벌 세계도시들 간의 경쟁에서 성공해야 성장할 수 있다. 즉, 세계도시들 간의 경쟁에서 패배한다면 그 도시는 쇠퇴하거나 침체되는 도시로 전락하게 된다. 이러한 글로벌 세계도시의 현대사회에서 한국도시들이 외국의 세계도시와 경쟁하여 승리할 수 있는 경쟁력을 갖추기 위해서 어떠한 변화가 필요한 것일까? 이러한 질문에 대한 답을 찾아보기 위해서는 한국도시의 현재 상태를 점검하는 것이 무엇보다 필요하다. 본 장에서는 글로벌 세계도시의 현대사회에서 한국도시의 실태와 한국도시가 경쟁력을 갖추기 위해 향후 나가야 할 방향을 제시하고자 한다. 세계화에 따른 글로벌 세계도시의 시대에 놓여 있는 한국도시의 실태를 바탕으로, 현대사회의 급변하는 글로벌 시대에서 한국도시가 국제적인 경쟁력을 갖추기 위한 한국도시의 향후 나가야 할 방향을 제안하면 다음과 같다.

1. 지방화시대에 부응하는 도시경쟁력 확보

한국도시가 세계도시로 경쟁력을 갖추기 위해서는 지방화시대에 발맞추어 세계도시로의 전략이나 정책 등이 국가차원에서 도시차원인 지방정부 중심으로 변화되어야 한다. 도시의 경쟁력이 국가의 경쟁력이 되는 현대사회에서 한국의 각 도시들은 세계의 수많은 도시와 무한한 경쟁을 통해서 도시의 상장 또는 쇠퇴가 결정되고 있다. 이러한 글로벌 시대의 현대사회에서는 지방정부 중심의 세계화 전략은 무엇보다 중요하다. 지방정부 중심의 세계화는 가장 지방적인 것이 가장 세계적인 것이며, 나아가서는 가장 한국적인 것이 가장 세계적인 것이라 할 수 있다. 세계화로 인하여 지구촌의 많은 도시들은 국제적인 공통의 규범을 공유하면서 서로 비슷하게 닮아가고 있다. 이렇게 서로 비슷하게 닮아가는 세계화에 따른 세계도시들의 변화로 인하여 도시들 간의 경쟁력이 상실되고 있다.

이렇게 세계화로 인하여 도시들 간의 경쟁력이 상실되는 시대에서는 타 도시와의 차별성을 통해서만이 도시 간의 경쟁에서 우위를 차지할 수 있게 된다. 타 도시와의 차별화를 실현시키기 위해서는 국가차원이 아닌 도시차원에서, 즉 지방정부의 차원에서 세계도시를 위한 전략이 자치적으로 계획되어지고 실행될 수 있도록 중앙정부가 지원을 해주어야 한다. 이렇게 지방정부가 독립적으로 도시전략을 계획함으로써, 지역의 실정에 적합하고 지역에서 실현가능한 도시전략이 만들어질 수 있다. 그리고 지방자치적인 도시전략이 만들어졌을 때 다른 도시와 차별적이고 독창적인 도시전략이 마련될 수 있다. 결국에는 지역에서 실현할 수 있는 독창적이고 창의적인 계획을 통해서 도시의 경쟁력과 세계도시의 위상이 향상될 수 있다. 그러나 지방정부 중심의 차별성 있는 도시전략이 지역에서 실제로 실행되기 위해서는 지방정부의 재정자립도가 무엇보다 중요하다. 왜냐하면 지방정부가 자체적으로 수립한 도시전략이 실천되기 위해서는 현실적으로 재정적인 부분이 뒷받침되어야 하기 때문이다. 한국은 지방자치제를 시행한 지 벌써 20여 년이 지났지만 지방정부의 중앙정부에 대한 의존도 미국이나 유럽에 비하여 크게 높은 수준이다. 세계화시대의 도시경쟁력을 갖추기 위해서 한국도 이제는 지방정부의 재정자립도를 확고히 함으로써, 지역마다의 특성화를 창출할 수 있도록 변화해야 한다. 또한 지방정부에 대한 중앙정부의 시각도 재정적인 직접지원보다는 지방정부에 대한 간접적인 지원과 관심이 더 필요하다.

2. 지역자산을 활용한 지역특성화 전략

한국도시가 세계도시로 경쟁력을 갖추기 위해서는 지역자산을 발굴하고 활용함으로써, 타 도시와는 차별화되는 지역의 특성화 전략이 필요하다. 차별적인 지역의 특성화를 실현하기 위해서는 성공적인 타 도시의 전략을 따라하는 것이 아니라 그 도시만이 가지고 있는 지역자원을 활용하는 것이 필요하다. 그 도시만이 가지고 있는 고유한 자원이나 특성을 기반으로 타 도시에서는 찾아볼 수 없는 독창성을 추구함으로써 개성 있는 도시브랜드와 차별적인 지역상품이 탄생하게 된다. 한국은 1960년대 이후에 급격한 도시화와 산업화를 겪으면서 급속한 경제성장을 이루게 되었다. 이러한 한국도시의 급성장으로 인하여 한국의 도시 정체성이 혼미하게 변화되었으며, 전통문화나 지역의 특색 있는 자산을 활용한 창조적이고 차별적인 도시로 발전하기에는 한계가 있었다. 한국도시의 세계화 전략은 각 지방자치단체 스스로 해당 지역에서의 특성이나 강점, 그리고 한계 등을 명확하게 파악하는 것에서 시작하는 것이 필요하다.

각자의 도시를 세계적으로 홍보할 뿐만 아니라 능동적인 해외도시와의 교류를 실천하며 세계적인 인식을 증대시킴으로써 한국도시는 세계도시로 발전하게 된다. 이를 위해서는 특정 지역에서 현재 어떤 소중한 자원이 존재하고 있는지, 어떠한 부분이 부족한지, 그리고 무엇을 다른 세계도시와 공유하고 협력해야 할 것인지가 선행되어야 한다. 이러한 인식을 기반으로 한 세계도시로의 경쟁력을 키우기 위한 정책목표를 지역주민과 함께 공유하면서 지속적인 지역특화사업을 협력적으로 추진하는 것이 매우 중요하다. 제10장에서 살펴본 것처럼, 한 지역에서 가지고 있는 전통적인 문화를 바탕으로 일상 속에서 자연스럽게 예술과 융합시키고 있는 일본 가나자와의 창조도시 전략은 세계도시로의 위상을 향상시키는 데 기여하고 있었다. 또한 전통을 기반으로 쇠퇴하고 있는 축제를 재탄생시킴으로써 새로운 축제와 문화를 한 단계 더 발전시키고 있는 이탈리아 베네치아의 사례도 우리에게 많은 점들을 시사해준다. 가장 한국적인 것이 가장 세계적이라는 말이 있는 것처럼, 한국의 세계도시 경쟁력을 증대시키기 위해서는 지역의 전통문화가 살아 있는 다양한 지역특화산업을 발굴하는 것이 필요하다.

3. 도시 간 협력적 거버넌스 구축

과거의 도시는 도시 자체의 발전을 위해 자구적인 노력을 기울여 왔다. 그러나 현재의 도시는 스스로의 노력만으로는 지속가능하기 어려워졌다. 이러한 측면에서 협력적 거버넌스(collaboration governance)의 의미는 도시발전과 성장에 의미 있는 접근이 될 수 있다. 협력적 거버넌스는 기존의 국가나 도시정부의 주체가 중심이 되어 국정운영이나 도시의 운영을 독점하는 것이 아니라 다양한 주체들이 권한을 가지고 국정운영 혹은 도시정부의 운영에 참여하는 것을 말한다. 즉, 도시를 구성하는 도시정부, 시민, 민간기업, NGO 등이 자율성을 바탕으로 도시운영에 참여하는 것이다. 도시 간 협력적 거버넌스는 과거의 '자매 결연 도시'와는 그 의미가 근본적으로 다르다. 과거의 '자매

결연 도시'의 정책과 내용은 단순히 도시와 도시를 연결하여 단순한 정보교류나 관광, 물적 교류를 의미했다. 실질적인 도시 간 교류와 협력을 통해 얻을 수 있는 것은 제한적일 수밖에 없었다. 그러나 도시 간 협력적 거버넌스는 사회, 문화, 경제 등 사회 전반에 걸친 교류와 협력을 통해 도시의 지속가능성을 높이고 도시의 경쟁력과 도시의 지속적 발전을 돕는다. 적극적이고 자율적인 도시 간 협력적 거버넌스는 도시의 확장 및 도시의 질적 성장을 이끄는 기제가 될 수 있다.

한편 도시 간 협력적 거버넌스의 의미는 국가 간의 협력뿐만 아니라 국내도시들의 협력을 의미하기도 한다. 현재 일부 선진국과 한국에서는 도시의 통합에 대한 논의가 계속되고 있다. 즉, 거대도시를 형성하여 도시의 경쟁력을 확보하고 도시의 성장을 이룩하겠다는 의도이다. 그러나 개별 도시들의 특성과 문화, 인적구성 등에 따라 통합에 대한 부정적 결과가 발생하기도 한다. 그러나 국내도시 간의 협력적 거버넌스는 인접도시 및 이웃도시의 공통적인 문제를 해결하고 갈등을 해소하는 차원에서 접근할 수 있다. 현재 도시들은 많은 문제를 안고 있고 문제를 해결하기 위한 방안을 모색하며 해결책을 마련하고 있다. 따라서 도시 간 협력적 거버넌스는 국가 수준에서 개별 도시의 양적 성장과 질적 성장을 동시에 해결할 수 있는 수단이고, 국내 수준에서는 권한을 배분하여 개별 도시 간 자율적 협력을 통하여 중앙정부에 의존하는 도시운영에서 벗어나 보다 민주적인 도시의 운영을 가능하게 한다.

4. 저성장시대의 도시혁신 역량 강화

자본주의 시장경제의 틀을 근본적으로 뒤흔든 글로벌 경제위기로 인해 국내외 경제의 저성장, 저금리 기조가 고착화되는 소위 뉴 노멀 (new normal)의 시대가 본격화되고 있다.[1] 특히 아시아에서 뉴 노멀 의 그림자가 드리워지고 있다. 그동안 높은 수출과 저임금에 힘입어 두 자릿수 경제성장률을 이룩해왔던 아시아의 경제모델이 더 이상 통하지 않게 된 시대를 일컫는다. 2008년 금융위기 이후 중국 등 아 시아 국가들은 저수출, 고임금, 고부채의 삼중고를 겪고 있지만 경기 부양책이 먹혀들지 않으면서 구조적인 저성장 시대로 접어들었다는 의미이다.

한국의 경우, 1980년대 중반 이후 외환위기 전까지 연평균 7.7%대 의 높은 성장률을 보였으나, 2003년 이후에는 성장률이 3~4%대에 머물러 있다. 이는 경제침체에 따른 일시적인 현상이 아닌 한국경제 가 구조적인 저성장 국면에 접어들었다는 것이다. 저성장은 새로운 성장 엔진을 발굴할 수 있는 기회와 빈곤의 악순환이라는 위기를 동 시에 포함[2]하기에 어떻게 대처하느냐에 그 결과는 분명 달라지기 마 련이다.

따라서 한국의 도시들은 저성장시대의 대처하는 새로운 광범위한 자생적인 도시혁신만이 이런 상황을 반전시킬 수 있으며,[3] 각 도시 만의 혁신적 역량 구축을 통해 지속가능한 경쟁력을 가질 수 있는 발 판을 마련해야 한다.

최근 세계의 거의 모든 도시들이 이전의 고속 성장시대에 유효했 던 수요 대응형 공급 개발 공식에 한계를 느끼고, 대안 찾기에 골몰

하고 있다. 글로벌 차원의 구조적 침체를 고려할 때, 대안 찾기는 도시 혁신의 자산(생산성 있는 인구, 성장산업과 문화력, 위기 대응력 등)을 중심으로 풀어갈 수밖에 없을 것이다. 결국 도시의 인적 자원, 물적 인프라, 경제 산업 기반, 문화 인프라를 얼마나 혁신하는가가 도시의 미래 지속가능성을 확보하는 관건이다.[4]

5. 세계도시 지향을 위한 미래가치 창조

현재의 세계도시들은 2050년, 2100년 그 이후 어떠한 모습과 가치를 지향하고 있을까 하는 부분에 대해서는 의문점이 생겨난다. 더욱 빠르고 저렴한 사회의 유지비용은 세계의 도시들은 공간적으로 더 가까워지고, 활발한 교류가 이루어져 더욱더 발전을 거듭할 것이다. 미래의 세계도시의 모습을 상상하는 것은 지금까지의 세계도시 발전의 양상을 돌이켜볼 때 어려운 일이 아니다. 오늘날의 세계도시들은 과거의 도시들이 간직했던 인본주의, 공공선, 사회적 가치 등 도시고유의 특성을 지속함으로써 성장할 수 있는 계기를 마련할 수 있었다. 뿐만 아니라 종교와 인종, 생활양식에서 풍부한 문화적 다양성 유지를 통해 도시의 정체성을 유지·발전시켰다.

그렇다면 한국의 도시들은 세계도시를 지향함에 있어 어떠한 미래가치를 정립하고 있는가? 최근 세계도시와 관련하여 창조성, 다양성, 복합성, 인본주의 등을 표방하는 도시들이 등장하고 있고, 세계도시를 지향하기 위한 다양한 정책들이 추진되고 있으나, 근저에는 여전히 경제성, 생산성, 효과성 등의 물질적 요소들이 강조되고 있는 한계에 직면하고 있다. 향후 한국에서 지향해야 할 세계도시는 사람을 중심에 놓고, 사람을 중심으로 하는 사회적 형평성, 인본주의, 창조성, 다양성, 복합성 등 사회의 다양한 가치들이 융합될 수 있는 세계도시를 지향하는 것이 필요하다. 즉, 세계도시는 단순한 공간적 발전 및 영향력 증대의 측면이 아니라 다양한 사람을 위한 가치들이 공존하는 공간으로 발전되어야 한다.

미주

제1장 도시의 성장과 변화

1) 김미영·전상인(2014), 오감(五, 感) 도시를 위한 연구방법론으로서 걷기, 「국토계획」 49(2), p.5.
2) 사사키 마사유키(2009), 정원창 역 「창조하는 도시」, 도서출판 소화, pp.13~14.
3) 이주원(2012), 박원순의 과제 '정상도시' 만들기, 「한겨레신문」, 7월 6일자.
4) 노춘희·강현철(2013), 「신도시학개론」, 형설출판사, p.10.
5) 조엘 코르킨(2013), 윤철희 역, 「도시, 역사를 바꾸다」, 을유문화사, p.16.
6) 이용식(2009), 「도시발전의 핵심코드를 찾아보는 새로운 도시 새로운 인천」, 인천 발전연구원, p.4.
7) 노춘희(1984), 「도시학총론」, 일조각, pp.10~14.
8) 노춘희·강현철(2013), 「신도시학개론」, 형설출판사, p.16.
9) 지방행정연수원(2014), 「도시행정론」, 안전행정부, pp.3~4.
10) 임재현(1999), 우리나라의 도시별 도시화단계, 「주택연구」7(2), pp.140~141.
11) OECD(2013), 「OECD 한국도시정책보고서(OECD Urban Policy Reviews, Korea 2012)」, 국토연구원, pp.44~45.
12) 고일홍 외(2014), 「사상가들 도시와 문명을 말하다」, 한길사, p.4.
13) 권용우 외(2012), 「도시의 이해 제4판」, 박영사, p.15.
14) 국토해양부(2008), 「도시계획개론」, 국토해양인재개발원.
15) 정재영(2010), 글로벌 메가시티의 미래 지형도, 「LGERI 리포트」, LG경제연구원, p.3.
16) 남형우(2008), 도시의 역사와 형성 요인, 「살고싶은 도시만들기 권역별 도시대학 자료집」, 대한주택공사, 국토해양부, pp.136~137.
17) 스탠리 브룬 외(2013), 「세계의 도시」, 푸른길, pp.53~54.
18) 정재영(2010), 글로벌 메가시티의 미래 지형도, 「LGERI 리포트」, LG경제연구원, p.3.
19) 조명래(2002), 「현대사회의 도시론」, 한울아카데미, p.32.
20) 김병갑(2011), 농업혁명을 이끈 농기계: 농기계의 과거에서 미래까지, 「RDA Interrobang」 46, 농촌진흥청, p.1.
21) 이정덕(2013), 서구 문명 다시보기: 영국 산업혁명의 의의, 「열린전북」 164, p.23.
22) 제러미 리프킨(2011), 안진환 옮김, 「3차 산업혁명」, 민음사, pp.56~59.
23) 성장환 외(2009), 「도시, 인간과공간의커뮤니케이션」, 커뮤니케이션북스, pp.126~127.

24) 최철화(2001), 도시자치제도의 양상과 전망: 울산광역시의 성장을 중심으로, 「법률행정논집」 8, pp.421～422.

25) 이수행(2011), 「한중간 도시화 과정의 비교연구」, 경기개발연구원, p.10.

26) 이수행(2011), 「한중간 도시화 과정의 비교연구」, 경기개발연구원, p.3.

27) 이철용(2013), 도시화 향후 10년 중국 경제 좌우할 동력, 「LGERI 리포트」, LG경제연구원, p.3.

28) 이시철(2005), 「도시성장관리 : 대구광역권의 현실과 선택적 방향」, 대구경북연구원, p.3.

29) Wilson(2007), 「The Urban Growth Machine(Suny Series in Urban Public Policy)」, SUNY Press, p.45.

30) 우양호(2009), 우리나라 해항도시의 역사적 성장(1980~2008), 「한국행정학회 2009년도 공동학술대회 자료집」 pp.4～5.

31) 조정제·김영표(1989), 우리나라 도시발전단계와 산업기여분석, 「국토연구」, 11, pp.2～3; 형시영(2006), 인구저성장 시대의 도심쇠퇴에 대응한 도시관리정책에 관한 연구, 「한국지방자치연구」, 8(2), pp.62～63.

32) 백기영·임양빈·오덕성(2002), 국내 도심공동화 현황 및 도심재생 실태분석, 「대한국토·도시계획학회 2002년 추계학술대회」, pp.386～387; 형시영(2006), 인구저성장 시대의 도심쇠퇴에 대응한 도시관리정책에 관한 연구, 「한국지방자치연구」, 8(2), pp.62～63.

33) 이용수(2008), 도시인구 > 농촌인구, 「조선일보」, 1월 4일자.

34) 장철순(2013), 미래 도시화산업, 「월간 기술과 경영」, 7월호, p.37.

35) 정재영(2010), 글로벌 메가시티의 미래 지형도, 「LGERI 리포트」, LG경제연구원, pp.6～9.

36) 이학재(2011), 울산, 서울보다 더 부자…… 2년 연속 가장 부유한 지역, 「뉴스에이」 12월 22일자.

37) 노춘희·강현철(2013), 「신도시학개론」, 형설출판사, p.48.

38) 노춘희·강현철(2013), 「신도시학개론」, 형설출판사, p.10.

39) 정기욱·구영민(2013), 패러다임변화가 도시공간구조 변화에 미치는 영향에 관한 연구 ,「대한건축학회 학술발표대회 논문집」 33(1), p.191.

40) Kuhn(2006), 김명자 역, 「과학혁명의 구조」, 까치.

41) 이삼수(2006), 도시 패러다임 변화의 의의, 「도시정보」, 대한국토·도시계획학회, p.3.

42) 신무호(2004), 도시정책의 분류, 「교수논총」 3, 인천대학교 인천학연구원, p.217.

43) 김용창(2011), 새로운 도시발전 패러다임 특징과 성장편익 공유형 도시발전 전략의 구성, 「공간과 사회」 21(1), p.113.

44) 김제선(2014), '공유' 새로운 도시 패러다임, 「굿모닝충청」, 1월 12일자.

45) 이춘희(2007), 「21세기 새로운 도시계획 패러다임에 따른 도시형태 연구: 행정중

심복합도시 국제공모 작품을 중심으로」, 한양대학교 박사학위논문, p.39.

46) 원제무(2010), 20세기 우리나라 도시계획 패러다임 변천과정, 「춘계학술발표대회 심포지엄 자료집」, p.539.

47) 대한국토도시계획학회(2008), 「도시개발론」, 보성각, p.87.

48) 이병준(2007), 「지속가능한 국토관리를 위한 공간계획과 환경계획의 통합적 접근에 관한 연구」, 서울시립대학교 박사학위논문, p.14.

49) Lehmann(2010), 「The Principles of Green Urbanism: Transforming the City for Sustainability」, Earthscan, p.66.

50) 이정형 외(2012), 미국 시애틀시 어반빌리지(Urban Village) 전략에 의한 도시설계 수법에 관한 연구, 「대한건축학회 논문집 계획계」 28(6), p.208.

51) 전영옥(2004), 「지속가능한 도시발전과 기업의 역할」, 삼성경제연구소, p.24.

52) 외교통상부(2012), 「 Compact City 전략의 주요내용 및 시사점」, p.1.

53) 김태경·정진규(2010), New Urbanism의 인간중심적 계획이념에 관한 연구, 「GRI 논총」 12(1), p.137.

54) 김흥순(2007), 뉴어바니즘의 국내 적용 가능성 분석: 수도권 주민에 대한 설문조사를 중심으로, 「국토연구」 55, pp.156~157.

55) 이규방(2005), 세계도시계획의 새로운 흐름과 한국도시의 발전방향, 「광복 60주년 기념 심포지엄 자료집」, 주택도시연구원, p.18.

56) 김주현(2010), 「커뮤니티 활성화를 위한 도시마을 공간 디자인 방안 연구」, 경북대학교 박사학위논문, p.13.

57) 이왕기(2003), 도시성장관리의 새로운 패러다임: 스마트 성장(Smart Growth), 「국토논단」 256, p.81.

58) 강병수·양광식(2011), 미국의 스마트성장을 위한 개발사업평가에 관한 연구, 「도시행정학보」 24(3), pp.175~176.

59) 황동필(2014), 슬로시티 방문객의 관광동기가 만족, 태도 및 행동의도에 미치는 영향 연구, 「관광경영연구」 18(특별호), p.386.

60) 슬로시티 홈페이지 http://www.cittaslow.kr

61) 오민근(2004), 경관에 의한 자주적 지역활성화: 일본 山形金山町 경관 마찌즈쿠리 (まちづくり)를 사례로, 「문화정책논총」 16, pp.219~220.

62) 김진아(2013), 「공동체주의 정의론의 관점에서 본 마을만들기 사례 비교·분석」, 서울시립대 박사학위논문, p.70.

63) 송창용·성양경(2009), 지역 활성화를 통한 일자리 창출, 「THE HRD REVIEW」, 한국직업능력개발원, p.118.

64) 김묘정(2012), '살고싶은 도시만들기' 시범사업의 지속가능성 실천항목 적용여부 비교: 시범사업의 선정시기, 사업대상, 사업규모를 중심으로, 「대한건축학회 논문집 계획계」 28(4), p.179.

65) 정승현(2008), 살고싶은 도시만들기의 성과와 과제, 「국토」 321, p.6.

66) 국토연구원 도시재생지원사업단(2011), 살고 싶은 도시만들기: 시범도시 사업의 성과와 과제, pp.10~11.

제2장 세계화와 세계도시

1) 미즈오카 후지오(2002), 이동민 역(2013), 「세계화와 로컬리티의 경제와 사회」, 논형, p.397.

2) 이성복 외(2003), 「경기도내 세계도시의 발전전략에 관한 연구」, 경기개발연구원, p.3.

3) 유완빈(1997), 「세계화와 규범문화: 세계화 추진을 위한 시민문화 정립방안 연구」, 한국정신문화연구원, pp.51~66.

4) Levin, W. F.(2001), *The Post-fordist City, in Paddiso, Roman, Handbook of Urban Studies*, SAGE Publication Ltd, pp.271~281.

5) 김미경(2011), 세계화와 교육, 「대구사학」 105, pp.1~2.

6) Waster, M. (1995), *Globalization,* London: Routledge, p.3.

7) 박경원(1996), 세계화와 세계도시: 하나의 지역개발전략 모색, 「현대사회와 행정」 6, pp.165~166.

8) 류수익(1995), 세계화를 지향하는 국토개발의 철학, 「국토정보」160, 국토연구원, p.5.

9) Ohmae, K. (1995), The End of the Nation State, New York, NY: Free Press.

10) 임창호(1996), 지방의 세계화와 도시경쟁력, 「국토정보」174, 국토연구원, p.24.

11) 신현중(1998), 세계화의 본질과 특징, 「산경연구」 6, p.47.

12) Safire, W.(1998), To move Forward Globalization, 「Chief Excutive」, pp.2~5.

13) 신현중(1998), 세계화의 본질과 특징, 「산경연구」 6, pp.48~49.

14) 신현중(1998), 세계화의 본질과 특징, 「산경연구」 6, pp.50~51.

15) Herman, E. D. (1999), Globalization versus internationalism: Some implications, *Ecological Economics* 31, pp.31~37.

16) 이규영(1995), 세계화의 이중성, 「신아세아」 2(3), pp.78~79.

17) 박번순·전영재(2001), 「세계화와 지역화」, 삼성경제연구소, pp.1~3.

18) 정인교(1998), 지역자유협정의 확산과 한국의 대응방안, 「대외경제연구」 5, pp.4~5.

19) Ruggie, J. (1993), Multilaterian: The Anatomy of an Institution. in Ruggie, J. *Multilateralism Matter*, New York: Columbia University Press.

20) Jackson, J. H.(1997), *The World Trading System: Law and Policy of International Economics Relations*, Second Edition, The MIT Press.

21) Alagappa, M.(1995), Regionalism and Conflict management, *Review of International Studies* 21, pp.359~387.

22) Gibb, R.(1994), Regionalism in the world economy, in Gibb, R. & Michalak, W.(eds), *Continental Trading Blocs: The Growth of Regionalism in the World Economy*, John & Wiley & Sons, Ltd.

23) 최항순(2000), 「복지행정론」, 신원문화사, p.476.

24) 강혜규 외(2006), 「지방화시대의 중앙·지방간 사회복지 역할분담 방안」, 한국보건사회연구원, pp.43～44.

25) 박번순·전영재(2001), 「세계화와 지역화」, 삼성경제연구소, pp.17～18.

26) Baldwin, E. R. & Martin, P.(1999), Two Waves of Globalization: Superfisical Simularities, Fundamental Difference, *NBER Working Paper*, 6904.

27) Castells, M.(2000), The Rise of Network Society(김묵한 외 3인 역, 네트워크 시대의 도래, 한울).

28) 박번순·전영재(2001). 「세계화와 지역화」, 삼성경제연구소, pp.18～20.

29) World Bank(1987), *World Development Report*, pp.84～85.

30) World Bank(1987), *World Development Report*, p.84.

31) World Bank(1987), *World Development Report*, p.85.

32) 남영우·이희연·최재현(2000), 「경제·금융·도시의 세계화」, 다락방, p.22.

33) 남영우(2006), 「글로벌시대의 세계도시론」, 법문사, pp.19～20.

34) 신현중(1998), 세계화의 본질과 특성, 「산경연구」 6, pp.84～85.

35) 남영우(2006), 「글로벌시대의 세계도시론」, 법문사, p.20.

36) 이성복 외(2003), 「경기도 내 세계도시의 발전전략에 관한 연구」, 경기개발연구원 p.17.

37) 홍경자(2007), 문화적 세계화의 구조와 목표, 「해석학연구」 20, pp.187～188.

38) A. Appadurai(1996), *Modernity at Large. Cultural Dimensions of Globalization*, Minneapolis, p.49.

39) 롤런드 로버트슨 외, 윤민재 편(2000), 「근대성·탈근대성 그리고 세계화」, 사회문화연구소, p.83.

40) 이성복 외(2003), 「경기도 내 세계도시의 발전전략에 관한 연구」, 경기개발연구원 pp.17～18.

41) Ratajczak, D.(1997), A New Economic Paradigm, *Journal of the American Society of CLU & ChFC*, 51(6), pp.8～10.

42) Haass, R. N.(1998), Globalization and Its Discontents: Navigating the Dangers of a Tangled World, *Foreign Affairs*, 77(3), pp.2～6.

43) 남영우·서태열(2002), 「세계화시대의 도시와 국토」, 법문사, pp.290～297.

44) 이성복 외(2003), 「경기도 내 세계도시의 발전전략에 관한 연구」, 경기개발연구원 pp.25～26.

45) King, A. D.(1990), *Global Cities*, London: Routldge.

46) 남영우·서태열(2002), 「세계화시대의 도시와 국토」, 법문사, pp.290～297.

47) David, C.(1996), *Urban world and global city*, New York: Routledge, pp.137~138.

48) Feagin, J. R & Smith, M, P.(1987), *The Capitalist City*, Oxford: Basil Blackwell, pp.3~5.

49) Cohen, R. B.(1981), The New International Division & Labour, Multinational Corporations and Urban Hierarchy in Dear, M. & Scott, A. J. eds. *Urbanization and Urban planning in Capitalist Society*, New York: Methuen. pp.300~303.

50) Thrift, N.(1988), The geography of international economic disorder, in Massey, D & Allen, J.(eds) *Uneven Re-Development: Cities and Reegions in Transition*, Hooder & Stoughton.

51) Knight, R. V. (1989), The Emergent Global Society in Knight, R. V. & Gappert, G. eds. *Cities and Global Society*, London: SAGE Publication pp.24~43.

52) 이성복 외(2003), 「경기도 내 세계도시의 발전전략에 관한 연구」, 경기개발연구원 pp.31~32.

53) 남영우(2006), 「글로벌시대의 세계도시론」, 법문사, pp.159~160.

54) Friedmann, J.(1986), World City Hypothesis, *Development & change*. 17(1) pp.71~72.

55) 남영우(2006), 「글로벌시대의 세계도시론」, 법문사, pp.176~178.

56) Korff, R.(1987), The World City Hypothesis: A Critique, *Development and Change*, 18(3), pp.484~486.

57) Friedmann, J.(1986), The World City Hypothesis, *Development and Change*, 17(1), pp.69~79.

58) 이동우 외(2010), 「수도권의 세계도시화 전략연구」, 국토연구원, pp.12~13.

59) 황영우·류태창(2003), 「세계도시 부산을 향한 재매도시와의 경쟁력 분석에 관한 연구: 도시계획부문을 중심으로」, 부산발전연구원, pp.10~11.

60) 남영우(2006), 「글로벌시대의 세계도시론」, 법문사, pp.191~192.

61) 유환종(2000), 사스키아 사센의 세계도시론, 「국토」 224, pp.116~121.

62) 이동우 외(2010), 「수도권의 세계도시화 전략 연구」, 국토연구원, pp.11~12.

63) 이재하(2003), 세계도시지역론과 그 지역정책적 함의, 「대한지리학회지」 38(4), p.564.

64) 남영우(2006), 「글로벌 시대의 세계도시론」, 법문사, pp.204~209.

65) Scott, A, J.(2001), *Global City Region: An Overview*, p.12.

66) Scott, A, J.(2001), *Global City Region: An Overview*, pp.12~13.

67) 이재하(2003), 세계도시지역론과 그 지역정책적 함의, 「대한지리학회지」 38(4), pp.567~568.

68) 박지현(2009), 「세계도시 다양성과 도시성장에 관한 연구」, 이화여자대학교 석사학위논문, p.37.

69) 이동우 외(2010), 「수도권의 세계도시화 전략 연구」, 국토연구원, pp.14~15.

70) 구운모(2013), 「우리나라 창조산업의 핵심창조인력 육성 방안」, 문화관광체육부, p.7.

71) UN지음, 이정규 외 역(2013), 「창조경제 UN 보고서」, 21세기북스, pp.56~58.

72) 최병두(2014), 창조도시와 창조계급: 개념적 논제들과 비판, 「한국지역지리학회지」 20(1), pp.60~62.

73) 김주미·박재필(2011), 「국제간 비교 연구를 통한 기업가정신 지수 표준 모델 정립에 관한 연구」, 중소기업연구원, p.5.

74) 김장호·주기중(2013), 기업가정신이 혁신역량 및 혁신성과에 미치는 영향, 「한국경영공학회지」18(2), p.3.

75) 김주미·박재필(2011), 「국제 간 비교 연구를 통한 기업가정신 지수 표준 모델 정립에 관한 연구」, 중소기업연구원, pp.16~70.

76) 남영우(2006), 「글로벌시대의 세계도시론」, 법문사, pp.245~248.

제3장 세계도시 패러다임

1) 정철현·김종업(2012), 도시재생을 통한 창조도시 구현 방안 연구: 부산시 구도심의 문화거리 활용을 중심으로, 「지방정부연구」 16(3), p.348.

2) IBM 기업가치연구소(2009), 똑똑한 도시의 비전 도시의 지속가능한 번영을 위한 방안, p.3.

3) 이삼수(2014), 도시재생사업 활성화 방안, 「도시재생사업 활성화와 도시정비사업 규제개혁 토론회 자료집」, p.75.

4) 김혜민(2011), 지속가능한 도시를 위한 창조적 도시재생정책에 관한 연구: 산복도로 르네상스 프로젝트, 「지방행정정책연구」 1(2), p.26.

5) 이상훈·황지욱(2013), 도시재생의 정책 배경과 패러다임 전환, 「국토계획」 48(6), p.388.

6) 박승기·김태형(2014), 국가도시재생기본방침 수립의 배경과 주요 내용, 「국토」 2014년 4월호, 국토연구원 p.6.

7) 유병권(2013), 「도시재생 활성화 및 지원에 관한 특별법」의 입법과정, 「국토계획」 48(6), p.368.

8) 박승기·김태형(2014), 국가도시재생기본방침 수립의 배경과 주요 내용, 「국토」 2014년 4월호, 국토연구원 p.6.

9) 국토교통부·도시재생사업단(2014), 「함께하는 희망, 도시재생」, p.18.

10) 강수연·이희정(2011), 도시 창조성에 영향을 미치는 지역특성요인에 관한 연구: 서울시 25개 자치구를 중심으로, 「국토계획」 46(5), p.81.

11) UNCTAD(2010), 「Creative Economy Report 2010」, p.2.

12) 원동규·유선희(2013), 창조경제혁신의 동태적 구조분석, 「2013년도 춘계학술대

회 자료집」, p.20.

13) 이희연(2008), 창조도시: 개념과 전략, 「국토」 2008년 8월호, 국토연구원 p.6.

14) 임상오·전영철(2009), 창조도시 담론의 쟁점과 재정학적 시사점, 「재정정책논집」 11(3), pp.160~161.

15) 김태경(2010), 「창조도시이론과 미래도시 발전방향에 관한 연구」, 경기개발연구원, p.4.

16) UNCTAD(2010), 「Creative Economy Report 2010」, p.50.

17) 사사키 마사유키(2009), 정원창 옮김, 「창조하는 도시」, 한림대학교 일본학연구소, p.53.

18) 김혜민(2011), 지속가능한 도시를 위한 창조적 도시재생정책에 관한 연구: 산복도로 르네상스 프로젝트, 「지방행정 정책연구」 1(2), p.32.

19) UNCTAD(2010), 「Creative Economy Report 2010」, pp.12~13.

20) UNCTAD(2010), 「Creative Economy Report 2010」, p.18.

21) 김민석 외(2012), 창조도시 개념을 통한 지방도시의 원도심 활성화 방안에 관한 연구: 안양시 원도심 중심으로, 「DID 논문집」 11(4), p.57.

22) 강인호 외(2013), 도시발전을 위한 창조도시 발전전략 접근의 유용성, 「한국거버넌스학회보」 20(2), p.198.

23) 이상호·임윤택(2007), City of Blue Ocean: 창조도시의 특성과 유형, 「대전발전포럼 자료집」 24, p.19.

24) 이상호·임윤택(2007), City of Blue Ocean: 창조도시의 특성과 유형, 「대전발전포럼 자료집」 24, pp.15~16.

25) 문경원·김홍태(2013), 창조도시와 도시재생: 대전광역시 중앙로 르네상스 프로젝트 정책을 중심으로, 「20주년 기념 학술대회 자료집」, pp.101~102.

26) 한세억(2011), 사회공공성 모델에 근거한 창조도시담론의 비판적 성찰, 「2011년 춘계학술대회 자료집」, p.10.

27) 권용우 외(2012), 「도시의 이해」, 박영사, p.485.

28) 임상오 외(2013), 창조도시의 모범 사례와 정책 과제: 한국의 창조지역사업을 중심으로, 「문화경제연구」 제16권 제3호, p.18.

29) 문미성(2013), 창조경제와 경기도 정책방향, 「GRI 정책제안」, 경기개발연구원, pp.7~8.

30) 서울시 공식블로그 홈페이지 http://blog.seoul.go.kr

31) 원동규(2013), 스마트 창조도시, ICT 융합 플랫폼 가능한가?, 「KISTI MARKET REPORT」 3(9) 한국과학기술정보연구원, pp.15~18.

32) UNCTAD(2010), 「Creative Economy Report 2010」, p.9.

33) 문미성·김태경(2013), 창조경제와 지역의 실천과제, 「이슈와 진단」 99, 경기개발연구원, pp.1~5.

34) UNCTAD(2010), 「Creative Economy Report 2010」, pp.4~9.

35) 박양우(2013), 「문화융성시대 국가정책의 방향과 과제」, 한국문화관광연구원, p.11.

36) 민말순(2008), 「경남의 문화도시 육성방안」, 경남발전연구원, p.40.

37) 서준교(2006), 문화도시전략을 통한 도시재생의 순환체계 확립에 관한 연구: Glasgow 의 문화도시전략을 중심으로, 「한국거버넌스학회보」 13(1), p.197.

38) 서준교(2006), 문화도시전략을 통한 도시재생의 순환체계 확립에 관한 연구: Glasgow의 문화도시전략을 중심으로 「한국거버넌스학회보」 13(1), p.198.

39) 원도연(2008), 문화도시론의 발전과 도시문화에 대한 연구, 「인문콘텐츠」 제13호, pp.

40) 김영기·한선(2007), 문화도시 만들기에 대한 인식유형 연구, 「언론과학연구」 7(3), p.40.

41) 김도희(2012), 울산광역시 남구의 문화도시정책 추진성과의 정책적 함의: 남구의 문화도시정책 사례분석을 중심으로, 「지방정부연구」 16(3), pp.11~12.

42) 전영옥(2006), 「新문화도시 전략과 시사점」, 삼성경제연구소, p.4.

43) 이병민(2011), 창조적 문화중심도시 조성 전략과 문화정책 방향, 「문화정책논총」 25(1), p.8.

44) 이장훈(2003), 「유럽의 문화 도시들」. 자연사랑, p.1.

45) 박은실(2005), 도시재생과 문화정책의 전개와 방향. 「문화정책논총」 17(1), p.19; 박광국·채경진(2010), 도시경쟁력 제고를 위한 문화도시 구축방안에 관한 연구, 「정책분석평가학회보」 20(1), p.5.

46) 라도삼(2014), 문화를 통한 도시경쟁력 강화방안, 「국토」 2014년 2월호, 국토연구 원 p.24.

47) 라도삼(2002), 「문화도시 서울을 위한 문화공간 기획에 관한 연구」, 서울시정개발 연구원, p.9.

48) 황동열(2000), 「문화벨트 및 문화도시 조성방안 연구」, 한국문화정책개발원, p.11.

49) 김도희(2012), 울산광역시 남구의 문화도시정책 추진성과의 정책적 함의: 남구의 문화도시정책 사례분석을 중심으로, 「지방정부연구」 16(3), p.10.

50) 오동훈(2014), 문화요소가 도시발전에 기여한 해외 도시사례, 「국토」 2014년 2월 호, 국토연구원 p.54.

51) 김효정(2004), 「문화도시 육성방안 연구」, 한국문화관광정책연구원, pp.16~17.

52) 희망제작소(2013), 커뮤니티비즈니스를 통한 지속가능한 지역공동체 만들기: 희망 제작소의 지역창조사업: 완주군 커뮤니티비즈니스 적용 사례, 「Hope Report 1302-2202」, p.7.

53) 양병이(1997), 도시경쟁력과 도시 삶의 질, 「도시문제」 32(347), p.45.

54) 유승호(2008), 문화도시: 지역발전의 새로운 패러다임, 일신사, 75; 박광국·채경 진(2010), 도시경쟁력 제고를 위한 문화도시 구축방안에 관한 연구, 「정책분석평 가학회보」 20(1), p.4.

55) 라도삼(2006), 문화도시의 요건과 의미, 필요조건, 「도시문제」 41(446), pp.24~ 25.

56) 권용우 외(2012), 「도시의 이해」, 박영사, p.47.

57) 국토사랑 홈페이지 http://www.landlove.kr

58) 김정곤(2010), 「저탄소 녹색도시 모델개발 및 시범도시 구상」, LH토지주택연구원, p.3.

59) 김지은(2014), 기후변화로 건강 가장 나빠지는 대도시는 부산, 「뉴시스」, 6월 25일자.

60) 최병두 외(1996), 도시환경문제와 생태도시의 대안적 구상, 「도시연구」 2, p.223.

61) 박창석(2008), 「도시환경개선사업 환경성 진단평가 연구: 광역재정비 등 도시재생 사업을 중심으로」, 환경부, p.3.

62) 저탄소 녹색도시 홈페이지 https://www.eco-greencity.or.kr

63) 노춘희·강현철(2013), 「신도시학개론」, 형설출판사, pp.82~83.

64) 최병두 외(2004), 지속가능한 발전과 새로운 도시화: 개념적 고찰, 「대한지리학회지」 39(1), pp.70~71.

65) 낙동강유역환경청 홈페이지 http://ndgsite.me.go.kr

66) 이건영(1995), 「서울21세기」, 한국경제신문사, pp.434~435.

67) 대한국토도시계획학회(2008), 「도시개발론」, 보성각, p.87.

68) 이병준(2007), 「지속가능한 국토관리를 위한 공간계획과 환경계획의 통합적 접근에 관한 연구」, 서울시립대학교 박사학위논문, p.14.

69) Lehmann(2010), 「The Principles of Green Urbanism: Transforming the City for Sustainability」, Earthscan, p.66.

70) 노춘희·강현철(2013), 「신도시학개론」, 형설출판사, pp.220~221.

71) 노원구청 홈페이지 http://www.nowon.kr

72) 이창우·유기영(2006), 「서울특별시 환경보전계획(2006~2015)」, 서울특별시, pp.24~42.

73) 고재경(2014), 뜨거워지는 여름, 시원한 도시 만들기, 「이슈와 진단」 147, 경기개발연구원, pp.1~18.

74) 포스코 ICT 홈페이지 http://www.smartfuture-poscoict.co.kr

75) 행정중심복합도시건설청(2014), 「행복도시이야기」, 25, 안전행정부.

76) 산업통상자원부(2013), 「2012 스마트그리드 연차보고서」, 한국스마트그리드사업단, p.10.

77) 이미혜(2012), 스마트 그리드 시장 현황 및 전망, 「산업리스크 분석보고서 Vol. 2012-G-09」, 산업연구원, pp.5~27.

78) 김진아(2013), 「공동체주의 정의론의 관점에서 본 마을만들기 사례 비교·분석」, 서울시립대학교 박사학위논문, p.1.

79) 안균오(2011), 「사회정의론의 정책규범을 활용한 도시재정비사업 평가와 정책대안 연구」, 세종대학교 박사학위논문, p.5.

80) 김진아(2013), 「공동체주의 정의론의 관점에서 본 마을만들기 사례 비교·분석」, 서울시립대학교 박사학위논문, p.1.

81) 강현수(2011), 도시 연구에서 정의와 권리 담론의 의미와 과제, 「공간과 사회」 21(1), p.6.

82) 박재길(2004), 「도시계획결정과 사회적 정의에 관한 연구」, 국토연구원, p.2.

83) 이문수(2012), 정의에 대한 새로운 인식: Honneth와 Fraser의 인정이론을 통해 본 현대 사회에서의 정의, 「한국거버넌스학회보」 19(3), p.24.

84) 박재길(2004), 「도시계획결정과 사회적 정의에 관한 연구」, 국토연구원, p.2.

85) 김병규(1994), 서양의 정의론과 동양의 정의론, 「석당논총」 20, p.281; 안균오 (2011), 「사회정의론의 정책규범을 활용한 도시재정비사업 평가와 정책대안 연구」, 세종대학교 박사학위논문, pp.13~14.

86) 원제무(2009), 정의 계획(justice planning)이란 무엇인가?, 「도시정보」 325, p.15.

87) 원제무(2009), 상호소통적 계획과 정의계획은 도심재생사업의 대안적 계획철학이 될 수 있을까?, 「국토계획」 44(5), p.132.

88) 채정희(2012), 광주 '인권도시' 거부감 '정의도시'로, 「광주드림」 1월 3일자.

89) 정성훈(2014), 보편적 인권 정당화의 위기와 인권도시의 과제, 「지방정부와 인권 세미나 2차 모임 자료」, pp.11~12.

90) 강현수(2011), 도시의 주인은 누구인가? 「2011 인권조례 정책워크숍자료집」, p.16.

91) 강현수(2011), 주민의 인권과 권리를 보장하는 도시 만들기, 「인권도시 성북 추진 을 위한 방향과 과제: 제1회 인권도시 성북 추진위원회 워크숍 자료집」, p.10.

92) 정성훈(2011), 현대 도시의 삶에서 친밀공동체의 의의, 「철학사상」 41, pp.348~ 350.

93) 정규호(2012), 한국 도시공동체운동의 전개과정과 협력형 모델의 의미, 「정신문화 연구」 35(2), pp.9~10.

94) 문상호(2014), 환경·사람·공동체…… 행복의 답, 여기 있습니다, 「조선일보」, 6 월 10일자.

95) 우미숙(2014), 「공동체도시」, 한울아카데미.

96) 김수한·최종원(2012), 「평화도시 인천조성을 위한 전략적 과제 및 실천방안」, 인 천발전연구원, p.3.

97) 기획재정부(2012), 국제기구 유치현황과 추가 유치 활성화 방안, 11월 21일 보도 자료.

98) 송향숙(2012), 「여성친화도시 실현을 위한 계획기준 설정에 관한 연구」, 광운대학 교 박사학위논문, p.13.

99) 서울특별시 서초구 여성친화도시 조성에 관한 조례안, 2011년 11월 10일 발의.

100) 정일선 외(2010), 「경북형 여성친화도시 조성을 위한 연구: 경북도청이전 신도시 를 중심으로」, 경북여성정책개발원, pp.11~12.

101) City of Ryde(2008), 「사회 정의 헌장(Social Justice Charter)」, p.1.

102) 박재길(2004), 「도시계획결정과 사회적 정의에 관한 연구」, 국토연구원, p.3.

103) 김경숙(2013), 한국사회를 강타한 '정의란 무엇인가' 신드롬, 「베리타스 알파」, 11

월 14일자.

104) 이삼섭(2014), '안녕들~' 열풍과 '정의란 무엇인가', 「양평시민의 소리」, 1월 9일자.

105) 임재해(2009), 국제화의 민속학적 인식과 생산적 대응의 전망, 국립민속박물관, p.1.

106) 홍석기(2008), 서울, 국제도시에서 세계도시로 도약, 서울경제, 서울연구원, p.24.

107) 허훈(2004), 지방자치단체 국제화의 모델과 실천방향: 포천시를 중심으로, 「한국정책연구」 4(2), p.85.

108) 공현희·이주흥(2012), 개성공단의 국제화 전략: 공간·거버넌스·법제도의 측면에서, 「수은북한경제」 2012년 겨울호, pp.71~72.

109) 오재환 외(2009), 「부산시 국제화 동향 및 발전방향 연구」, 부산발전연구원, pp.12~13.

110) 백범진(2013), 「관광호텔산업에 대한 고찰: 인천광역시의 국제도시 활성화에 따라」, 동국대학교 석사학위논문, p.28.

111) 홍석기(2008), 서울, 국제도시에서 세계도시로 도약, 「서울경제」, p.24.

112) 박미소(2013), 「국제도시 비전에 따른 아트센터 관람객 개발 연구: 인천아트센터를 중심으로」, 경희대학교 석사학위논문, p.27.

113) 박재욱(2011), 국제자유도시의 세계화 발전전략 및 시사점: 싱가포르, 두바이, 상하이, 홍콩, 그리고 제주, 「2011 제주특별자치도의회·한국정치학회 공동 정책세미나 자료집」, p.36.

114) 김부찬(1999), 제주국제자유도시의 의의 및 법 제도적 문제, 「제주발전연구」 3, 제주발전연구원, p.4.

115) 박재욱(2011), 국제자유도시의 세계화 발전전략 및 시사점: 싱가포르, 두바이, 상하이, 홍콩, 그리고 제주, 「2011 제주특별자치도의회·한국정치학회 공동 정책세미나 자료집」, p.36.

116) 조영아 외(2005), 국제회의 도시 육성을 위한 정책적 방향, 「문화관광연구」 7(1), 한국문화관광학회, p.4.

117) 김나은(2006), 국제회의지정도시에 관한 도시: 한국과 일본의 비교분석, 「2006강원 국제관광학술대회자료집」, p.288.

118) 우석봉(2012), 전시·컨벤션, 국제도시 부산의 신성장 엔진, 「BDI 포커스」 135, 부산발전연구원, p.2.

119) 노주섭(2014), 부산, 세계 10대 국제회의 도시 '쾌거', 「파이낸셜뉴스」, 6월 10일자.

120) 김율성(2010), 국제물류도시 부산의 도전과 기회, 「BDI 포커스」 78, 부산발전연구원, p.2.

121) 김율성(2010), 부산신항 배후 국제물류도시 조성 제언, 「BDI 정책 포커스」 54, 부산발전연구원, p.7.

122) 최봉기(2011), 한국 지방자치발전의 저해요인과 개선과제: 중앙과 지방의 관계를 중심으로, 「한국지방자치연구」 13(2), p.119.

123) 김익식(2008), 한국 지방자치의 위기구조(危機構造)와 미래구상, 「한국행정학보」

42(2), pp.5~6.

124) 권태준 외(1987), 「80년대 지역개발시책 평가와 향후 방향정립에 관한 연구」, 국토개발연구원, pp.2~3.

125) 완주군(2009), 「신택리지사업: 지역자산 기초조사를 통한 지역 활성화 방안 연구」, 희망제작소, pp.3~6.

126) 서리인(2012), 지속가능한 도시 활성화를 위한 MICE 산업의 통합적 브랜딩 전략, 「지속가능연구」 3(2), p.88.

127) 이창현(2012), 「경기도 MICE산업 중장기 육성방안」, 한국컨벤션전시산업연구원, p.11.

128) KB금융지구 경영연구소(2013), MICE 산업에 대한 이해, 「KB daily 지식비타민」, p.1.

129) 한세억 외(2013), 「선진 안전도시 관리체계와 부산시 적용 방안 연구」, 부산발전연구원, p.13.

130) 한세억(2013), 지역공동체가 능동적 의지 갖고 도시안전역량 강화를 위해 노력, 「부산발전포럼」 2013년 7, 8월호, 부산발전연구원, p.51.

131) 유병욱(2012), 동일본 대지진 대응체계로 살펴본 우리나라 안전체험시설 설치운영에 관한 연구, 「지방행정 정책연구」 2(1), p.53.

132) 박보현(2014), 세월호 참사, 문제는 여기만이 아니다 안전한 대한민국을 위해, 「일과 건강」, 5월 29일자.

133) 김경환(2014), 세월호 침몰 사고로 본 재난보도의 문제점, 보도량만 많고 정확한 정보는 드물어, 「신문과 방송」, 5월호, p.6.

134) 김은정(2013), 세계 28개국 314개 도시 공인…… 한국도 수원·원주 등 6곳, 「경상일보」, 6월 30일자.

135) 류청로(2013), 부산의 지역 특성을 고려한 도시안전·방재 시스템 필요, 「부산발전포럼」 2013년 7, 8월호, 부산발전연구원, p.5.

136) 강창민(2008), 「안전도시를 위한 통합 재난관리 시스템 구축방안」, 제주발전연구원, p.1.

137) 창원시 재난안전 대책본부 홈페이지 http://bangjae.changwon.go.kr/

138) 강창민(2008), 「안전도시를 위한 통합 재난관리 시스템 구축방안」, 제주발전연구원, p.1.

139) 현종환(2013), 통합적 재난대응을 위한 소방중심의 국제안전도시 모델 구현방안에 관한 연구, 「제25회 국민안전 119소방정책 컨퍼런스 자료집」, p.1.

140) 서울시 송파구 홈페이지 http://www.songpa.go.kr

141) 임창호(2009), 안전도시 네트워크의 효과적인 구축방안에 관한 연구, 「경찰학논총」 4(2), pp.72~73.

142) 양문승·김자은(2010), 안전도시 프로그램의 개선방안에 관한 연구: 경찰의 범죄예방활동을 중심으로, 「경찰학논총」 5(2), pp.72~73.

143) 서울시 송파구 홈페이지 http://www.songpa.go.kr

144) 경기도 수원시 홈페이지 http://safe.homecall.co.kr

145) 한세억(2013), 안전도시의 재난관리체계와 프로그램 비교연구, 「2013 하계학술대회 발표논문집」, pp.362～363.

146) 신상영 외(2011), 「안전한 도시 서울을 만들기 위한 중장기 정책방향」, 서울연구원, p.33.

147) 한세억(2013), 안전도시의 재난관리체계와 프로그램 비교연구, 「2013 하계학술대회 발표논문집」, pp.362～363.

148) 박현영 외(2014), '삼풍' 때도 수많은 사전 징후 '하인리히 경고' 잊지 말자, 「중앙일보」, 5월 7일자.

제4장 창조도시

1) 가나자와 국문 홈페이지 http://www.kanazawa-tourism.com/korean

2) 강형기(2008), 일본 교토시와 가나자와시의 문화산업정책에 관한 비교연구: 전통산업의 보호와 진흥을 중심으로, 「한국정책연구」 8(1), p.50.

3) 박세훈(2005), 빌바오와 가나자와의 도시매력 증진사례, 「해외리포트」 288, p.108.

4) 최은미(2012), 일본 가나자와 시민예술촌과 중국 베이징 따산츠 798 예술구를 통해 본 창조도시 건설의 국내적 함의, 「次世代 人文社會研究」8, p.23.

5) 강형기(2008), 일본 교토시와 가나자와시의 문화산업정책에 관한 비교연구: 전통산업의 보호와 진흥을 중심으로, 「한국정책연구」8(1), pp.52～53.

6) MBC 특집다큐(2006. 04. 09), 창조도시 1부: 소도시 세계중심에 서다.

7) 한국일보문화부(2012), 「소프트시티: 인간·자연·문화가 교감하는 도시의 탄생」, 생각의 나무, p.315.

8) 김후련(2012), 가나자와형 창조도시 발전전략 연구, 「글로벌문화컨텐츠」 8, pp.94～95.

9) 최은미(2012), 일본 가나자와 시민예술촌과 중국 베이징 따산츠 798 예술구를 통해 본 창조도시 건설의 국내적 함의, 「次世代 人文社會研究」 8, p.24.

10) 가나자와 관광 홈페이지 http://www.kanazawa-tourism.com/korean

11) 원도연(2008), 문화도시의 발전과 도시문화에 대한 연구, 「인문콘텐츠」 13, pp.159～160.

12) 한국일보문화부(2012), 「소프트시티: 인간·자연·문화가 교감하는 도시의 탄생」, 생각의 나무, pp.315～317.

13) 가나자와 관광 홈페이지 http://www.kanazawa-tourism.com/korean

14) 김후련(2012), 가나자와형 창조도시 발전전략 연구, 「글로벌문화컨텐츠」 8, pp.94～95.

15) 임영주(2010), 일본 가나자와 '21세기현대미술관'을 가다, 「경향신문」, 7월 20일자.

16) 도시재생네트워크(2009), 「뉴욕 런던 서울의 도시재생 이야기」, 픽셀하우스, p.12.

17) 김인현(2011), 창조도시 요코하마시와 가나자와시의 비교: 창조도시 광주광역시에

의 제언, 「일본문화연구」 39, p.1.

18) 한지형(2007), 파리의 새로운 도시조직구성과 주거블록형태에 관한 연구: 베르시, 톨비악, 마세나 구역을 중심으로, 「대한건축학회논문집」 23(7), pp.171～172.

19) 베르시빌리지 홈페이지 http://www.bercyvillage.com

20) 계기석(2013), 파리 도시공원의 생성과 발전에 관한 연구, 「도시행정학보」 26(4), p.50.

21) 파리정보 홈페이지 http://www.parisinfo.com

22) 베르시빌리지 홈페이지 http://www.bercyvillage.com

23) 정재헌(2002), 도시 맥락적 관점에서 분석한 베르시 지구의 집합주거, 「대한건축학회논문집」 18(9), p.172.

24) 대한국토도시계획학회(2010), 「세계의 도시디자인」, 보성각, p.290.

25) 정재헌(2002), 도시 맥락적 관점에서 분석한 베르시 지구의 집합주거, 「대한건축학회논문집」 18(9), pp.171～172.

26) 파리정보 홈페이지 http://www.parisinfo.com

27) 한지형(2007), 파리의 새로운 도시조직구성과 주거블록형태에 관한 연구: 베르시, 톨비악, 마세나 구역을 중심으로, 「대한건축학회논문집」 23(7), p.82.

제5장 문화도시

1) 국가통계포털 홈페이지 http://kosis.kr

2) 이기철(2002), 베네치아 역사와 축제 문화에 관한 소고, 「EU연구」 10, pp.170～171.

3) 현재열·김나영(2010), 바다위에 도시를 건설하다: 12·13세기 해상도시 베네치아의 성립, 「코기토」 69, pp.280～281.

4) 손세관(2007), 「베네치아: 동서가 공존하는 바다의 도시」, 열화당, p.87.

5) 서원규(2000), 세계의 문화도시순례(4): 아드리아 해의 보석 베네치아, 「도시문제」 35, pp.128～129.

6) 유럽문화정보센터(2003), 「유럽의 축제문화」, 연세대학교출판부, p.171.

7) 최형락 엮음(1999), 「천주교 용어사전」, 도서출판 작은예수, p.269.

8) 유럽문화정보센터(2003), 「유럽의 축제문화」, 연세대학교출판부, p.174.

9) 손세관(2007), 「베네치아: 동서가 공존하는 바다의 도시」, 열화당, pp.171～172.

10) 이기철(2002), 베네치아 역사와 축제 문화에 관한 소고, 「EU연구」 10, pp.176～177.

11) 유럽문화정보센터(2003), 「유럽의 축제문화」, 연세대학교출판부, p.178.

12) 이기철(2002), 베네치아 역사와 축제 문화에 관한 소고, 「EU연구」 10, pp.178～179.

13) 유럽문화정보센터(2003), 「유럽의 축제문화」, 연세대학교출판부, p.180.

14) 울리히 쿤 하인(2001), 「유럽의 축제」, 컬처라인, pp.220~223.

15) 옥토버페스트 영문 홈페이지 http://www.oktoberfest.de/en

16) 옥토버페스트 영문 홈페이지 http://www.oktoberfest.de/en

17) 옥토버페스트 영문 홈페이지 http://www.oktoberfest.de/en

18) 김춘식·남치호(2012), 「세계 축제경영」, 김영사, p.155.

19) 사순옥(2004), 지역축제의 세계화: 뮌헨의 옥토버 페스트, 「카프카연구」 12, pp.92~93.

20) 옥토버페스트 영문 홈페이지 http://www.oktoberfest.de/en

21) 김춘식·남치호(2012), 「세계 축제경영」, 김영사, p.158.

22) 옥토버페스트 영문 홈페이지 http://www.oktoberfest.de/en

23) 이수진(2013), 지역살리기와 축제, 「이슈&진단」 95, 경기개발연구원, p.12.

24) 사순옥(2004), 지역축제의 세계화: 뮌헨의 옥토버 페스트, 「카프카연구」 12, pp.102~103.

25) 사순옥(2004), 지역축제의 세계화: 뮌헨의 옥토버 페스트, 「카프카연구」 12, pp.104~105.

26) 박철·손해식(1998), 지역문화축제에 대한 의례분석적 접근과 관광상품화 전략, 「관광학연구」 22(2), p.43.

제6장 환경도시

1) 조남건(2009), 세계의 도시 134: 기업하기 좋은 국제도시 고텐부르크, 「국토」336, p.62.

2) 조남건(2009), 세계의 도시 134: 기업하기 좋은 국제도시 고텐부르크, 「국토」336, p.63.

3) 장혜진(2008), 착한 도시기행(4): 스웨덴 예테보리, 「세계도시라이브러리」, 6월 1일자.

4) 한국환경기술인연합회(2004), 외국의 환경우수도시(1): 북유럽의 생태도시, 스웨덴 에테보리, 「환경기술인」 21(9), p.23.

5) 한국환경기술인연합회(2004), 외국의 환경우수도시(1): 북유럽의 생태도시, 스웨덴 에테보리, 「환경기술인」 21(9), p.23.

6) 한국환경기술인연합회(2004), 외국의 환경우수도시(1): 북유럽의 생태도시, 스웨덴 에테보리, 「환경기술인」 21(9), p.23.

7) 지식경제부(2009), 한·스웨덴 바이오 가스 협력 협약, 「보도자료」, 2009년 7월.

8) 김형진(2008), 신재생 에너지를 활용한 도시개발, 「도시문제」 479, p.25.

9) 환경부(2008), 「해외 지방자치단체 기후변화 대응 사례집」, 환경부·환경관리공단, p.16.

10) 김수병(2006), 석유 독립, 북유럽에서 희망을 찾다, 「한겨레21」 11월 29일자.

11) 김수병(2006), 석유 독립, 북유럽에서 희망을 찾다, 「한겨레21」 11월 29일자.

12) 김형진(2008), 신재생 에너지를 활용한 도시개발, 「도시문제」 479, p.26.

13) 김수병(2006), 석유 독립, 북유럽에서 희망을 찾다, 「한겨레21」, 11월 29일자.

14) 장혜진(2008), 착한 도시기행(4): 스웨덴 예테보리, 「세계도시라이브러리」, 6월 1일자.

15) 설은영(2009) 거리의 부랑자, 환경 지킴이로 변신, 도시를 걷다, 스웨던 예테보리(3), 「중앙일보 조인스」 1월 12일자.

16) 김형진(2008), 신재생 에너지를 활용한 도시개발, 「도시문제」 479, p.23.

17) 설은영(2009), 거리의 부랑자, 환경 지킴이로 변신, 도시를 걷다, 스웨던 예테보리(3), 「중앙일보 조인스」 1월 12일자.

18) 설은영(2009) 거리의 부랑자, 환경 지킴이로 변신, 도시를 걷다, 스웨던 예테보리(3), 「중앙일보 조인스」 1월 12일자.

19) 김형진(2008), 신재생 에너지를 활용한 도시개발, 「도시문제」 479, p.23.

20) 김형진(2008), 신재생 에너지를 활용한 도시개발, 「도시문제」 479, p.23.

21) 환경부(2008), 「해외 지방자치단체 기후변화 대응 사례집」, 환경부·환경관리공단, p.17.

22) 김형진(2008), 신재생 에너지를 활용한 도시개발, 「도시문제」 479, p.23.

23) 김형진(2008), 신재생 에너지를 활용한 도시개발, 「도시문제」 479, p.23.

24) 선병규(2010), 한국 환경라벨링, 노르딕스완과 손잡다. 북유럽 5개국 환경라벨링제도와 상호인정 협정체결, 「국토일보」 10월 12일자.

25) 강홍민(2009), 한스와 쇠렌의 도시 덴마크 코펜하겐, 「MK뉴스」 8월 18일자.

26) 이석우(2005) 세계의 도시 82: 중세의 미와 현대감각의 조우, 코펜하겐, 「국토」 284, p.79.

27) 경기도시공사 블로그 http://blog.naver.com/gico12

28) 토문엔지니어링 건축사사사무소 블러그 http://tomoon1990

29) 강홍민(2009), 한스와 쇠렌의 도시 덴마크 코펜하겐, 「MK뉴스」 8월 18일자.

30) 최도현(2012), 탄소중립 수도 될 날 머지않았다, 「기후변화행동연구소」 6월 21일자.

31) 환경부(2008), 「해외 지방자치단체 기후변화 대응 사례집」, 환경부·환경관리공단, pp.24~25.

32) 환경부(2008), 「해외 지방자치단체 기후변화 대응 사례집」, 환경부·환경관리공단, pp.24~25.

33) 코트라(2009), 해외주요국 자전거 산업 정책 및 시장 동향 「시장동향」, 코트라.

34) 경기도시공사 블로그 http://blog.naver.com/gico12

35) 코트라(2009), 해외주요국 자전거 산업 정책 및 시장 동향 「시장동향」, 코트라.

36) KISTI(2009), 자전거 제동력으로 전기에너지를 생산하는 바이크 휠 개발, 「미리안 글로벌동향브리핑」 12월 25일자.

37) KIDP(2013), 코펜하겐의 청계천, 렐고스 강 복원 계획, 「해외리포트」 8월 31일자.

38) KIDP(2013), 코펜하겐의 청계천, 렐고스 강 복원 계획, 「해외리포트」 8월 31일자.

39) 국토연구원(2013), 「OECD 한국도시정책보고서」, 번역본, 국토연구원, p.143.

40) 서연미(2012), 해외리포트: 외레순지역의 복합형 도시개발, 말뫼 베스트라 함넨과 코펜하겐 외레스타드, 「국토」364, pp.116~117.

41) 국토연구원(2013), 「OECD 한국도시정책보고서」번역본, 국토연구원, p.4.

제7장 정의도시

1) 이정식(1995), 해외리포트: 몬트리올의 허와 실, 「국토」168, p.106.

2) 정희수(2004), 해외리포트: 몬트리올 광역정부의 성공사례와 시사점, 「국토」268, p.106.

3) 이정식(1995), 해외리포트: 몬트리올의 허와 실, 「국토」168, pp.106~107.

4) 이정식(1995), 해외리포트: 몬트리올의 허와 실, 「국토」168, p.106.

5) 강현수(2009), 도시에 대한 권리 개념 및 관련 실천 운동의 흐름, 「공간과 사회」32, p.52.

6) 강현수(2009), 도시에 대한 권리 개념 및 관련 실천 운동의 흐름, 「공간과 사회」32, p.52.

7) 강현수(2009), 도시에 대한 권리 개념 및 관련 실천 운동의 흐름, 「공간과 사회」32, pp.48~49.

8) 강현수(2009), 도시에 대한 권리 개념 및 관련 실천 운동의 흐름, 「공간과 사회」32, p.56.

9) 목수정(2011), '파리코뮌 140돌'을 맞는 프랑스, 목수정의 파리통신, 「경향신문」 4월 29일자.

10) 목수정(2011), '파리코뮌 140돌'을 맞는 프랑스, 목수정의 파리통신, 「경향신문」 4월 29일자.

11) 목수정(2011), '파리코뮌 140돌'을 맞는 프랑스, 목수정의 파리통신, 「경향신문」 4월 29일자.

12) 강현수(2009), 도시에 대한 권리 개념 및 관련 실천 운동의 흐름, 「공간과 사회」 32, p.63.

13) 강현수·장보혜(2009), 몬트리올 권리와 책임헌장 번역자료집, 미출간자료.

14) 강현수(2009), 도시에 대한 권리 개념 및 관련 실천 운동의 흐름, 「공간과 사회」 32, p.63.

15) 강현수·강보혜(2009), 「몬트리올 권리와 책임헌장 번역자료집」, 미출간자료.

16) 강현수(2009), 도시에 대한 권리 개념 및 관련 실천 운동의 흐름, 「공간과 사회」 32, p.70.

17) 강현수(2009), 도시에 대한 권리 개념 및 관련 실천 운동의 흐름, 「공간과 사회」 32, p.63.

18) 곽노완(2007), 도시 및 공간 정의론의 재구성을 위한 시론: 에드워드 소자의 공간 정의론에 대한 비판적 재구성을 위하여, 『공간과 사회』 49, pp.290-291.

19) 강현수(2009), 도시에 대한 권리 개념 및 관련 실천 운동의 흐름, 「공간과 사회」 32, p.45.

20) 정순원(2011), 「포스트모던 도시 수변재생계획 특성에 관한 연구: 소프트워터프런트의 개념을 중심으로」, 부산대학교 박사학위 논문, pp.155.

21) 류재영(2002), 세계의 도시 50: 작은 어촌 마을에서 세계적인 물류도시로의 도약, 로테르담, 「국토」252, p.73.

22) 채미옥(2014), 이슈와 사람111, 김동호 문화융성위원회 위원장 인터뷰, 「국토」388, p.67.

23) 류재영(2002), 세계의 도시 50: 작은 어촌 마을에서 세계적인 물류도시로의 도약, 로테르담, 「국토」252, p.70.

24) 류재영(2002), 세계의 도시 50: 작은 어촌 마을에서 세계적인 물류도시로의 도약, 로테르담, 「국토」252, p.73.

25) 류재영(2002), 세계의 도시 50: 작은 어촌 마을에서 세계적인 물류도시로의 도약, 로테르담, 「국토」252, p.73.

26) 류재영(2002), 세계의 도시 50: 작은 어촌 마을에서 세계적인 물류도시로의 도약, 로테르담, 「국토」252, p.73.

27) 류재영(2002), 세계의 도시 50: 작은 어촌 마을에서 세계적인 물류도시로의 도약, 로테르담, 「국토」252, p.76.

28) 정강환(2001), 로테르담에서의 두 가지 문화 충격, 「여행신문」 2월 15일자.

29) Berg, M. van den(2012), Feminity As a City Marketing Strategy: Gender Bending Rotterdam. Urban Studies. 49(1) p.156.

30) Berg, M. van den(2012), Feminity As a City Marketing Strategy: Gender Bending Rotterdam. Urban Studies. 49(1) p.160.

31) Berg, M. van den(2012), Feminity As a City Marketing Strategy: Gender Bending Rotterdam. Urban Studies. 49(1) p.160.

32) Berg, M. van den(2012), Feminity As a City Marketing Strategy: Gender Bending Rotterdam. Urban Studies. 49(1) p.160.

33) 한소현(2013), 도심형 공익광장 활성화를 위한 구축방식에 관한 연구, 중앙대학교 대학원 석사학위 논문, p.53.

34) 정순원(2011), 「포스트모던 도시 수변재생계획 특성에 관한 연구: 소프트워터프런트의 개념을 중심으로」, 부산대학교 박사학위 논문, pp.154~162.

35) Berg, M. van den(2012), Feminity As a City Marketing Strategy: Gender Bending Rotterdam. Urban Studies. 49(1) p.164.

36) Berg, M. van den(2012), Feminity As a City Marketing Strategy: Gender

Bending Rotterdam. Urban Studies. 49(1) p.165.

제8장 국제도시

1) 김나래(2007), EU, NATO가 둥지 튼 '유럽의 수도' 브뤼셀, 「국토」, 311, pp.74~79.
2) Lagrou, Evert(2000), Brussels: Five capitals in search of a Place. The citizens, the planners and the functions, *GeoJournal* 51(1), pp.99~112.
3) 임동원(2008), 국제업무단지(International Zone)의 사례연구: 서유럽도시를 중심으로, 「한국도시설계학회지」, 9(4), pp.149~162.
4) 임동원(2008), 국제업무단지(International Zone)의 사례연구: 서유럽도시를 중심으로, 「한국도시설계학회지」, 9(4), pp.149~162.
5) 한경원(2009), 국가도시정책 방향 정립의 필요성, 「도시경쟁력 제고를 위한 국가도시정책방향 토론회 자료집」, pp.1~15.
6) J. V. Beaverstock, R. G. Smith and P. J. Taylor(1999), "A Roster of World Cities," Cities, 16(6), pp.445~458.
7) Elmhorn, C.(1998), "Brussels in the European economic space: the emergence of a world city?". Bevas/Sobeg 1, p.96.
8) 최영종(2007), 벨기에 브뤼셀의 도시발전전략과 서울시에의 시사점, 「서울연구원 정책과제연구보고서」, 180, pp.27~46.
9) Elista Vucheva(2007), "EU Quarter in Brussels set to grow", EU Observer, September 5.
10) 오정은(2012), 유럽통합에서 브뤼셀의 위상, 「통합유럽연구」, 5, pp.49~62.
11) Christian Vandermotten et al.(2007), Impact socio-écomomique de la présense des Institutions de Union Europénne et des Autre Institutions Internationale en Région de Bruxelles. ULB.
12) 오정은(2012), 유럽통합에서 브뤼셀의 위상, 「통합유럽연구」, 5, pp.49~62.
13) Martin Banks(2010), "EU Responsible for Significant Proportion of Brussels Economy," The Parliament Magazine, June 29.
14) Raphael Meulders(2010), "Le Quartier Européen, Ghetto de Cols Blancs ou Chance Unique Pour íEurope?" La Libre Belgique, June 22.
15) 이승환(2007), 도시디자인 정책의 패러다임 연구, 「디지털디자인학 연구」, 7(4), pp.51~70.
16) 유청영(2007),k 해외혁신도시를 찾아서: 영국 도클랜드(Docklands), 「도시문제」, 42(467), pp.69~78.
17) 양도식(2007), 「영국 시재생의 유형별 성공사례 분석」, 서울연구원, p.33.
18) 김명룡(2009), 영국 도클랜드(Docklands)「전북발전포럼」, 12, pp.89~103.
19) 박우룡(2012), 영국 도클랜드(Docklands) 재개발 사업: 대처주의 정책의 또 다른

실패?, 「도시연구: 역사・사회・문화」, 7, pp.107~143.

20) 최근희(2008), 서울시의 청계천복원정책과 영국 런던 도클랜드 재개발정책에 관한 비교, 「도시행정학보」, 21(3), pp.291~313.

21) 국토교통부 공공기관이전추진단 홈페이지(http://innocity.mltm.go.kr)

22) 미래한국재단(2007), England of Docklands: 해외사례「지방자치」, 222, pp.46~49.

23) 김정욱・김종수(2011), 런던 도클랜드 Royal Docks 재개발 사업의 도시유형론적 분석, 「정책개발연구」, 11(2), 29~48.

24) 이동훈・이성창(2010)「도시재생사업의 공공성 확보를 위한 공적 기관의 역할에 관한 연구」, 서울연구원.

25) 김현아(2007), 「대규모 개발사업에 대한 민간역할 확대 방안」, 한국건설산업연구원.

26) 이금진(2012), 공공공간을 고려한 수변공동주택 계획 방향: 런던 도클랜드 사례를 중심으로, 「한국도시설계학회지」, 13(2), pp.5~18.

27) Gordon, David, L. A.(2001), The Resurrection of Cannary Wharf, Planning Theory & Practice. 2(2), pp.149~169.

28) 김기호・김대성(2002), 대규모 도시개발사업의 전략과 기법에 관한 연구: 뉴욕 배터리 파크 시티와 런던 도클랜드 개발 사례를 중심으로, 「대한건축학회논문집」, 18(10), pp.155~164.

제9장 안전도시

1) 댈러스 경제발전 홈페이지 http://www.dallas-ecodev.org

2) 유재윤, (2000), 풍요와 번영의 도시: 댈러스, 「국토」, 225, pp.82~87.

3) 세계보건기구 홈페이지 http://www.who.int

4) 강창민(2008). 「안전도시를 위한 통합 재난관리 시스템 구축방안」, 제주발전연구원.

5) 심우배(2005), 미국의 방재조직 및 재난관리, 「국토」, 285, pp.121~129.

6) 국립방재연구소(2003), 「2002년 재해백서」, 국립방재연구소.

7) 심우배(2005), 미국의 방재조직 및 재난관리, 「국토」, 285, pp.121~129.

8) 채경석(2004), 「위기관리정책론」, 대왕사.

9) 최호택・류상일(2006), 효율적 재난 대응을 위한 지방정부 역할 개선방안: 미국, 일본과의 비교를 중심으로, 「한국콘텐츠학회논문지」, 6(12), pp.235~243.

10) 댈러스손상예방센터 홈페이지 http://www.injurypreventioncenter.org

11) 현종환・오정보・양영석・최성철・양용석・박승일(2012), 통합적 재난대응을 위한 소방중심의 국제안전도시 모델 구현방안에 관한 연구, 「제25회 국민안전 119소방정책 컨퍼런스 자료집」, pp.1~15.

12) 한세억(2013). 안전도시의 재난관리체계와 프로그램 비교연구. 「한국지방정부학회

2013 하계학술대회 발표논문집」, pp.345~363.

13) 토론토시 홈페이지 http://www.toronto.ca

14) 최한영(2012), 길 따라 만드는 세상 아름다운 건축미학이 마들어내 도시, 토론토, 「도시문제」, 47(521), pp.44~49.

15) 변미리·김문현(2008), 「세계 대도시 비교연구 Ⅱ 12개 주요 대도시 통계 현황」, 서울연구원.

16) 안전행정부. (2007), 「선진 국가기반체계보호를 위한 국외연수 결과보고서」.

17) 캐나다 공공안전 홈페이지 http://www.publicsafety.gc.ca

18) 캐나다 재무위원회 사무국 홈페이지 http://www.tbs-sct.gc.ca

19) 임재문(2010), 「민간 재난관리 역량강화를 위한 지방자치단체의 지원 방안에 관한 연구: 안산시 지역자율방재단 운영사례를 중심으로」, 석사학위논문 한양대학교 행정·자치대학원, p.23.

20) 한세억(2013) 안전도시의 재난관리체계와 프로그램 연구. 「한국지방정부학회 2013 하계학술대회 발표논문집」, pp.345~363.

21) 정지범·김은성(2009), 「국외출장보고서-캐나다」, 한국행정연구원.

22) 캐나다 사회보장 기구 홈페이지http://www.wsib.on.ca

23) 캐나다 보건부 홈페이지 http://www.hc-sc.gc.ca

24) 앨버나 응급 관리국 홈페이지 http://www.aema.alberta.ca

제10장 한국의 세계도시 추진현황

1) 임상오·신두섭·오남숙(2013), 창조도시의 모범 사례와 정책과제: 한국의 창조지역사업을 중심으로, 「문화경제연구」 16(3), pp.3~4.

2) 이용숙·황은정(2014), 정책이동과 창조도시 정책: 서울과 싱가포르 창조도시 프로그램 비교, 「한국정책학회보」23(1), pp.33~35.

3) 강병수(2008), 창조산업과 창조도시 전략, 「월간 자치발전」14(12), 한국자치발전연구원, pp.20~22.

4) 오민근·정현일(2008), 창조도시와 창조산업의 특징 및 시사점, 「너울」 208, 한국문화관광연구원, pp.78~79.

5) 전병태(2008), 「유네스코 창조도시 네트워크 가입지원 연구」, 한국문화관광연구원, pp.23~24.

6) 엄상근(2012), 「제주도의 유네스코 창조도시 추진 전략」, 제주발전연구원, pp.16~19.

7) 유네스코 홈페이지 http://www.unesco.org

8) 라도삼(2008), 서울시의 창의문화도시 계획, 「서울경제」 pp.28~33.

9) 오재환·이정헌·최도석·박상필·유정우·한승욱·구자균(2011), 「창조도시 부산 전략과 과제」, 부산발전연구원, pp.9~10.

10) 오재환·이정헌·최도석·박상필·유정우·한승욱·구자균(2011), 「창조도시 부산 전략과 과제」, 부산발전연구원, pp.19~20.

11) 한남희(2008), 창조도시 대전 밑그림 나왔다, 「충청투데이」2008년 5월 7일자 기사 (2014년 6월 20일 기사 검색).

12) 오재환·이정헌·최도석·박상필·유정우·한승욱·구자균(2011), 창조도시 부산 전략과 과제, 「부산발전연구원」, pp.20~21

13) 정세길(2013), 문화도시·문화마을 전략과 전북의 대응, 「Issue Briefing」103, p.4.

14) 주덕(2005), 「문화도시 부산을 위한 전략과 정책방향 연구」, 부산발전연구원, pp.5 ~7.

15) 조광호(2013), 문화도시 문화마을선정 및 지원방안 연구, 「문화도시 문화마을 심포지엄 자료집」, pp.16~18.

16) 최종철(2014), 지역문화진흥법 시행과 관련한 문화도시·문화마을 조성, 「건축과 도시공간」14, pp.92~93.

17) 조광호(2013), 문화도시 문화마을선정 및 지원방안 연구, 「문화도시 문화마을 심포지엄 자료집」, pp.23~25.

18) 류정아(2012), 「지역문화 정책 분석 및 발전 방안」, 한국관광문화진흥원, pp.9~19.

19) 윤지영·오재환(2013), 「커뮤니티디자인을 통한 마을문화 활성화 방」안, 부산발전연구원, p.50.

20) 류정아(2012), 「지역문화 정책 분석 및 발전 방안」, 한국관광문화진흥원, p.54

21) 윤지영·오재환(2013), 「커뮤니티디자인을 통한 마을문화 활성화 방안」, 부산발전연구원, p.50.

22) 홍철(2010), 「대구경북 중장기 발전 계획: 도시분야」, 대구경북연구원, pp.6~7.

23) 민말순(2008), 「경남의 문화도시 육성방안」, 경남발전연구원, pp.21~22.

24) 김운수 외(2012), 「세계 기후환경수도 서울의 비전 수립 및 특화전략 제안 연구」, 서울연구원, pp.3~4.

25) 환경부(2013), 「2013 환경백서」, p.25.

26) 최희선(2013), 「2013 국토환경정책포럼」, 환경부, p.3.

27) 환경부(2013), 「2013 환경백서」, pp.370~375.

28) 박주영(2014), 지방 강소도시 국내 넘어 세계도시 창원, 「조선일보」, 1월 17일자.

29) 강지우(2012), '창원공단'에서 '환경수도 창원'으로 간판을 갈다, 「한대신문」, 10월 6일자.

30) 장대익(2010), 경남 창원시, UNEP 공인 '살기 좋은 도시賞' 은상 수상, 「한국아파트신문」, 11월 17일자.

31) 최병훈(2009), 지구 온난화 방지를 위한 기후변화 대응 시범도시 "여수", 「YNCC LIFE」, 13 p.13.

32) 허태욱(2012), 수원시 환경수도(저탄소녹색도시)로의 전환과 환경 거버넌스, 「아세아연구」55(1), p.75.

33) 김숙희·이승규(2014), 생태교통 수원 2013-교통변화 분석, 「교통 기술과 정책」 11(1), pp.54~55.

34) 한국환경공단 홈페이지 http://keco.tistory.com/

35) 신익희(2013), 고창군 국내 첫 생태환경도시로 탈바꿈, 「새만금일보」, 6월 12일자.

36) 강현수(2012), 도시 연구에서 정의와 권리 담론의 의미와 과제, 「공간과 사회」35, pp.5~6.

37) 강현수(2012), 도시 연구에서 정의와 권리 담론의 의미와 과제, 「공간과 사회」35, pp.5~6.

38) 봉귀숙(2014), 익산시 여성친화도시 정책의 현황과 성격에 대한 비판적 연구, 성공회대 NGO대학원 석사학위논문, p.15.

39) 봉귀숙(2014), 익산시 여성친화도시 정책의 현황과 성격에 대한 비판적 연구, 성공회대 NGO대학원 석사학위논문, p.15.

40) 박휘철(2014), 세계적인 민주·인권·평화도시로 자리매김, 「엔디엔뉴스」, 6월 17일자.

41) 노해섭(2014) 광주시 인권도시 비전 증진에 주도적 역할 인정받아, 「아시아경제」, 5월 18일자.

42) 이정현(2014), 서울시민 인권헌장 시민 150명이 직접 만든다, 「연합뉴스」6월 15일자.

43) 이현재(2010), 여성주의적 도시권을 위한 시론: 차이의 권리에서 연대의 권리로, 「공간과 사회」43, pp.5~32.

44) 봉귀숙(2014), 익산시 여성친화도시 정책의 현황과 성격에 대한 비판적 연구, 성공회대 NGO대학원 석사학위논문, pp.15~30.

45) 홍정표(2014), 대한민국 최고 인권도시 만들 것, 「경인일보」 7월 1일자.

46) 봉귀숙(2014), 익산시 여성친화도시 정책의 현황과 성격에 대한 비판적 연구, 성공회대 NGO대학원 석사학위논문, pp.15~30.

47) 이새롬·김경배(2010), 송도 국제도시 워터프론트 디자인 실태분석 및 발정 방향 연구-11공구 디자인 실험을 중심으로, 「한국도시설계학회지」, 11(4), pp.23~40.

48) 오승호·박석훈(2011), 특화공간 조성을 위한 공공시설물 디자인 개발에 관한 연구: 송도 사례를 중심으로, 「디지털디자인학연구」, 11(2), pp.117~126.

49) 김경근(2010), 송도국제도시의 친환경 설계, 「설비건설」, pp.47~50.

50) 이지연·김인규(2014), 송도국제도시, 비상을 향한 힘찬 날개짓, 「도시문제」, 49(542), pp.41~47.

51) 이준엽·최광한(2011), 지역주민 의식에 기초한 문화예술도시 구축방안: 2012 세계엑스포 개최지인 여수를 중심으로, 「한국콘텐츠학회논문지」, 11(6), pp.449~458.

52) 최창호(2013), 2012 여수세계박람회 준비의 실효성 평가: 교통대책을 중심으로, 「한국관광경제학회지」, 29(1), pp.99~122.

53) 김재호(2012), 2012 여수세계박람회 사후 활용방안, 「한국관광정책」, 48, pp.8~16.

54) 김길성(2013), 메가 이벤트의 지역이미지 개선 효과와 도시브랜드 전략: 여수세계

박람회를 중심으로, 「국제지역연구」, 17(2), pp.143~161.

55) 제주특별자치도(2006), 「제주국제자유도시종합계획 보완계획」, 제주특별차지도.

56) 고승한(2011), 제주국제자유도시 활성화를 위한 사회통합과 문화경쟁력: 제주국제 자유도시의 사회통합을 위한 사회복지 과제, 「제주학회 학술발표논문집」, pp.81~95.

57) 지관훈(2013), 제주국제자유도시의 추진성과, 「부동산분석학회 학술발표논문집」, pp.1~26.

58) 정수연(2013), 제주국제자유도시 투자유치제도의 발전방향, 「부동산분석학회 학술 발표논문집」, pp.28~65.

59) 한국은행 제주본부(2013), 「제주국제자유도시 추진성과 평가 및 향후 과제」.

60) 과천시(2012), 「국제안전도시사업」, 과천시, pp.3~5.

61) 행정안전부(2010), 「안전도시 시범사업 우수사례」, pp.1~2.

62) 과천시(2012), 국제안전도시사업, p.12.

63) 지역사회안전증진 연구소 홈페이지(http://www.safeasia.re.kr)

64) 한세억(2013), 「선진 안전도시 관리체계와 부산시 적용 방안 연구」, 부산발전연구 원, pp.74~75.

65) 조한숙(2012), 「안전도시구축 및 발전방안에 관한 연구: 삼척시 안전도시 구축을 중심으로」, 강원대학교 석사학위 논문, p.48.

66) 한세억(2013), 「선진 안전도시 관리체계와 부산시 적용 방안 연구」, 부산발전연구 원, pp.78~81.

제11장 한국의 세계도시 발전방향

1) 송재용(2013), 저성장 시대, 새로운 경영전략이 필요하다, 「KERI 칼럼」, 현대경제 연구원, p.1.

2) 성지은·박인용(2013), 저성장에 대응하는 주요국의 혁신정책 변화 분석, 「Issues & Policy」, 68, p.5.

3) 정유진(2014), 아시아, 만성적 저성장 시대로, 「경향신문」, 5월 13일자.

4) 이상대(2013), 도시 혁신의 길을 가다, 「이슈 & 진단」 110, p.2.

참고문헌

강병수(2008), 창조산업과 창조도시 전략,『월간 자치발전』14(12), 한국자치발전연구원, pp.17~24.

강병수·양광식(2011), 미국의 스마트성장을 위한 개발사업평가에 관한 연구,「도시행정학보」24(3), pp.173~192.

강인호 외(2013), 도시발전을 위한 창조도시 발전전략 접근의 유용성,「한국거버넌스학회보」20(2), pp.195~216.

강창민(2008),「안전도시를 위한 통합 재난관리 시스템 구축방안」, 제주발전연구원.

강현수(2009), 도시에 대한 권리 개념 및 관련 실천 운동의 흐름,『공간과 사회』32, pp.48~90.

강현수(2011), 도시 연구에서 정의와 권리 담론의 의미와 과제,『공간과 사회』21(1), p.5~41.

강현수(2011), 도시의 주인은 누구인가?「2011 인권조례 정책워크숍자료집」.

강현수(2011), 주민의 인권과 권리를 보장하는 도시 만들기,「인권도시 성북 추진을 위한 방향과 과제: 제1회 인권도시 성북 추진위원회 워크숍 자료집」.

강현수·장보혜(2009), 몬트리올 권리와 책임헌장 번역자료집, 미출간자료.

강형기(2008), 일본 교토시와 가나자와시의 문화산업정책에 관한 비교연구: 전통산업의 보호와 진흥을 중심으로,『한국정책연구』8(1), pp.37~62.

강혜규·최현수·엄기욱·안혜영·김보영(2006),『지방화시대의 중앙·지방간 사회복지 역할분담 방안』, 한국보건사회연구원.

강홍민(2009), 한스와 쇠렌의 도시 덴마크 코펜하겐,『MK뉴스』8월 18일자.

계기석(2013), 파리 도시공원의 생성과 발전에 관한 연구,『도시행정학보』26(4), pp.33~57.

고승한(2011), 제주국제자유도시 활성화를 위한 사회통합과 문화경쟁력: 제주국제자유도시의 사회통합을 위한 사회복지 과제,『제주학회 학술발표논문집』, pp.81~95.

고일홍 외(2014),『사상가들 도시와 문명을 말하다』, 한길사.

고재경(2014), 뜨거워지는 여름, 시원한 도시 만들기,「이슈와 진단」147, 경기개발연구원.

공현희·이주홍(2012), 개성공단의 국제화 전략: 공간·거버넌스·법제도의 측면에서, 「수은북한경제」 2012년 겨울호, pp.69~121.

과천시(2012), 『국제안전도시사업』, 과천시.

곽근재(1998), 지역주의와 다자주의와의 관계, 「산업경제」 8, pp.1~18.

곽노완(2007), 도시 및 공간 정의론의 재구성을 위한 시론: 에드워드 소자의 공간정의론에 대한 비판적 재구성을 위하여, 「공간과 사회」 49, pp.289~310.

구운모(2013), 『우리나라 창조산업의 핵심창조인력 육성 방안』, 문화관광체육부.

국립방재연구소(2003), 『2002년 재해백서』, 국립방재연구소.

국토연구원 도시재생지원사업단(2011), 살고 싶은 도시만들기: 시범도시 사업의 성과와 과제.

국토연구원(2013), 『OECD 한국도시정책보고서』 번역본, pp.4~143.

국토해양부(2008), 『도시계획개론』, 국토해양인재개발원.

권용우 외(2012), 『도시의 이해 제4판』, 박영사.

권태준 외(1987), 「80년대 지역개발시책 평가와 향후 방향정립에 관한 연구」, 국토개발연구원.

기획재정부(2012), 국제기구 유치현황과 추가 유치 활성화 방안, 11월 21일 보도자료.

김경근(2010), 송도국제도시의 친환경 설계, 「설비건설」, pp.47~50.

김경숙(2013), 한국사회를 강타한 '정의란 무엇인가' 신드롬, 「베리타스 알파」, 11월 14일자.

김경환(2014), 세월호 침몰 사고로 본 재난보도의 문제점, 보도량만 많고 정확한 정보는 드물어, 「신문과 방송」, 5월호.

김기호·김대성(2002), 대규모 도시개발사업의 전략과 기법에 관한 연구: 뉴욕 배터리 파크 시티와 런던 도클랜드 개발 사례를 중심으로, 「대한건축학회논문집」, 18(10), pp.155~164.

김길성(2013), 메가 이벤트의 지역이미지 개선 효과와 도시브랜드 전략: 여수세계박람회를 중심으로, 「국제지역연구」, 17(2), pp.143~161.

김나래(2007), EU, NATO가 둥지 튼 '유럽의 수도' 브뤼셀, 「국토」, 311, pp.74~79.

김나은(2006), 국제회의지정도시에 관한 도시: 한국과 일본의 비교분석, 「2006 강원 국제관광학술대회자료집」.

김도희(2012), 울산광역시 남구의 문화도시정책 추진성과의 정책적 함의: 남구의 문화도시정책 사례분석을 중심으로, 「지방정부연구」 16(3), pp.7~29.

김명룡(2009), 영국 도클랜드(Docklands), 『전북발전포럼』, 12, pp.89~103.

김묘정(2012), '살고싶은 도시만들기' 시범사업의 지속가능성 실천항목 적용여부 비교: 시범사업의 선정시기, 사업대상, 사업규모를 중심으로, 「대한건축학회 논문집 계획계」 28(4), pp.179~188.

김미경(2011), 세계화와 교육, 『대구사학』 105, pp.1~37.

김미선(2012), 제19회 광주세계김치문화축제의 성공을 기원하며, 광주인포메이션 9월 27일자

김미영·전상인(2014), 오감(五感) 도시를 위한 연구방법론으로서 걷기, 「국토계획」 49(2), pp.1~21.

김민석 외(2012), 창조도시 개념을 통한 지방도시의 원도심 활성화 방안에 관한 연구: 안양시 원도심 중심으로, 「DID 논문집」 11(4), pp.53~66.

김병갑(2011), 농업혁명을 이끈 농기계: 농기계의 과거에서 미래까지, 『RDA Interrobang』 46, 농촌진흥청.

김병규(1994), 서양의 정의론과 동양의 정의론, 「석당논총」 20, pp.281~308.

김부찬(1999), 제주국제자유도시의 의의 및 법 제도적 문제, 「제주발전연구」 3, pp.1~40.

김수병(2006), 석유 독립, 북유럽에서 희망을 찾다, 『한겨레21』 11월 29일자.

김수한·최종원(2012), 「평화도시 인천조성을 위한 전략적 과제 및 실천방안」, 인천발전연구원.

김영기·한선(2007), 문화도시 만들기에 대한 인식유형 연구, 「언론과학연구」 7(3), pp.39~80.

김용창(2011), 새로운 도시발전 패러다임 특징과 성장편익 공유형 도시발전 전략의 구성, 『공간과 사회』 21(1), pp.105~151.

김율성(2010), 국제물류도시 부산의 도전과 기회, 「BDI 포커스」 제78호, 부산발전연구원.

김율성(2010), 부산신항 배후 국제물류도시 조성 제언, 「BDI 정책 포커스」 54, 부산발전연구원.

김은정(2013), 세계 28개국 314개 도시 공인…… 한국도 수원·원주 등 6곳, 「경상일보」, 6월 30일자.

김익식(2008), 한국 지방자치의 위기구조(危機構造)와 미래구상, 「한국행정학보」 42(2), pp.5~30.

김인현(2011), 창조도시 요코하마시와 가나자와시의 비교: 창조도시 광주광역시에의 제언, 『일본문화연구』 39, pp.125~141.

김장호·주기중(2013), 기업가정신이 혁신역량 및 혁신성과에 미치는 영향,

『한국경영공학회지』18(2), pp.1~14.

김재호(2012), 2012 여수세계박람회 사후 활용방안, 『한국관광정책』, 48, pp.8~16.

김정곤(2010), 「저탄소 녹색도시 모델개발 및 시범도시 구상」, LH토지주택연구원.

김정욱·김종수(2011), 런던 도클랜드 Royal Docks 재개발 사업의 도시유형론적 분석, 『정책개발연구』, 11(2), 29~48.

김제선(2014), '공유' 새로운 도시 패러다임, 『굿모닝충청』, 1월 12일자.

김주미·박재필(2011), 『국제간 비교 연구를 통한 기업가정신 지수 표준 모델 정립에 관한 연구』, 중소기업연구원.

김주현(2010), 「커뮤니티 활성화를 위한 도시마을 공간 디자인 방안 연구」, 경북대학교 박사학위논문.

김지은(2014), "기후변화로 건강 가장 나빠지는 대도시는 부산", 『뉴시스』, 6월 25일자.

김진아(2013), 「공동체주의 정의론의 관점에서 본 마을만들기 사례 비교·분석」, 서울시립대 박사학위논문.

김춘식·남치호(2012), 『세계 축제경영』, 김영사.

김태경·정진규(2010), New Urbanism의 인간중심적 계획이념에 관한 연구, 『GRI논총』 12(1), pp.135~154.

김현아(2007), 『대규모 개발사업에 대한 민간역할 확대 방안』, 한국건설산업연구원.

김형진(2008), 신재생 에너지를 활용한 도시개발, 『도시문제』 479, pp.25~26.

김효정(2004), 「문화도시 육성방안 연구」, 한국문화관광정책연구원.

김후련(2012), 가나자와형 창조도시 발전전략 연구, 『글로벌문화컨텐츠』 8, pp.81~108.

김흥순(2007), 뉴어바니즘의 국내 적용 가능성 분석: 수도권 주민에 대한 설문조사를 중심으로, 『국토연구』 55, pp.155~178.

남영우(2006), 『글로벌시대의 세계도시론』, 법문사.

남영우·서태열(2002), 『세계화시대의 도시와 국토』, 법문사.

남영우·이희연·최재현(2000), 『경제·금융·도시의 세계화』, 다락방.

남형우(2008), 도시의 역사와 형성 요인, 『살고 싶은 도시만들기 권역별 도시대학자료집』, 대한주택공사, 국토해양부.

노주섭(2014), 부산, 세계 10대 국제회의 도시 '쾌거', 『파이낸셜뉴스』, 6월 10일자.

노춘희・강현철(2013),『신도시학개론』, 형설출판사.

대한국토도시계획학회(2008),『도시개발론』, 보성각.

대한국토도시계획학회(2010),『세계의 도시디자인』, 보성각.

도시재생네트워크(2009),『뉴욕 런던 서울의 도시재생 이야기』, 픽셀하우스.

라도삼(2002),「문화도시 서울을 위한 문화공간 기획에 관한 연구」, 서울시정
　　개발연구원.

라도삼(2006), 문화도시의 요건과 의미, 필요조건,「도시문제」41(446), pp.11~25.

라도삼(2008), 서울시의 창의문화도시 계획,『서울경제』, pp.23~38.

라도삼(2014), 문화를 통한 도시경쟁력 강화방안,「국토」2014년 2월호, 국토
　　연구원.

롤런드 로버트슨 외, 윤민재 편(2000),『근대성・탈근대성 그리고 세계화』, 사
　　회문화연구소.

류수익(1995), 세계화를 지향하는 국토개발의 철학,『국토정보』160, 국토연구
　　원, pp.5~10.

류재영(2002), 세계의 도시 50: 작은 어촌 마을에서 세계적인 물류도시로의 도
　　약, 로테르담,『국토』252, pp.70~76.

류정아(2012),『지역문화 정책 분석 및 발전 방안』, 한국관광문화진흥원.

류청로(2013), 부산의 지역 특성을 고려한 도시안전・방재 시스템 필요,「부산
　　발전포럼」2013년 7, 8월호, 부산발전연구원.

말순(2008),『경남의 문화도시 육성방안』, 경남발전연구원.

목수정(2011), '파리코뮌 140돌'을 맞는 프랑스, 목수정의 파리통신,『경향신문』
　　4월 29일자.

문경원・김홍태(2013), 창조도시와 도시재생: 대전광역시 중앙로 르네상스 프
　　로젝트 정책을 중심으로,「20주년 기념 학술대회 자료집」.

문미성(2013), 창조경제와 경기도 정책방향,「GRI 정책제안」, 경기개발연구원.

문미성(2013), 창조경제와 경기도 정책방향,「gri정책제안」, 경기개발연구원.

문미성・김태경(2013), 창조경제와 지역의 실천과제,「이슈와 진단」99, 경기
　　개발연구원.

문상호(2014), "환경・사람・공동체…… 행복의 답, 여기 있습니다",「조선일
　　보」, 6월 10일자.

문화체육관광부(2014), 2013년 한국 국제회의 개최 순위 세계 3위 달성, 6월 5
　　일 보도자료.

미래한국재단(2007), England of Docklands: 해외사례『지방자치』, 222, pp.46~49.

미즈오카 후지오(2002), 이동민 역(2013),『세계화와 로컬리티의 경제와 사회』,

논형.

민말순(2008), 「경남의 문화도시 육성방안」, 경남발전연구원.

박경원(1996), 세계화와 세계도시: 하나의 지역개발전략 모색, 『현대사회와 행정』 6, pp.159~180.

박광국·채경진(2010), 도시경쟁력 제고를 위한 문화도시 구축방안에 관한 연구, 「정책분석평가학회보」 20(1), pp.1~22.

박미소(2013), 「국제도시 비전에 따른 아트센터 관람객 개발 연구: 인천아트센터를 중심으로」, 경희대학교 석사학위논문.

박번순·전영재(2001), 『세계화와 지역화』, 삼성경제연구소.

박보현(2014), 세월호 참사, 문제는 여기만이 아니다 안전한 대한민국을 위해, 「일과 건강」, 5월 29일자.

박세훈(2005), 빌바오와 가나자와의 도시매력 증진사례, 『해외리포트』 288.

박양우(2013), 「문화융성시대 국가정책의 방향과 과제」, 한국문화관광연구원.

박우룡(2012), 영국 도클랜드(Docklands) 재개발 사업: 대처주의 정책의 또 다른 실패?, 『도시연구: 역사·사회·문화』 7, pp.107~143.

박은실(2005), 도시재생과 문화정책의 전개와 방향, 「문화정책논총 」 17(1), pp.11~39.

박재길(2004), 「도시계획결정과 사회적 정의에 관한 연구」, 국토연구원.

박재욱(2011), 국제자유도시의 세계화 발전전략 및 시사점: 싱가포르, 두바이, 상하이, 홍콩, 그리고 제주, 「2011 제주특별자치도의회·한국정치학회 공동 정책세미나 자료집」.

박종신(1997), 『세계화와 국제무역』, 동성사.

박지현(2009), 『세계도시 다양성과 도시성장에 관한 연구』, 이화여자대학교 석사학위논문.

박창석(2008), 「도시환경개선사업 환경성 진단평가 연구: 광역재정비 등 도시재생사업을 중심으로」, 환경부.

박철·손해식(1998), 지역문화축제에 대한 의례분석적 접근과 관광상품화 전략, 『관광학연구』 22(2), pp.43~49

박현영 외(2014), '삼풍' 때도 수많은 사전 징후 '하인리히 경고' 잊지 말자, 「중앙일보」, 5월 7일자.

백기영·임양빈·오덕성(2002), 「국내 도심공동화 현황 및 도심재생 실태분석」, 대한국토·도시계획학회 2002년 추계학술대회.

백범진(2013), 「관광호텔산업에 대한 고찰: 인천광역시의 국제도시 활성화에 따라」, 동국대학교 석사학위논문.

변미리 · 김문현(2008),『세계 대도시 비교연구 II 12개 주요 대도시 통계 현황』, 서울연구원.

부산시(2014), 2014년도 국제안전도시 사업 본격 추진, 보도자료.

사사키 마사유키(2009), 정원창 역『창조하는 도시』, 도서출판 소화.

사순옥(2004), 지역축제의 세계화: 뮌헨의 옥토버 페스트,『카프카연구』12, pp.91~110.

산업통상자원부(2013),「2012 스마트그리드 연차보고서」, 한국스마트그리드사업단.

서리인(2012), 지속가능한 도시 활성화를 위한 MICE 산업의 통합적 브랜딩 전략,『지속가능연구』3(2), pp.89~109.

서연미(2012), 해외리포트: 외레순지역의 복합형 도시개발, 말뫼 베스트라 함넨과 코펜하겐 외레스타드,『국토』364, pp.112~119.

서울특별시 서초구 여성친화도시 조성에 관한 조례안, 2011년 11월 10일 발의.

서원규(2000), 세계의 문화도시순례(4): 아드리아 해의 보석 베네치아,『도시문제』35, pp.125~134.

서준교(2006), 문화도시전략을 통한 도시재생의 순환체계 확립에 관한 연구: Glasgow의 문화도시전략을 중심으로,『한국거버넌스학회보』13(1), pp.197~221.

선병규(2010), 한국 환경라벨링, 노르딕스완과 손잡다, 북유럽 5개국 환경라벨링제도와 상호인정 협정체결,『국토일보』10월 12일자.

설은영(2009), 거리의 부랑자, 환경 지킴이로 변신, 도시를 걷다, 스웨덴 예테보리(3),『중앙일보 조인스』1월 12일자.

성장환 외(2009),『도시, 인간과공간의커뮤니케이션』, 커뮤니케이션북스.

손세관(2007),『베네치아: 동서가 공존하는 바다의 도시』, 열화당.

송광호(2009),『수변공간을 중심으로 국토 재창조』, 대한민국국회, p.15.

송창용 · 성양경(2009), 지역 활성화를 통한 일자리 창출,「THE HRD REVIEW」, 한국직업능력개발원.

송향숙(2012),「여성친화도시 실현을 위한 계획기준 설정에 관한 연구」, 광운대학교 박사학위논문.

스탠리 브룬 외(2013),『세계의 도시』, 푸른길.

신무호(2004), 도시정책의 분류,『교수논총』3, 인천대학교 인천학연구원, pp.217~238.

신상영 외(2011),「안전한 도시 서울을 만들기 위한 중장기 정책방향」, 서울연구원.

신현중(1998), 세계화의 본질과 특징, 『산경연구』 6, pp.45~72.

심우배(2005), 미국의 방재조직 및 재난관리, 『국토』, 285, pp.121~129.

안균오(2011), 「사회정의론의 정책규범을 활용한 도시재정비사업 평가와 정책 대안 연구」, 세종대학교 박사학위논문.

안전행정부(2007), 「선진 국가기반체계보호를 위한 국외연수 결과보고서」.

양도식(2007), 『영국 시재생의 유형별 성공사례 분석』, 서울연구원, p.33.

양문승·김자은(2010), 안전도시 프로그램의 개선방안에 관한 연구: 경찰의 범죄예방활동을 중심으로, 『경찰학논총』 5(2), pp.261~296.

양병이(1997), 도시경쟁력과 도시 삶의 질, 「도시문제」 32(347), pp.44~53.

엄상근(2012), 『제주도의 유네스코 창조도시 추진 전략』, 제주발전연구원.

오동훈(2014), 문화요소가 도시발전에 기여한 해외 도시사례, 「국토」, pp.54~61.

오민근(2004), 경관에 의한 자주적 지역활성화: 일본 山形金山町경관 마찌즈쿠리(まちづくり)를 사례로, 『문화정책논총』 16, pp.217~242.

오민근·정현일(2008), 창조도시와 창조산업의 특징 및 시사점, 『너울』 208, 한국문화관광연구원, pp.78~81.

오승호·박석훈(2011), 특화공간 조성을 위한 공공시설물 디자인 개발에 관한 연구: 송도 사례를 중심으로, 『디지털디자인학연구』, 11(2), pp.117~126.

오재환 외(2009), 「부산시 국제화 동향 및 발전방향 연구」, 부산발전연구원.

오재환·이정헌·최도석·박상필·유정우·한승욱·구자균(2011), 『창조도시 부산 전략과 과제』, 부산발전연구원.

오정은(2012), 유럽통합에서 브뤼셀의 위상, 『통합유럽연구』, 5, pp.49~62.

완주군(2009), 「신택리지사업: 지역자산 기초조사를 통한 지역 활성화 방안 연구」, 희망제작소.

왕광익 외(2010), 기후변화에 대응한 지속가능한 국토관리전략3: 지역특성별 실천계획 수립 및 제도 개선방안, 국토연구원.

외교통상부(2012), 「Compact City 전략의 주요내용 및 시사점」.

우미숙(2014), 『공동체도시』, 한울아카데미.

우석봉(2012), 전시·컨벤션, 국제도시 부산의 신성장 엔진, 「BDI 포커스」 135, 부산발전연구원.

우양호(2009), 우리나라 해항도시의 역사적 성장(1980~2008), 『한국행정학회 2009년도 공동학술대회 자료집』 조정제·김영표(1989), 우리나라 도시발전단계와 산업기여분석, 「국토연구」, 11, pp.1~13.

울리히 쿤 하인(2001), 『유럽의 축제』, 컬쳐라인.

원도연(2008), 문화도시론의 발전과 도시문화에 대한 연구, 『인문콘텐츠』 13, pp.137~164.

원동규(2013), 스마트 창조도시, ICT 융합 플랫폼 가능한가?, 「KISTI MARKET REPORT」 3(9) 한국과학기술정보연구원.

원제무(2009), 상호소통적 계획과 정의계획은 도심재생사업의 대안적 계획철학이 될 수 있을까?, 「국토계획」 44(5), pp.125~134.

원제무(2009), 정의 계획(justice planning)이란 무엇인가?, 「도시정보」 325.

원제무(2010), 20세기 우리나라 도시계획 패러다임 변천과정, 『춘계학술발표대회 심포지엄 자료집』.

유럽문화정보센터(2003), 『유럽의 축제문화』, 연세대학교출판부.

유병욱(2012), 동일본 대지진 대응체계로 살펴본 우리나라 안전체험시설 설치 운영에 관한 연구, 「지방행정 정책연구」 2(1), pp.61~88.

유승호(2008), 문화도시: 지역발전의 새로운 패러다임, 일신사.

유완빈(1997), 『세계화와 규범문화: 세계화 추진을 위한 시민문화 정립방안 연구』, 한국정신문화연구원.

유재윤(2000), 풍요와 번영의 도시: 댈러스, 『국토』, 225, pp.82~87.

유청영(2007), 해외혁신도시를 찾아서: 영국 도클랜드(Docklands), 『도시문제』, 42(467), pp.69~78.

유환종(2000), 사스키아 사센의 세계도시론, 『국토』 224, pp.116~121.

윤지영·오재환(2013), 『커뮤니티디자인을 통한 마을문화 활성화 방안』, 부산발전연구원.

이건영(1995), 「서울21세기」, 한국경제신문사.

이규방(2005), 세계도시계획의 새로운 흐름과 한국도시의 발전방향, 「광복 60주년 기념 심포지엄 자료집」, 주택도시연구원.

이규영(1995), 세계화의 이중성, 『신아세아』 2(3), pp.77~108.

이금진(2012), 공공공간을 고려한 수변공동주택 계획 방향: 런던 도클랜드 사례를 중심으로, 『한국도시설계학회지』, 13(2), pp.5~18.

이기철(2002), 베네치아 역사와 축제 문화에 관한 소고, 『EU연구』 10, pp.170~171.

이동우·김현식·이춘용·김광익·서연미·윤영모(2010), 『수도권의 세계도시화 전략연구』, 국토연구원.

이동훈·이성창(2010), 『도시재생사업의 공공성 확보를 위한 공적 기관의 역할에 관한 연구』, 서울연구원.

이문수(2012), 정의에 대한 새로운 인식: Honneth와 Fraser의 인정이론을 통해

본 현대 사회에서의 정의, 『한국거버넌스학회보』 19(3), pp.23~45.

이미혜(2012), 스마트 그리드 시장 현황 및 전망, 「산업리스크 분석보고서 Vol. 2012-G-09」, 산업연구원.

이병민(2011), 창조적 문화중심도시 조성 전략과 문화정책 방향, 『문화정책논총』 25(1), pp.7~36.

이삼섭(2014), '안녕들~' 열풍과 '정의란 무엇인가', 「양평시민의 소리」, 1월 9일자.

이삼수(2006), 도시 패러다임 변화의 의의, 『도시정보』, 대한국토·도시계획학회, pp.2~12.

이상호·임윤택(2007), City of Blue Ocean: 창조도시의 특성과 유형, 『대전발전포럼 자료집』.

이새롬·김경배(2010), 송도 국제도시 워터프론트 디자인 실태분석 및 발전 방향 연구-11공구 디자인 실험을 중심으로, 『한국도시설계학회지』, 11(4), pp.23~40.

이석우(2005), 세계의 도시 82: 중세의 미와 현대감각의 조우, 코펜하겐, 『국토』 284, pp.78~83.

이성복·김종수·정지훈·안용기·장재웅·김태희(2003), 『경기도 내 세계도시의 발전전략에 관한 연구』, 경기개발연구원.

이수진(2013), 지역살리기와 축제, 『이슈&진단』 95, 경기개발연구원.

이수행(2011), 『한중간 도시화 과정의 비교연구』, 경기개발연구원.

이순자·장은교(2012), 지역거점 문화도시 조성사업의 추진실태 및 향후 과제, 국토연구원.

이승환(2007), 도시디자인 정책의 패러다임 연구, 『디지털디자인학 연구』, 7(4), pp.51~70.

이시철(2005), 『도시성장관리 : 대구광역권의 현실과 선택적 방향』, 대구경북연구원.

이왕기(2003), 도시성장관리의 새로운 패러다임: 스마트 성장(Smart Growth), 「국토논단」.

이용수(2008), 도시인구 > 농촌인구, 「조선일보」, 1월 4일자.

이용숙·황은정(2014), 정책이동과 창조도시 정책: 서울과 싱가포르 창조도시 프로그램 비교, 『한국정책학회보』 23(1), pp.33~67.

이용식(2009), 『도시발전의 핵심코드를 찾아보는 새로운 도시 새로운 인천』, 인천발전연구원.

이장훈(2003), 『유럽의 문화 도시들』, 자연사랑.

이재하(2003), 세계도시지역론과 그 지역정책적 함의, 『대한지리학회지』 38(4), pp.562~574.

이정덕(2013), 서구 문명 다시보기: 영국 산업혁명의 의의, 『열린전북』 164.

이정식(1995), 해외리포트: 몬트리올의 허와 실, 『국토』 168, pp.106~113.

이정형 외(2012), 미국 시애틀시 어반빌리지(Urban Village) 전략에 의한 도시설계수법에 관한 연구, 「대한건축학회 논문집 계획계」 28(6), pp.207~218.

이주원(2012), 박원순의 과제 '정상도시' 만들기, 「한겨레신문」 7월 6일자.

이준엽·최광한(2011), 지역주민 의식에 기초한 문화예술도시 구축방안: 2012 세계엑스포 개최지인 여수를 중심으로, 『한국콘텐츠학회논문지』, 11(6), pp.449~458.

이지연·김인규(2014), 송도국제도시, 비상을 향한 힘찬 날개짓, 『도시문제』, 49(542), pp.41~47.

이창우·유기영(2006), 「서울특별시 환경보전계획(2006~2015)」, 서울특별시.

이창현(2012), 「경기도 MICE산업 중장기 육성방안」, 한국컨벤션전시산업연구원.

이철용(2013), 도시화 향후 10년 중국 경제 좌우할 동력, 『LGERI 리포트』, LG경제연구원.

이춘희(2007), 「21세기 새로운 도시계획 패러다임에 따른 도시형태 연구: 행정중심복합도시 국제공모 작품을 중심으로」, 한양대학교 박사학위논문.

이학재(2011), 울산, 서울보다 더 부자…… 2년 연속 가장 부유한 지역, 「뉴스에이」 12월 22일자.

임동원(2008), 국제업무단지(International Zone)의 사례연구: 서유럽도시를 중심으로, 『한국도시설계학회지』, 9(4), pp.149~162.

임상오·신두섭·오남숙(2013), 창조도시의 모범 사례와 정책과제: 한국의 창조지역사업을 중심으로, 『문화경제연구』 16(3), pp.61~83.

임영주(2010), 일본 가나자와 '21세기현대미술관'을 가다, 「경향신문」 7월 20일자.

임재문(2010), 「민간 재난관리 역량강화를 위한 지방자치단체의 지원 방안에 관한 연구: 안산시 지역자율방재단 운영사례를 중심으로」, 석사학위논문 한양대학교 행정·자치대학원, p.23.

임재해(2009), 국제화의 민속학적 인식과 생산적 대응의 전망, 국립민속박물관, p.1.

임재현(1999), 우리나라의 도시별 도시화단계, 『주택연구』 7(2), pp.139~164.

임창호(1996), 지방의 세계화와 도시경쟁력, 『국토정보』 174, 국토연구원, pp.23~31.

임창호(2009), 안전도시 네트워크의 효과적인 구축방안에 관한 연구, 『경찰학논총』 4(2), pp.75~97.

장철순(2013), 미래 도시화산업, 『월간 기술과 경영』, 7월호.

장혜진(2008), 착한 도시기행(4): 스웨덴 예테보리, 『세계도시라이브러리』 6월 1일자.

전병태(2008), 『유네스코 창조도시 네트워크 가입지원 연구』, 한국문화관광연구원.

전영옥(2004), 『지속가능한 도시발전과 기업의 역할』, 삼성경제연구소.

전영옥(2006), 『新문화도시 전략과 시사점』, 삼성경제연구소.

정강환(2001), 로테르담에서의 두 가지 문화 충격, 『여행신문』 2월 15일자.

정기욱·구영민(2013), 패러다임변화가 도시공간구조 변화에 미치는 영향에 관한 연구, 『대한건축학회 학술발표대회 논문집』.

정석회·황성수(2002), 「도시수변공간의 이용특성 분석 및 개선방안 연구: 강변공간개발과 과제를 중심으로」, 국토연구원, p.74.

정성훈(2011), 현대 도시의 삶에서 친밀공동체의 의의, 『철학사상』 41, pp.247~277.

정성훈(2014), 보편적 인권 정당화의 위기와 인권도시의 과제, 『지방정부와 인권 세미나 2차 모임 자료』.

정세길(2013), 문화도시·문화마을 전략과 전북의 대응, 『Issue Briefing』 103, pp.1~16.

정수연(2013), 제주국제자유도시 투자유치제도의 발전방향, 『부동산분석학회 학술발표논문집』, pp.28~65.

정순원(2011), 「포스트모던 도시 수변재생계획 특성에 관한 연구: 소프트워터 프런트의 개념을 중심으로」, 부산대학교 박사학위 논문, pp.154~168.

정승현(2008), 살고싶은 도시만들기의 성과와 과제, 『국토』 321.

정인교(1998), 지역자유협정의 확산과 한국의 대응방안, 『대외경제연구』 5, pp.3~21.

정일선 외(2010), 「경북형 여성친화도시 조성을 위한 연구: 경북도청이전 신도시를 중심으로」, 경북여성정책개발원.

정재영(2010), 글로벌 메가시티의 미래 지형도, 「LGERI 리포트」, LG경제연구원.

정재헌(2002), 도시 맥락적 관점에서 분석한 베르시 지구의 집합주거, 『대한건축학회논문집』 18(9), pp.169~176.

정지범·김은성(2009), 『국외출장보고서-캐나다』, 한국행정연구원.

정희수(2004), 해외리포트: 몬트리올 광역정부의 성공사례와 시사점, 『국토』

268, pp.106~111.

제러미 리프킨(2011), 안진환 옮김, 『3차 산업혁명』, 민음사.

제주특별자치도(2006), 『제주국제자유도시종합계획 보완계획』, 제주특별차지도.

조광호(2013), 문화도시 문화마을선정 및 지원방안 연구, 『문화도시 문화마을 심포지엄 자료집』, pp.15~39.

조남건(2009), 세계의 도시 134: 기업하기 좋은 국제도시 고텐부르크, 『국토』 336, pp.70~76.

조명래(2002), 『현대사회의 도시론』, 한울아카데미.

조엘 코르킨(2013), 윤철희 역, 『도시, 역사를 바꾸다』, 을유문화사.

조영아 외(2005), 국제회의 도시 육성을 위한 정책적 방향, 『문화관광연구』 7(1).

조한숙(2012), 「안전도시구축 및 발전방안에 관한 연구: 삼척시 안전도시 구축을 중심으로」, 강원대학교 석사학위 논문.

주덕(2005), 『문화도시 부산을 위한 전략과 정책방향 연구』, 부산발전연구원.

지관훈(2013), 제주국제자유도시의 추진성과, 『부동산분석학회 학술발표논문집』, pp.1~26.

지방행정연수원(2014), 『도시행정론』, 안전행정부.

지식경제부(2009), 한·스웨덴 바이오 가스 협력 협약, 『보도자료』, 2009년 7월.

채경석(2004), 『위기관리정책론』, 대왕사.

채미옥(2014), 이슈와 사람 111, 김동호 문화융성위원회 위원장 인터뷰, 『국토』 388, p.67.

채정희(2012), 광주 '인권도시' 거부감 '정의도시'로, 「광주드림」 1월 3일자.

최근희(2008), 서울시의 청계천복원정책과 영국 런던 도클랜드 재개발정책에 관한 비교, 『도시행정학보』, 21(3), pp.291~313.

최도현(2012), 탄소중립 수도 될 날 머지않았다, 「기후변화행동연구소」 6월 21일자.

최병두(2014), 창조도시와 창조계급: 개념적 논제들과 비판, 『한국지역지리학회지』 20(1), pp.49~69.

최병두·이상헌·구자인·조은숙(1996), 도시환경문제와 생태도시의 대안적 구상, 『도시연구』 2, pp.221~258.

최병두·홍인옥·강현수·안영진(2004), 지속가능한 발전과 새로운 도시화: 개념적 고찰, 『대한지리학회지』 39(1), pp.70~87.

최봉기(2011), 한국 지방자치발전의 저해요인과 개선과제: 중앙과 지방의 관계를 중심으로, 『한국지방자치연구』 13(2), pp.119~147.

최영종(2007), 벨기에 브뤼셀의 도시발전전략과 서울시에의 시사점, 『서울연구원 정책과제연구보고서』, 180, pp.27~46.

최은미(2012), 일본 가나자와 시민예술촌과 중국 베이징 따산츠 798 예술구를 통해 본 창조도시 건설의 국내적 함의,『次世代 人文社會研究』8, pp.17~32.

최종철(2014), 지역문화진흥법 시행과 관련한 문화도시·문화마을 조성,『건축과 도시공간』14, pp.91~93.

최창호(2013), 2012 여수세계박람회 준비의 실효성 평가: 교통대책을 중심으로,『한국관광경제학회지』, 29(1), pp.99~122.

최철화(2001), 도시자치제도의 양상과 전망: 울산광역시의 성장을 중심으로,『법률행정논집』8, pp.421~447.

최한영(2012), 길 따라 만드는 세상 "아름다운 건축미학이 만들어낸 도시, 토론토",『도시문제』, 47(521), pp.44~49.

최항순(2000),『복지행정론』, 신원문화사.

최형락 엮음(1999),『천주교 용어사전』, 도서출판 작은예수.

최호택·류상일(2006), 효율적 재난 대응을 위한 지방저부 역할 개선방안: 미국, 일본과의 비교를 중심으로,『한국콘텐츠학회논문지』, 6(12), pp.235~243.

코트라(2009), 해외주요국 자전거 산업 정책 및 시장 동향『시장동향』, 코트라.

한경원(2009), 국가도시정책 방향 정립의 필요성,『도시경쟁력 제고를 위한 국가도시정책방향 토론회 자료집』, pp.1~15.

한국은행 제주본부(2013),『제주국제자유도시 추진성과 평가 및 향후 과제』.

한국일보문화부(2012),『소프트시티: 인간·자연·문화가 교감하는 도시의 탄생』, 생각의 나무.

한국환경기술인연합회(2004), 외국의 환경우수도시(1): 북유럽의 생태도시, 스웨덴 에테보리,『환경기술인』21(9), pp.23~30.

한남희(2008), 창조도시 대전 밑그림 나왔다,『충청투데이』2008년 5월 7일자 기사(2014년 6월 20일 기사 검색).

한세억(2011), 사회공공성 모델에 근거한 창조도시담론의 비판적 성찰,『2011년 춘계학술대회 자료집』.

한세억(2013), 안전도시의 재난관리체계와 프로그램 비교연구,『2013 하계학술대회 발표논문집』.

한세억(2013), 안전도시의 재난관리체계와 프로그램 연구,『한국지방정부학회 2013 하계학술대회 발표논문집』, pp.345~363.

한세억(2013), 지역공동체가 능동적 의지 갖고 도시안전역량 강화를 위해 노력,「부산발전포럼」2013년 7, 8월호, 부산발전연구원.

한세억(2013),『선진 안전도시 관리체계와 부산시 적용 방안 연구』, 부산발전연구원.

한소현(2013), 도심형 공익광장 활성화를 위한 구축방식에 관한 연구, 중앙대학교 대학원 석사학위 논문, pp.51～53.

한영회계법인(2013), 2013년 G20 국가별 기업가정신 지수, 한영회계법인.

한지형(2007), 파리의 새로운 도시조직구성과 주거블록형태에 관한 연구: 베르시, 톨비악, 마세나 구역을 중심으로, 『대한건축학회논문집』 23(7), pp.77～88.

행정안전부(2010), 「안전도시사업 운영 설명서」.

행정안전부(2010), 『안전도시 시범사업 우수사례』, 안전행정부.

행정중심복합도시건설청(2014), 「행복도시이야기」, 25, 안전행정부.

허훈(2004), 지방자치단체 국제화의 모델과 실천방향: 포천시를 중심으로, 『한국정책연구』 4(2), pp.85～106.

현재열・김나영(2010), 바다위에 도시를 건설하다: 12・13세기 해상도시 베네치아의 성립, 『코기토』 69, pp.275～310.

현종환(2013), 통합적 재난대응을 위한 소방중심의 국제안전도시 모델 구현방안에 관한 연구, 『제25회 국민안전 119소방정책 컨퍼런스 자료집』.

현종환・오정보・양영석・최성철・양용석・박승일(2012), 『통합적 재난대응을 위한 소방중심의 국제안전도시』.

형시영(2006), 인구저성장 시대의 도심쇠퇴에 대응한 도시관리정책에 관한 연구, 『한국지방자치연구』, 8(2), pp.61～79.

홍경자(2007), 문화적 세계화의 구조와 목표, 『해석학연구』 20, pp.187～211.

홍석기(2008), 서울, 국제도시에서 세계도시로 도약, 「서울경제」, 서울연구원.

홍철(2010), 『대구경북 중장기 발전 계획: 도시분야』, 대구경북연구원.

환경부(2008), 『해외 지방자치단체 기후변화 대응 사례집』, 환경부・환경관리공단.

환경부・국토해양부(2011), 강릉 「저탄소 녹색시범도시」 종합계획(안).

황동열(2000), 「문화벨트 및 문화도시 조성방안 연구」, 한국문화정책개발원.

황동필(2014), 슬로시티 방문객의 관광동기가 만족, 태도 및 행동의도에 미치는 영향 연구, 『관광경영연구』 18, pp.383～409.

황영우・류태창(2003), 「세계도시 부산을 향한 재매도시와의 경쟁력 분석에 관한 연구: 도시계획부문을 중심으로」, 부산발전연구원.

희망제작소(2013), 커뮤니티비즈니스를 통한 지속가능한 지역공동체 만들기: 희망제작소의 지역창조사업: 완주군 커뮤니티비즈니스 적용 사례, 「Hope Report 1302～2202」.

KB금융지구 경영연구소(2013), MICE 산업에 대한 이해, 「KB daily 지식비타민」.

KIDP(2013), 코펜하겐의 청계천, 렐고스강 복원 계획, 『해외리포트』 8월 31일자.

KISTI(2009), 자전거 제동력으로 전기에너지를 생산하는 바이크 휠 개발, 『미리안 글로벌동향브리핑』 12월 25일자.

Kuhn(2006), 김명자 역, 『과학혁명의 구조』, 까치.

OECD(2013), 『OECD 한국도시정책보고서(OECD Urban Policy Reviews, Korea 2012)』, 국토연구원.

UN, 이정규 외 역(2013), 『창조경제 UN 보고서』, 21세기북스.

Alagappa, M.(1995), Regionalism and Conflict management. Review of International Studies 21, pp.359~397.

Appadurai, A.(1996), Modernity at Large. Cultural Dimensions of Globalization, Minneapolis, p.49.

AT Kearney(2014), The Global Cities Index.

Baldwin, E. R. & Martin, P. 1999. Two Waves of Globalisation: Superfisical Simularities, Fundamental Difference. NBER Working Paper, 6904.

Berg, M. van den(2012), Feminity As a City Marketing Strategy: Gender Bending Rotterdam. Urban Studies. 49(1) pp.153~168.

Castells, M.(2000), The Rise of Network Society(김묵한 외 3인 역, 네트워크 시대의 도래, 한울).

Christian Vandermotten et al.(2007), Impact socio-écomomique de la présense des Institutions de Union Europénne et des Autre Institutions Internationale en Région de Bruxelles. ULB.

City of Ryde(2008), 「사회 정의 헌장(Social Justice Charter)」.

Cohen, R. B.(1981), The New International Division & Labour, Multinational Corporations and Urban Hierarchy in Dear, M. & Scott, A. J. eds. Urbanization and Urban planning in Capitalist Society. New York: Methuen.

David, C.(1996), Urban world and global city, New York: Routledge.

Elista Vucheva(2007), "EU Quarter in Brussels set to grow", EU Observer, September 5.

Elmhorn, C.(1998), "Brussels in the European economic space: the emergence of a world city?", Bevas/Sobeg 1, p.96.

Feagin, J. R & Smith, M, P.(1987), The Capitalist City, Oxford: Basil Blackwell.

Friedmann, J.(1986), World City Hypothesis, Development & change. 17(1) pp.69~83.

Gibb, R.(1994), Regionalism in the world economy, in Gibb, R. & Michalak, W.(eds), Continental Trading Blocs: The Growth of Regionalism in the World Economy, John & Wiley & Sons, Ltd.

Gordon, David, L. A.(2001), The Resurrection of Cannary Wharf, Planning Theory & Practice. 2(2), pp.149~169.

GR(2012), Heading for a Greener Region, Brochure, Goteborg Association of Local Authorities, pp.1~30.

Haass, R. N.(1998), Globalization and Its Discontents: Navigating the Dangers of a Tangled World, Foreign Affairs, 77(3), 2~6.

Harvey. D.(1989), From managerial to entrepreneurialim: the transformation of urban governance, 71B(1) pp.3~17.

Herman, E. D.(1999), Globalization versus internationalism: Some implications, Ecological Economics 31 pp.31~37.

J. V. Beaverstock, R. G. Smith and P. J. Taylor(1999), "A Roster of World Cities", Cities, 16(6), pp.445~458.

Jackson, J. H.(1997), The World Trading System: Law and Policy of International Economics Relations, Second Edition, The MIT Press.

King, A. D.(1990), Global Cities, London: Routldge.

Knight, R. V. (1989), The Emergent Global Society in Knight, R. V. & Gappert, G. eds, Cities and Global Society, London: SAGE Publication pp.24~43.

Korff, R(1987), The World City Hypothesis: A Critique, Development and Change, 18(3), pp.483~495.

Lagrou, Evert(2000), Brussels: Five capitals in search of a Place. The citizens, the planners and the functions, GeoJournal 51(1), pp.99~112.

Lehmann(2010), 『The Principles of Green Urbanism: Transforming the City for Sustainability』, Earthscan.

Levin, W. F.(2001), The Post-fordist City, in Paddiso, Roman, Handbook of Urban Studies, SAGE Publication Ltd, pp.271~281.

Levin, W. F.(2001), The Post-fordist City, in Paddiso, Roman, Handbook of Urban Studies, SAGE Publication Ltd.

Martin Banks(2010), "EU Responsible for Significant Proportion of Brussels Economy", The Parliament Magazine, June 29.

Ohmae, K.(1995), The End of the Nation State, New York, NY: Free Press.

Raphael Meulders(2010), "Le Quartier Européen, Ghetto de Cols Blancs ou Chance Unique Pour íEurope?", La Libre Belgique, June 22.

Ratajczak, D.(1997), A New Economic Paradigm, Journal of the American Society of CLU & ChFC, 51(6), 8~10.

Ruggie, J.(1993), Multilaterian: The Anatomy of an Institution. in Ruggie, J. Multilateralism Matter, New York: Columbia University Press.

Safire, W.(1998), To move Forward Globalization, Chief Excutive.

The Art Newspaper(2014), Special Report, 254, pp.1~16.

Thrift, N.(1988), The geography of international economic disorder, in Massey, D & Allen, J.(eds) Uneven Re-Development: Cities and Reegions in Transition, Hooder & Stoughton.

UNCTAD(2010), 「Creative Economy Report 2010」.

Wilson(2007), 『The Urban Growth Machine(Suny Series in Urban Public Policy)』, SUNY Press.

World Bank(1987), World Development Report.

綜合研究開發機構(2005), 逆都市化時代の都市?地域政策: 多樣性と自律性の恢復によ る地域再生へ途, 東京: 綜合研究開發機構.

가나자와 관광 홈페이지 http://www.kanazawa-tourism.com/korean
가든방문 홈페이지 http://www.gardenvisit.com/garden/parc_de_bercy
경기도 수원시 홈페이지 http://safe.homecall.co.kr
경기도시공사 블로그 http://blog.naver.com/gico12
구글맵 홈페이지 http://maps.google.co.kr
구글맵 홈페이지 https://maps.google.co.kr
국가통계포털 홈페이지 http://kosis.kr
국토교통부 공공기관이전추진단 홈페이지 http://innocity.mltm.go.kr
국토사랑 홈페이지 http://www.landlove.kr/
노원구청 홈페이지 http:// www.nowon.kr
댈러스 경제발전 홈페이지 http://www.dallas-ecodev.org
댈러스손상예방센터 홈페이지 http://www.injurypreventioncenter.org
댈러스경제발전 홈페이지 http://www.dalls-ecodev.org
도클랜드시 홈페이지 http://www.dockland.co.uk

런던도클랜드 개발공사 역사 페이지 홈페이지 http://lddc-history.org.uk
로테르담시 쇼유부르흐프레인 홈페이지 http://www.schouwburgpleinrotterdam.nl
로테르담시 홈페이지 http://www.rotterdam.nl
몬트리올시 홈페이지 http://www.ville.montreal.qc.ca
뮌헨시 홈페이지 http://www.muenchen.de
베르시빌리지 홈페이지 http://www.bercyvillage.com
베르시카니발 홈페이지http://www.venice-carnival-italy.com
브뤼셀시 정보 홈페이지 http://www.brussels.info
서낙동강유역환경청 홈페이지 http://ndgsite.me.go.kr
서울시 공식블로그 홈페이지 http://blog.seoul.go.kr
서울시 송파구 홈페이지 http://www.songpa.go.kr
세계4대미항여수 홈페이지 http://4yeosu.or.kr
세계도시라이브러리 홈페이지 http://www.makehopecity.com
세계보건기구 홈페이지 http://www.who.int
송도국제도시 홈페이지 http://www.songdoibd.co.kr
슬로시티 홈페이지 http://www.cittaslow.kr
아치데일리 홈페이지 http://www.archdaily.com
앨버나 응급 관리국 홈페이지 http://www.aema.alberta.ca
예테보리 그린에너지 홈페이지 http://www.greengothenburg.se
예테보리 바이오가스 홈페이지 http://gobigas.goteborgenergi.se
예테보리 유니버세움 홈페이지 http://www.universeum.se
예테보리시 홈페이지 http://www.goteborg.se
옥토버페스트 영문 홈페이지 http://www.oktoberfest.de/en
유럽연합위원회 홈페이지 http://ec.europa.eu
저탄소 녹색도시 홈페이지 https://www.eco-greencity.or.kr
제주국제자유도시페이지 http://freecity.jeju.go.kr
지역사회안전증진 연구소 페이지 http://www.safeasia.re.kr
창원시 재난안전 대책본부 홈페이지 http://bangjae.changwon.go.kr
캐나다 공공안전 홈페이지 http://www.publicsafety.gc.ca
캐나다 보건부 홈페이지 http://www.hc-sc.gc.ca
캐나다 사회보장기구 홈페이지 http://www.wsib.on.ca
캐나다 재무위원회 사무국 홈페이지 http://www.tbs.sct.go.ca
코펜하겐시 홈페이지 http://www.kk.dk
쿨캘리포니아 홈페이지 http://www.coolcalifornia.org

토론토시 홈페이지 http://www.toronto.ca
토문엔지니어링 건축사사사무소 블로그 http://tomoon1990
파리정보 홈페이지 http://www.parisinfo.com
포스코 ICT 홈페이지 http://www.smartfuture-poscoict.co.kr
프리그레이트디자인 홈페이지 http://www.freegreatdesign.com
행정안전부 튼튼한 안전 홈페이지 http://www.snskorea.go.kr

MBC 특집다큐(2006.04.09), 창조도시 1부: 소도시 세계중심에 서다

최조순(崔朝洵)

서울시립대학교 도시행정학과에서 행정학 박사학위를 취득하고, 경기개발연구원에서 도시정책과 미래전략 등의 연구를 수행하고 있다. 주요 관심분야는 지방행정 및 정책, 정책평가, 주거복지, 공공서비스 전달체계, 사회적 경제 등이다. 주요 저서로는 『사회적기업의 지속가능성과 기업가정신』(2012), 『사회적기업을 말한다』(2012) 등이 있으며, 주요 논문으로는 "사회적 기업의 지속가능성과 지방자치단체의 역할"(2012), "지역일자리 창출정책의 제도적 동형화에 관한 연구"(2013), "지방자치단체 파산제도 도입의 쟁점과 방향"(2014), "접경지역 지원사업에 대한 도시유형론적 분석"(2014) 등이 있다.

강현철(姜縣鐵)

서울시립대학교 도시행정학과에서 행정학 박사학위를 취득하였다. 한국도시재생연구원에서 재직하고 있으며, 주로 대학에서 도시 관련 과목의 강의와 도시정부의 공무원 직무교육 등을 담당하고 있다. 주요 관심분야는 도시행정, 도시재생, 도시환경 및 에너지 등이다. 주요 저서로『신도시학개론』(2013) 등이 있으며, 주요 논문으로는 "신재생에너지사업의 거버넌스 분석"(2012), "도시정비사업 활성화를 위한 참여형 PFV 도입방안"(2013), "접경지역 지원사업에 대한 도시유형론적 분석"(2014), "구룡마을 개발방식을 둘러싼 정부 간 갈등의 이해관계 탐색"(2014) 등이 있다.

여관현(呂官鉉)

서울시립대학교에서 행정학 박사학위를 취득하고, 현재 안양대학교 공공행정학과 조교수로 재직 중이다. 안양대학교 부설 마을만들기 연구센터의 부센터장으로 도시재생 및 마을만들기 등과 관련된 현장 중심의 학술연구도 수행하고 있다. 주요 관심분야는 도시재생사업, 마을만들기, 사회적기업, 협동조합 등이다. 저서로는 『도시재개발사업의 갈등과 대안』(2012)이 있으며, 주요 논문으로는 "문화마을만들기에서의 공동체의식 형성요인 연구"(2013), "시스템 다이내믹스를 활용한 마을만들기 모형구축 연구"(2013), "지방자치단체 마을만들기 조례의 제정 방향 연구"(2013), "접경지역 농촌관광사업의 제약요인에 관한 탐색적 연구"(2014) 등이 있다.

강병준(姜秉準)

서울시립대학교 행정학과에서 행정학 박사학위를 취득하고, 한국행정연구원에서 협력적 거버넌스의 한국적 구조화 방안 연구를 수행하고 있다. 주요 관심분야는 거버넌스, 시민참여, 사회적 경제, 공유경제, 조사방법론 등이다. 주요 저서로는『사회적 기업을 말한다』(편저, 2012),『사회적 기업의 활성화요인: 거버넌스 시각을 중심으로』(2011)가 있다. 주요 논문으로는 "과태료의 적정 수준 설정을 위한 실태조사와 정책방향에 관한 연구"(2013), "공유경제의 전망과 과제 관한 탐색적 연구"(2013), "서울형 사회적 기업의 사회적 성과와 경제적 성과의 관계 및 조직형태의 조절효과"(2013) 등이 있다.

김영단(金英丹)

서울대학교 환경대학원 도시계획학 석사, 서울시립대학교 도시행정학과에서 박사과정을 수료하고 현재 한국농촌경제연구원 전문연구원으로 재직 중이다. 주요 관심분야는 도시농촌정책, 재정, 제도이론 등이다. 주요 저서로는『농촌지역 활성화 정책의 평가와 발전 방안』(2011),『농업-농촌부문 녹색성장 추진전략 개발』(2010),『가난한 사람들을 위한 부동산 개발』(2005) 등이 있으며, 주요 논문으로는 "서울시 뉴타운정책변동의 유형학적 특성분석"(2014), "구룡마을을 둘러싼 정부 간 갈등의 이해관계 탐색"(2014), "지적재조사의 효율적인 관리방안"(2013) 등이 있다.

세계도시의
이해

초판인쇄 2014년 9월 12일
초판발행 2014년 9월 12일

지은이 최조순·강현철·여관현·강병준·김영단
펴낸이 채종준
펴낸곳 한국학술정보㈜
주소 경기도 파주시 회동길 230(문발동)
전화 031) 908-3181(대표)
팩스 031) 908-3189
홈페이지 http://ebook.kstudy.com
전자우편 출판사업부 publish@kstudy.com
등록 제일산-115호(2000. 6. 19)

ISBN 978-89-268-6663-4 93530